国家林业和草原局职业教育"十三五"规划教材

园林植物景观设计
(第2版)

YUANLIN ZHIWU JINGGUAN SHEJI

朱红霞 ◎ 主 编

中国林业出版社
China Forestry Publishing House

内 容 简 介

本教材共包含9个项目，根据学生的认知水平和学习规律及岗位的要求，按照从简单到复杂、从单体到整体、从小环境到大环境的思路进行内容编排。主要内容为：走进园林植物景观设计、园林植物景观设计方法分析、园林植物与其他造园要素组景设计、树木景观设计、花卉景观设计、草坪和观赏草景观设计、生态绿墙景观设计、小环境园林植物景观设计和城市绿地植物景观设计。

本教材可作为高等职业教育风景园林设计、园林技术、园林工程技术等专业教材，也可作为成人教育园林专业培训的教学用书，同时还可作为行业专业技术人员的自学和参考用书。

图书在版编目（CIP）数据

园林植物景观设计 / 朱红霞主编．— 2版．—北京：中国林业出版社，2021.6 (2024.1重印)

国家林业和草原局职业教育"十三五"规划教材

ISBN 978-7-5219-1199-2

Ⅰ.①园… Ⅱ.①朱… Ⅲ.①园林植物-景观设计-高等职业教育-教材 Ⅳ.①TU986.2

中国版本图书馆CIP数据核字（2021）第129486号

中国林业出版社・教育分社

策划编辑： 田 苗　曾琬淋	**责任编辑：** 曾琬淋
电　话： (010) 83143630	**传　真：** (010) 83143516

出版发行	中国林业出版社（100009 北京市西城区刘海胡同7号）
电子邮件	jiaocaipublic@163.com
网　　站	http://www.forestry.gov.cn/lycb.html
印　　刷	北京中科印刷有限公司
版　　次	2015年8月第1版（共印3次） 2021年6月第2版
印　　次	2024年1月第2次印刷
开　　本	787mm×1092mm　1/16
印　　张	18.25
字　　数	464千字（含数字资源）
定　　价	88.00元

数字资源

未经许可，不得以任何方式复制或抄袭本书之部分或全部内容。

版权所有　侵权必究

《园林植物景观设计》(第2版) 编写人员

主　　编　朱红霞

副 主 编　叶素琼　李娟娟

编写人员（按拼音排序）

- 柴思宇 / 北京市中山公园
- 陈永斌 / 上海问笔空间设计有限公司
- 杜　安 / 上海市园林设计研究总院有限公司
- 龚　洁 / 上海林玄园艺有限公司
- 何向东 / 苏州市众易思景观设计有限公司
- 黄　亮 / 上海市花木有限公司
- 李娟娟 / 杨凌职业技术学院
- 李　悦 / 上海市花木有限公司
- 林　俭 / 上海城建职业学院
- 马丹丹 / 河南林业职业学院
- 毛大宝 / 上海上房园艺有限公司
- 孟宪民 / 辽宁生态工程职业学院
- 王　铖 / 上海应用技术大学
- 王艳春 / 上海市园林工程有限公司
- 吴芝音 / 上海恒艺园林绿化有限公司
- 姚冬杰 / 棕榈设计集团有限公司
- 叶素琼 / 江西环境工程职业学院
- 臧彦卿 / 国家林业和草原局管理干部学院
- 张月兴 / 山西林业职业技术学院
- 钟建民 / 云南林业职业技术学院
- 朱红霞 / 上海城建职业学院

《园林植物景观设计》(第1版)
编写人员

主　　编　朱红霞

副 主 编　叶素琼　李娟娟

编写人员（按拼音排序）

　　李娟娟 / 杨凌职业技术学院

　　林　俭 / 上海城市管理职业技术学院

　　马丹丹 / 河南林业职业学院

　　孟宪民 / 辽宁林业职业技术学院

　　宁妍妍 / 甘肃林业职业技术学院

　　王　铖 / 上海市园林科学研究所

　　王艳春 / 上海市园林设计研究总院有限公司

　　姚冬杰 / 棕榈园林景观规划设计院

　　叶素琼 / 江西环境工程职业学院

　　臧彦卿 / 国家林业局管理干部学院

　　张月兴 / 山西林业职业技术学院

　　钟建民 / 云南林业职业技术学院

　　朱红霞 / 上海城市管理职业技术学院

第 2 版前言

园林植物景观设计是一门集科学、艺术、技术于一体的综合性课程，它以园林植物为材料，以改善人居环境为目标。

本课程以"立德树人"为根本，体现价值引领、能力培养、知识传授"三位一体"的培养目标，突出对学生的专业情感、设计实践应用能力和创新素质的培养，在教材内容设计中加强生态文明教育，引导学生树立和践行"绿水青山就是金山银山"的理念。通过学习，学生能够完成常见城市绿地植物景观的方案设计，具备独立完成园林植物景观设计任务的能力，成为具有良好职业道德、创新潜质和可持续发展能力的高素质技能型人才，以适应市场对园林植物景观设计人才的需求。

课程导学

《园林植物景观设计》第 1 版自 2013 年出版以来，被相关院校广泛使用，已累计发行逾 10000 册，获得广大师生的好评，同时也收到很多宝贵的改进意见，编者在此深表感谢！2017 年，本教材被列选为国家林业局职业教育"十三五"规划教材，迎来了修订再版的契机。本次修订对教材的结构和内容做了部分调整，使教学任务更细化，成果评价更具有指导性，数字资源更加丰富。

本教材本着使学生懂理论、能设计、有担当的总体思路，突出体现职业教育的技能型、应用型、育人型特色，力求达到素质过关、理论够用、技能过硬的目的。教材编写以校企合作为依托，以企业需求为目标，以信息化技术为手段，以"双师"教学为主导，基于工作过程组织教学内容，多维度评价教学成果。教材内容根据学生的认知水平和学习规律及岗位的要求，按照从简单到复杂、从单体到整体、从小环境到大环境的思路进行编排，从认识植物景观到方法学习，从植物与造景要素组景设计到植物单体设计，最后到植物景观设计的综合运用。本教材具有以下几个显著特点。

（1）内容贴合实际工作岗位。遵循理论知识"实用、够用、能用"原则，减少理论的空洞性和冗长性，尽量以图表或图示的形式表现。内容科学、合理、易懂、实用，既符合学生的认知规律，又符合行业操作规范，同时适合实际岗位需求。教材内容及时吸纳新技术、新材料、新工艺、新的规范标准等。

（2）以就业为导向，基于工作过程设计学习项目和任务。按照适度够用、层层递进等认知规律，将工作任务合理转化成学习任务。任务安排由简单到复杂，学生通过完成任务来掌握植物景观设计的方法和技能。每个学习项目都是以典型案例为载体，以工作任务为中心整合理论与实践，实现理论与实践的一体化。通过项目引领和任务驱动，做到"做中教、做中学""边做边学"，形成"教学做一体化"的课程。

（3）产教融合，校企"双元"开发教材。在教材编写时，组织教学经验丰富、实践能力强的教师和行业、企业一线专家，系统收集、整理了大量技术资料、图片、图纸等，针对教材重点、难点和拓展知识，制作了丰富的微课资源，使教材具有内容翔实、丰富全面、编排合理、方便实用等特点。

（4）将课程思政育人理念融入教材。挖掘教材里的思政元素，选择合适的切入点将优秀传统文化、社会主义核心价值观、绿化建设新技术、生态文明建设新要求等融入专业教材。

（5）电子资源配套全面，建设"＋互联网"新形态教材。对内容采用信息化手段和方式进行多样化呈现与表达。教材除配套教学课件（PPT）以外，还包括微课、动画、典型案例、行业标准等丰富的电子资源。学生可以通过扫描二维码进行观看或查阅。同时建立课程资源库和课程微信公众号，保证教学资源的实时更新。

本教材由9所高校园林专业教师和10家园林企业设计人员合作编写完成，由朱红霞负责起草制订教材编写大纲，设计教材的内容体系。具体的编写分工是：朱红霞编写项目1中的任务1-1、项目4、项目8中的任务8-1；李娟娟编写项目2和附录1；叶素琼编写项目3；孟宪民编写项目1中的任务1-2；臧彦卿、柴思宇编写项目5中的任务5-1；臧彦卿、龚洁、何向东、陈永斌编写项目5中的任务5-2；张月兴编写项目6中任务6-1的草坪景观设计部分内容和附录2、附录3；吴芝音、黄亮编写项目6中任务6-1的观赏草景观设计部分内容；李悦、毛大宝编写项目7；林俭编写项目8中的任务8-2；姚冬杰编写项目9中的任务9-1；王艳春、马丹丹编写项目9中的任务9-2，王艳春、钟建民、杜安编写项目9中的任务9-3，其中王艳春主要负责任务9-2、任务9-3中任务提出、任务实施和巩固训练部分内容的编写，杜安负责公园植物景观设计案例编写，任务9-2、任务9-3中的其他部分内容分别由马丹丹、钟建民编写；王铖负责教材案例图片的拍摄和整理。

本教材可作为高等职业教育风景园林设计、园林技术、园林工程技术等专业教材，也可作为成人教育园林专业培训的教学用书，同时还可作为行业专业技术人员的自学和参考用书。

本教材的编写得到上海市园林设计研究总院有限公司、棕榈设计集团有限公司、上海市园林工程有限公司、上海市花木有限公司、上海恒艺园林绿化有限公司、上海上房园艺有限公司、上海林玄园艺有限公司、苏州市众易思景观设计有限公司、上海问笔空间设计有限公司、北京市中山公园的大力支持，得到了课题组专家们的指导和帮助，在此对他们表示诚挚的感谢！教材编写过程中，参阅并引用了近几年出版或翻译的多种书刊及部分设计单位的设计图纸。在此谨向有关作者、设计者表示衷心感谢！

由于园林植物景观设计艺术性强，设计艺术有章法而无定式，加上笔者编写水平有限，书中难免有所纰漏，敬请读者批评指正！

朱红霞

2021年4月

第1版前言

植物是园林景观造景的主要素材，是唯一具有生命力特征的园林要素，能使园林空间体现生命的活力和富有四时的变化；而且植物是地域性自然景观的指示性元素，也是反映自然景观类型的最具代表性的元素之一。园林绿化能否达到实用、经济、美观的效果，在很大程度上取决于园林植物的选择和配置。随着生态园林建设的深入和发展，以及景观生态学、全球生态学等多学科的引入，植物景观设计的内涵也在不断扩大，对植物的应用日益广泛，要求日益科学、严格，也日益受到大众的重视和喜爱。园林植物景观的营造已成为现代园林的标志之一。因此，在园林设计师的眼里，植物不仅仅是简单的树木、花草，而是生态、艺术和文化的联合体，是园林设计的基础和核心。正如英国造园家克劳斯顿（Brian Clouston）所说："园林设计归根到底是植物的设计……其他的内容只能在一个有植物的环境中发挥作用。"

园林植物景观设计即运用自然界中的乔木、灌木、藤本、竹类及草本植物等，在不同的环境条件下与其他园林要素有机结合，创造出与周围环境协调、适宜，并能表达意境或者具有一定功能的艺术空间的活动。因此，一个完美的园林植物景观设计既要满足植物与环境在生态适应性上的统一，又要通过艺术构图原理，体现出植物个体及群体的形式美及人们在欣赏时所产生的意境美。

为了进一步贯彻《国家林业局关于大力发展林业职业教育的意见》精神，推动高职园林技术专业深化教学改革，提高人才培养质量，教育部高职高专教育林业类专业教学指导委员会启动《高职园林类专业工学结合教育教学改革创新研究》课题的研究工作。本教材作为"全国林业职业教育教学指导委员会高职园林类专业工学结合'十二五'规划教材"，依据我国当前高等职业教育中有关职业院校课程开设的实际情况，以及社会对本行业领域的岗位知识技能需求而编写。本教材理论知识以"必需""够用""管用"为度，坚持职业能力培养为主线，体现与时俱进的原则，具有以下几个显著特点。

一是知识结构重建，项目式教学。通过对园林产业岗位群职业核心能力的分析，根据学生岗位需要进行知识结构的重建。本书摒弃了传统教材"章、节"的架构体例，遵循"任务驱动，项目导向"新理念，建构了模块、项目、工作任务层层相扣的新体例。本教材基于工作过程设计了6个教学项目，在符合认知规律的基础上，按照企业实际工作过程组织教材内容，将知识点和技能点贯穿于项目实施过程中。

二是以任务驱动为指导，以学生为核心构建教学体系。本书采用任务驱动的编写思路，围绕园林植物景观设计设置了 12 个任务，每个任务都有明确的任务目标，并以具体实例为载体，按照"工作任务"来组织内容，尽量采用图表，将贴近生产一线的主要技术进行分解并深入浅出地编写出来。本教材以实务为重心，以工作任务为主线，教师为主导，学生为主体，以任务驱动教学为原则将理论与实践相融合，定位于培养学生一定的专业和职业能力，并融相关专业基本理论和职业技巧的学习为一体。

三是模仿与创新结合，体现素质为本的教育。园林植物景观设计是一种需要不断创新的技术，通过动手实践从模仿到创作，创造机会让学生多欣赏国内外植物景观设计作品，教材中的案例部分选自著名设计公司典型性案例，具有代表性。教材的内容突出先进性，根据教学需要将新材料、新技术、新理念等内容引入教材，以便更好地适应市场，培养学生的创新能力。

四是内容实用性、适应性强。园林植物景观设计是一门融理论与实践、艺术与技术为一体的综合学科。为了加强本教材的实用性和适用性，在教材编写时组织教学经验丰富、实践能力强的教师和行业、企业一线专家，系统收集整理了大量技术资料、图片、图纸等，具有内容翔实、丰富全面、编排合理、方便实用等特点。同时，随书配套光盘包括 39 个植物景观设计案例以及植物图例和巩固训练底图，方便学生参考和教师教学。

本书由 9 所高职院校园林类专业主讲教师和 3 所园林企业设计人员合作编写完成，由朱红霞负责起草制订教材编写大纲，设计教材的内容体系，具体的编写分工是：李娟娟编写任务 1.1、附录 1；叶素琼编写任务 2.1；孟宪民编写任务 3.1；朱红霞编写任务 4.1 和任务 5.1；臧彦卿编写任务 4.2；张月兴编写任务 4.3、附录 2、附录 3；林俭编写任务 5.2；姚冬杰编写任务 6.1；王艳春、马丹丹编写任务 6.2；王艳春、宁妍妍编写任务 6.3；王艳春、钟建民编写任务 6.4。其中王艳春主要负责任务 6.2、任务 6.3、任务 6.4 中的任务提出、任务实施和巩固训练内容的编写，任务 6.2、任务 6.3、任务 6.4 中的其他部分内容分别由马丹丹、宁妍妍、钟建民编写。另外，上海市园林科学研究所王铖高级工程师为本教材提供了许多精美照片。

本书可作为高等职业教育园林技术、城市园林、园林工程技术、园艺技术等专业教材，也可作为各级成人教育园林专业培训的教学用书，同时也是相关部门专业技术人员自学和参考用书。本书的编写得到上海市园林设计研究总院有限公司和棕榈园林景观规划设计院、上海市园林科学研究所的大力支持，得到了行业专家们的指导和帮助，在此对他们表示诚挚的感谢！教材编写过程中，参阅引用了近几年出版或翻译的多种书刊及部分设计单位的设计图纸。在此谨向有关作者、设计者表示衷心感谢！

由于本书内容设计艺术性强，设计艺术有章法而无定式；加上作者编写水平有限，书中难免有所纰漏，敬请读者批评指正！

朱红霞
2013 年 3 月

CONTENTS 目　录

第 2 版前言
第 1 版前言

项目 1
走进园林植物景观设计 / 1

任务 1-1　认识园林植物景观设计 / 1
工作任务 / 1
知识准备 / 2
1. 园林植物景观设计概念 / 2
2. 园林植物景观特点 / 2
3. 中外古典园林植物景观特色 / 4
4. 园林植物景观设计发展趋势 / 11
任务实施 / 13
巩固训练 / 13
考核评价 / 13

任务 1-2　园林植物景观设计图纸表达 / 14
工作任务 / 14
知识准备 / 15
1. 植物平面和立面表现 / 15
2. 园林植物景观设计图分类 / 18
3. 园林植物景观设计图绘制要求 / 21
任务实施 / 23
巩固训练 / 24
考核评价 / 25

项目 2
园林植物景观设计方法分析 / 26

任务 2-1　植物景观空间设计 / 27
工作任务 / 27

知识准备 / 27
1. 植物景观空间构成 / 27
2. 植物景观空间处理 / 30
3. 植物景观空间类型 / 32
4. 植物景观空间营造技法 / 33
5. 植物景观空间组织 / 34
任务实施 / 35
巩固训练 / 35
考核评价 / 36

任务 2-2　植物景观艺术设计 / 36
工作任务 / 36
知识准备 / 37
1. 植物景观色彩设计 / 37
2. 植物景观造型设计 / 39
3. 植物景观设计形式美法则 / 43
任务实施 / 46
巩固训练 / 46
考核评价 / 46

任务 2-3　植物景观生态设计 / 47
工作任务 / 47
知识准备 / 47
1. 园林植物生态特性 / 47
2. 植物景观设计生态性原则 / 51
3. 植物景观生态设计方法 / 52
任务实施 / 54
巩固训练 / 54
考核评价 / 54

任务 2-4　植物景观文化设计 / 55
　　工作任务 / 55
　　知识准备 / 56
　　　1. 植物文化的内涵和体现 / 56
　　　2. 传统植物文化的继承和发展 / 56
　　　3. 植物文化在现代园林中的应用 / 59
　　任务实施 / 60
　　巩固训练 / 60
　　考核评价 / 60

任务 2-5　植物景观动态设计 / 60
　　工作任务 / 61
　　知识准备 / 61
　　　1. 植物景观季相设计 / 61
　　　2. 植物与时空环境的交融 / 63
　　任务实施 / 65
　　巩固训练 / 65
　　考核评价 / 65

项目 3
园林植物与其他造园要素组景设计 / 66

任务 3-1　园林植物与园路组景设计 / 66
　　工作任务 / 67
　　知识准备 / 67
　　　1. 园路植物景观设计要点 / 67
　　　2. 主干道植物景观设计 / 69
　　　3. 次干道植物景观设计 / 70
　　　4. 特色径路植物景观设计 / 71
　　任务实施 / 72
　　巩固训练 / 72
　　考核评价 / 72

任务 3-2　园林植物与水体组景设计 / 73
　　工作任务 / 73
　　知识准备 / 73
　　　1. 园林水景中植物景观设计原则 / 73
　　　2. 水景植物材料分类 / 74
　　　3. 水体深度与植物材料选择 / 74

　　　4. 水边植物景观设计 / 75
　　　5. 驳岸植物景观设计 / 77
　　　6. 水面植物景观设计 / 78
　　　7. 堤、岛、桥植物景观设计 / 78
　　任务实施 / 80
　　巩固训练 / 80
　　考核评价 / 80

任务 3-3　园林植物与建筑小品组景设计 / 81
　　工作任务 / 81
　　知识准备 / 81
　　　1. 园林植物与建筑组景设计要求 / 81
　　　2. 建筑外环境的植物景观设计 / 82
　　　3. 建筑小品的植物景观设计 / 84
　　任务实施 / 86
　　巩固训练 / 87
　　考核评价 / 87

任务 3-4　园林植物与山石组景设计 / 88
　　工作任务 / 88
　　知识准备 / 88
　　　1. 各类园林山体植物景观设计 / 88
　　　2. 孤立石植物景观设计 / 90
　　任务实施 / 90
　　巩固训练 / 91
　　考核评价 / 91

项目 4
树木景观设计 / 92

任务 4-1　乔木和灌木景观设计 / 92
　　工作任务 / 93
　　知识准备 / 94
　　　1. 孤植 / 94
　　　2. 对植 / 96
　　　3. 列植 / 97
　　　4. 丛植 / 100
　　　5. 群植 / 104
　　　6. 林植 / 106
　　　7. 篱植 / 108

任务实施 / 113
　　巩固训练 / 114
　　考核评价 / 115

任务 4-2　藤本植物景观设计 / 116
　　工作任务 / 116
　　知识准备 / 116
　　　1. 藤本植物的景观功能与应用
　　　　特点 / 116
　　　2. 藤本植物景观配置原则 / 117
　　　3. 藤本植物造景形式 / 117
　　任务实施 / 120
　　巩固训练 / 120
　　考核评价 / 121

项目 5
花卉景观设计 / 122
任务 5-1　花坛景观设计 / 123
　　工作任务 / 123
　　知识准备 / 123
　　　1. 花坛的概念和特点 / 123
　　　2. 花坛的类型和应用 / 124
　　　3. 花坛植物材料选择 / 127
　　　4. 花坛栽植床设计 / 130
　　　5. 花坛图案设计 / 131
　　　6. 花坛色彩设计 / 131
　　　7. 花坛视角、视距设计 / 133
　　　8. 花坛设计图绘制 / 133
　　　9. 花坛设计案例赏析 / 134
　　任务实施 / 137
　　巩固训练 / 138
　　考核评价 / 138

任务 5-2　花境景观设计 / 139
　　工作任务 / 139
　　知识准备 / 139
　　　1. 花境的概念和特点 / 139
　　　2. 花境的布置场合 / 140
　　　3. 花境的类型和应用 / 141
　　　4. 花境植物材料选择 / 143
　　　5. 花境种植床设计 / 147

　　　6. 花境背景和边缘设计 / 148
　　　7. 花境平面和立面设计 / 149
　　　8. 花境色彩设计 / 151
　　　9. 花境季相设计 / 151
　　　10. 花境设计图绘制 / 152
　　　11. 花境设计案例赏析 / 154
　　任务实施 / 156
　　巩固训练 / 159
　　考核评价 / 159

项目 6
草坪和观赏草景观设计 / 160
任务 6-1　草坪和观赏草应用与
　　　　　　设计 / 160
　　工作任务 / 160
　　知识准备 / 161
　　　1. 草坪景观设计 / 161
　　　2. 观赏草景观设计 / 169
　　任务实施 / 173
　　巩固训练 / 175
　　考核评价 / 175

项目 7
生态绿墙景观设计 / 176
任务 7-1　认识生态绿墙 / 176
　　工作任务 / 176
　　知识准备 / 177
　　　1. 绿墙定义 / 177
　　　2. 绿墙类型 / 178
　　　3. 绿墙植物材料选择 / 179
　　　4. 新型绿墙营造技术——垒土 / 180
　　任务实施 / 181
　　巩固训练 / 181
　　考核评价 / 181

任务 7-2　设计生态绿墙 / 182
　　工作任务 / 182
　　知识准备 / 183
　　　1. 绿墙方案设计 / 183
　　　2. 绿墙案例分析 / 184
　　任务实施 / 186

巩固训练 / 186
考核评价 / 186

项目 8
小环境园林植物景观设计 / 187

任务 8-1　小庭院植物景观设计 / 187
工作任务 / 188
知识准备 / 189
1. 小庭院的小气候 / 189
2. 小庭院植物景观设计原则 / 192
3. 小庭院现状调研与分析 / 193
4. 小庭院植物景观方案设计 / 195
5. 小庭院植物种植施工图绘制 / 200
6. 小庭院植物景观设计案例分析 / 201
任务实施 / 203
巩固训练 / 208
考核评价 / 211

任务 8-2　屋顶花园植物景观设计 / 211
工作任务 / 211
知识准备 / 213
1. 屋顶花园概念和特点 / 213
2. 屋顶绿化功能 / 213
3. 屋顶花园植物选择 / 214
4. 屋顶花园植物景观营造 / 215
5. 适应建筑环境的屋顶花园植物造景策略 / 219
任务实施 / 220
巩固训练 / 221
考核评价 / 222

项目 9
城市绿地植物景观设计 / 223

任务 9-1　居住区绿地植物景观设计 / 223
工作任务 / 224
知识准备 / 225
1. 居住区绿地植物景观设计基本程序 / 225
2. 居住区绿地植物景观设计原则及基本要求 / 235
3. 居住区各类绿地植物景观设计要点 / 236
任务实施 / 240
巩固训练 / 247
考核评价 / 248

任务 9-2　城市道路绿地植物景观设计 / 248
工作任务 / 248
知识准备 / 249
1. 城市道路绿地植物景观设计原则 / 249
2. 城市道路绿地布置形式与植物选择 / 250
3. 城市道路绿地植物景观设计要点 / 253
任务实施 / 257
巩固训练 / 258
考核评价 / 259

任务 9-3　综合公园植物景观设计 / 259
工作任务 / 259
知识准备 / 261
1. 综合公园分区 / 261
2. 综合公园植物景观设计原则 / 262
3. 综合公园植物景观营造 / 264
4. 公园植物景观设计案例 / 266
任务实施 / 270
巩固训练 / 273
考核评价 / 274

参考文献 / 275
附录 / 277

项目 1　走进园林植物景观设计

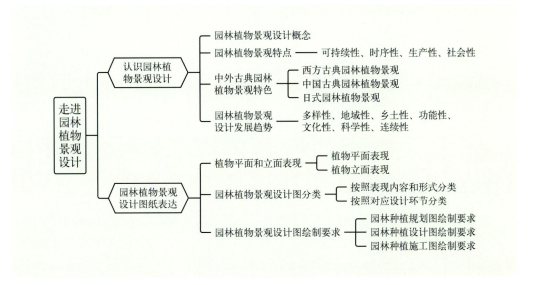

任务1-1　认识园林植物景观设计

【知识目标】

（1）识记和理解植物造景、园林植物景观设计等基本词汇的含义。

（2）理解中外园林植物景观的特点和古典园林造园艺术手法。

（3）归纳园林植物景观设计的发展趋势。

【技能目标】

（1）能够应用相关理论对古典园林植物造景手法进行分析评价。

（2）能够根据植物景观的概念和特点分析当地公园植物景观的特色。

工作任务

【任务提出】

根据实际情况，选择当地古典园林或收集典型古典园林植物景观资料，分析古典园林中植物造景手法及对现代景观的借鉴意义。

【任务分析】

首先需要了解调查项目的历史、周边环境、服务功能和服务对象，以及当地的自然条件和社会条件、风土民俗等，在此基础上对古典园林植物造景手法进行分析和讨论。

【任务要求】

（1）该任务以小组为单位课后完成，小组成员合理分工。

（2）在重点景点或区域应该拍照，并结合文字描述记录。

（3）外出实习必须注意安全第一，文明第二。不允许出现随意攀折花木、踩踏草坪的行为。

（4）每组交一份有实景照片、总平面图、局部平面图的传统园林植物应用情况的分析报告。

【材料及工具】

照相机、笔记本和笔、皮尺、围尺。

植物景观效果绘制演示

知识准备

1. 园林植物景观设计概念

园林植物是构成园林景观的主要素材之一。园林植物景观设计是园林总体设计中的一项不可或缺的单项设计。园林植物与山石、地形、建筑、水体、道路、广场等其他园林构成元素之间相互配合、相辅相成，共同构成园林总体设计。

对于园林植物景观设计，目前国内外尚无明确的概念，但与其相关的名词很多，如植物配置、植物造景等，虽然内容都与植物景观设计有关，但还是有差异，主要表现在侧重点不同。朱钧珍在《中国大百科全书·建筑园林城市规划卷》中指出："园林植物配置是按植物的生态习性和园林布局要求，合理配置园林中的各种植物（乔木、灌木、花卉、草皮和地被植物等），以发挥它们的园林功能和观赏特性。"苏雪痕在《植物造景》中指出："植物造景，顾名思义就是应用乔木、灌木、藤本、草本植物来创造景观，充分发挥植物本身形体、线条、色彩等自然美，配置成一幅幅美丽动人的画面，供人们观赏。"这两个概念的共同点是都把植物材料进行安排、搭配，以创造植物景观。而设计，指在正式做某项工作之前，根据一定的目的要求，预先制订方法、图样等。

综上，园林植物景观设计（landscape design of garden plants）的概念可以描述为：根据园林总体设计的布局要求，运用不同种类的园林植物，按照科学性和艺术性的原则，合理布置、安排各种种植类型的过程与方法。成功的园林植物景观设计既要考虑植物自身的生长发育规律、植物与生境及其他物种间的生态关系，又要满足景观功能需要，符合园林艺术构图原理及人们的审美需求，创造出各种优美、实用的园林空间环境，以充分发挥园林综合功能和作用，尤其是生态效益，使人居环境得以改善（图1-1-1）。

2. 园林植物景观特点

园林植物景观在满足观赏特性的同时，与建筑、园林小品等硬质景观存在本质的区别。园林植物景观具备以下几个特点：可持续性、时序性、生产性和社会性。

图1-1-1　园林植物景观设计效果图

（1）可持续性

植物自身以及合理的植物群落可以起到防风固沙、降噪除尘、吸收有害气体、杀菌抗污、净化水体、涵养水源及保护生物多样性等保护、改善和修复环境的作用，且这些功能随着时间的推移逐步得到强化。因此，科学的植物景观配置能更好地服务于生态系统的长期稳定，满足人们休闲、游憩观赏需要的同时，促进人与自然的持续、共生和发展。

（2）时序性

植物自身的年生长周期决定植物景观具有很强的自然规律性和"静中有动"的季相变化，不同的植物在不同的时期具有不同的景观特色。一年四季的生长过程中，叶、花、果的形状和色彩随季节而变化，表现出植物特有的艺术效果。如春季山花烂漫，夏季荷花映日，秋季硕果满园，冬季蜡梅飘香等。

在不同的地区或气候带，植物季相表现的时间不同，如北方的春色季相一般比南方来得晚，而秋色季相比南方出现得早。所以，利用某些季相变化，通过引种驯化、花期的促进或延迟等手段，将不同观赏时期的植物合理配置，可以人为地延长甚至控制植物景观的观赏期。

（3）生产性

园林植物景观的生产性可以理解为植物景观满足人们物质生活需要的原料和产品的功能，如提供果品、医药和工业原料及枝叶工艺产品等。油菜花海、麦浪、金色稻田是人们比较熟悉的农田风光，其本身就可构成一种景观，此类作物景观即可展现景观的生产性。观光农业是目前能够体现园林生产功能的产业，是农业、园林与旅游三大行业的交叉产物，融景观、生产、经济于一体。

（4）社会性

园林植物景观的社会性指的是植物景观具有康复保健、有益于人类文化生活等功能。其中，文化功能包括纪念、教育、学习、科学研究等，身心康复功能包括休闲、观光、保健、医疗等。游憩带来效益，但游憩功能属于次生功能，其直接功能是为参与者身心健康服务。与硬质景观有别的是，植物景观具有保健、医疗方面的社会特性。

园林植物景观不是孤立存在的，必须与其他景观要素如水体、地形、建筑等及其他生物乃至自然界的生态系统结合起来，这样才能营造有益于人类与自然和谐共处的可持续发展的绿色景观空间。

3. 中外古典园林植物景观特色

1）西方古典园林植物景观

在西方，园林随着时代的发展而演进，历经古代园林、中世纪园林、文艺复兴时期园林、勒诺特尔式园林、风景式园林、风景园艺式园林和现代园林等阶段。在这个漫长的发展演进过程中，随着人们对园林功能要求的变化和发展，植物景观的主要功能和主要设计手法也在不断地变化和发展。

（1）古埃及园林植物景观

古埃及园林由菜园和果园发展而来。由于气候炎热、干旱缺水，古埃及人十分珍视水的作用和树木的遮荫，庭院在高墙的围合下成排地种植着埃及榕、枣椰子、棕榈等庭荫树，规整布置着葡萄架、水池，在矩形水池中种植水生植物（图1-1-2、图1-1-3）。古埃及庭院植物景观突出实用的目的，常用到的植物有无花果、石榴、葡萄，还有蔷薇、银莲花等实用兼有观赏效果的植物。

（2）意大利古典园林植物景观

文艺复兴是14～16世纪欧洲的新兴资产阶级思想文化运动，开始于意大利，然后扩大到德国、法国、英国、荷兰等国家。意大利式庭院是台地式的，整体以常绿植物为基调，以不同深浅的绿色相互协调，避免色彩鲜艳的花卉，不追求植物景观的季相变化，在视觉上形成统一、宁静的绿色效果（图1-1-4）。重视植物修剪造型，由初期的方块、圆锥或其他简单几何形体发展到巴洛克式复杂精细的造型（图1-1-5）。后来，又在植物修剪造型的基础上发展成绿色围墙、绿色座凳等，用植物柔化建筑的线条，使植物和建筑融为一体。将黄杨绿篱围绕草坪的植物景观设计方式称为植坛，多以方形构图，庭院通过轴线划分出植坛组群。

（3）法国古典园林植物景观

17世纪下半叶，法国的君主集权达到巅峰，改造了从意大利传来的造园艺术，形成了法国古典主义造园艺术，以对称的几何形布局为基本特色。法国宫廷庭院的艺术传遍了英国、德国、俄国以至整个欧洲。

法国古典园林植物景观的特征为：庭院的中轴线得到加强，布置宽阔的林荫道。一般道路两侧列植两三排修剪过的树木，树木将园中各景点联系起来，并构成线性的林荫空间。

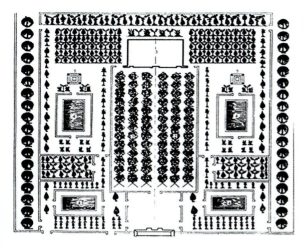

图1-1-2 古埃及古墓中的石刻所描绘的宅院平面图

图1-1-3 古埃及庭院水池边植物配置

图1-1-4 意大利庄园的植物景观

图1-1-5 意大利古典庭院中的各种植物造型

植坛有刺绣花坛、组合花坛、分区花坛等（图1-1-6），丰富、精美的树篱植坛极具装饰意味，成为庭院的主要观赏对象。由自然或人工栽植的大面积树木形成绿色背景，与周边的自然景观相互交融，将人们的视线延伸到地平线。在主体建筑前设计整形式的修剪草坪，以方形或长方形为主，常位于轴线上宽阔的林荫路中间，作为延长透视线的一种手段。

（4）**英国古典园林植物景观**

18世纪上半叶，英国资产阶级牢固地掌握了政权之后，抛弃了法国古典主义式园林，在"中国风"的影响下，兴起了自然风致园（landscape garden）。到18世纪下半叶，又进一步发展成如画式庭院。自然风致园植物景观的特征为：以自然开阔的草地形成良好的空间；植物以群植、片植和孤植点缀形成景观的焦点；植物种植与地形的变化完美结合，在地形顶部栽植的树丛，在视觉上形成加强地形高度的效果，在地形凹陷的地方通过植物的栽植进行画面的调整。

图1-1-6 法国庭院中具有装饰意味的植坛

2）中国古典园林植物景观

（1）中国古典园林分类及植物应用

中国具有悠久的园林历史，特别是中国古典园林，推动了世界园林的发展。我国最早的一部诗歌总集《诗经》中记载了对桃、李、杏、梅、板栗等植物的栽培。随着社会的发展，人们对于植物的应用越来越广泛，从室内到室外，从王孙贵族到平民百姓，从节日庆典到宗教祭祀，无论何时、何地、何种园林形式，植物都成为其中不可或缺的要素，而植物配置的技法也随着中国园林的发展而逐步完善。中国古典园林具体类型及植物应用见表1-1-1所列。

表1-1-1 中国古典园林分类及其植物的应用

园林类型	特 点	植物种类及配置方式	作 用
皇家园林	庄严雄浑	选用苍松、翠柏等高大树木，植物采用自然式或者规则式配置方式	与色彩浓重的建筑物相映衬，体现了皇家园林的气派
私家园林	朴素、淡雅、精巧、细致	选用小型植物，以及具有寓意的植物，如梅、兰、竹、菊等。多采用自然式配置	创造城市山林野趣，体现主人高雅的气质
寺观园林	古朴、自然、庄重、幽奇	栽植松、柏、竹、银杏、桂花、菩提树、荷花等	创造一处静思、修行的空间

（2）中国古典园林植物造景艺术手法

中国古典园林植物景观设计一般深受历代诗词、书画、传统哲学思想乃至生活习俗影响。在植物的配置上非常注重植物的"品格"；在形式上注重色、香、韵。而且还力求能入画，要具有画意，意境上求"深远""含蓄""内秀"，情景交融、寓情于景。喜欢"诗中有画、画中有诗"的诗情画意般精巧玲珑的景点布置，偏爱"曲径通幽"的环境。

①师法自然　中国古典园林师法自然的表现手法主要有仿自然之形、顺自然之理、传自然之神等。仿自然之形就是在中国古典园林植物设计时模仿自然中植物的生长形态进行植物设计。比如，经常会采用"三五成林"的处理方式，创造"咫尺山林"的效果。顺自然之理就是在中国古典园林植物设计时充分考虑植物的生态习性规律，如植物的喜光性、耐阴性、耐湿性、生长周期、开花落叶周期等，中国古典园林会遵循这种自然特性进行植物设计，从而创造出丰富多彩的园林植物景观。中国古典园林的设计精髓是源于自然，但是园林景观毕竟面积有限，所以中国古典园林在景观设计以及植物配置时，主要表达自然的神韵，而不是完全模仿，所以说，中国古典园林是源于自然又高于自然的。

②寓情于景　我国文人常将自己的情感寄予自然界中的某种事物，如山川、河流、风雨雷电等，园林植物也被文人寄予了某些情感，从而具有了一定的文化内涵。某些植物如梅、兰、竹、菊、荷花、牡丹等在我国古代文人眼中是某种高尚品格的象征，在中国古典园林中经常可见与植物题材有关的命名，如拙政园的"梧竹幽居"（图1-1-7）和"听松风处"等。

总的概括起来，中国古典园林的植物主要是从以下两个方面进行配置的。一是按照诗词书画栽植植物。中国的山水画主要取材于中国的自然景观，同时又加入了文人的自我创作，这是古代文人对理想家园的向往。文人借助山水画的指导，结合工匠的造园技巧，进行植物配置，创造出模仿自然的景观效果。二是按照植物的颜色与生长姿态种植植物。中国古典园林中的植物不追求植物栽植的数量，而是重在植物姿态。注重植物的生长姿态，是古代文人在中国古典园林植物审美上的一大特色。线条是中国传统艺术的创作之源，树木本身就是自然界中的线条，有些柔美，有些苍劲有力，如网师园中的"看松读画轩"轩南的松树，狮子林的古银杏，留园中的银杏、香樟等大树，姿态优美，都起到丰富园中山林空间的作用。

③四时变化造景　中国古典园林中利用四时造景是表现植物景观特色和大自然无穷魅力的重要造园设计手法。清代陈淏子《花镜·自序》描写

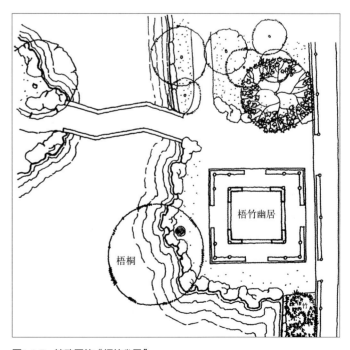

图1-1-7　拙政园的"梧竹幽居"

春日"海棠红梅"、夏日"榴花烘天"、秋时"霞升枫柏"、冬至"蜡瓣舒香",可谓"庭院景色,藉花木而四季不觉"。植物不仅能够自身表现出独特的四季变化之美,而且还能与园林的其他景观元素紧密联系,共同演绎出无限的神韵。如"桃露春浓,荷花夏净,桂风秋馥,梅雪冬妍",不仅描绘了植物的四季变化特色,还体现出了自然景观中露、云、风、雪的景观神韵。在中国古典园林中,运用植物四时变化造景的例子也非常普遍,如拙政园中以春季为主题的景观有"海棠春坞",以夏季为主题的景观有"荷风四面亭",以秋季为主题的景观有"待霜亭",以冬季为主题的景观有"雪香云蔚亭"等(图1-1-8、图1-1-9)。

④植物色香染景　植物作为园林的构成要素之一,种类繁多,色彩丰富多彩。在中国古典园林造景时,往往会利用植物的色彩来渲染气氛,烘托主景。中国古典园林中以植物色彩为景观主题的景点也是非常常见的,如苏州园林留园中桃花成林的"小桃坞",拙政园中以牡丹、芍药为特色的"绣绮",沧浪亭中四周被竹林环抱、环境清幽的"翠玲珑",留园中临池而建,池中荷叶摇摆、荷花斗艳的"涵碧山庄"等。

中国古典园林的植物栽植除了注重植物的色彩以外,还非常善于利用植物的芳香,营造清香舒心、美妙怡人、富有韵味和情调的园林环境。常见的植物芳香有荷花的清香、梅花的暗香、兰花的幽香、桂花的浓香等。如拙政园中被荷花的清香包围的"远香堂"、被梅花的暗香包围的"雪香云蔚亭"等。

⑤植物空间组景　中国古人讲究含蓄,在园林景观设计时喜欢景观环境的不确定性,讲究"山重水复疑无路,柳暗花明又一村"的园林空间特色,喜欢景观"先藏后露、欲扬先抑"。为了达到这一景观效果,古人在进行园林景观设计时,往往利用植物的形状、色彩、高低等变化。如在一条弯曲的园路旁,在不同的路段栽植不同的花木,同时结合山石、水体、建筑等配置。使游人随着自己位置的变化,看到不同的园林景观效果,营造出"步移景异"的景观特色,由此使人感觉园林景观空间得到放大。图 1-1-10 为留园

图1-1-8　拙政园的"海棠春坞"

图1-1-9　拙政园的"荷风四面亭"

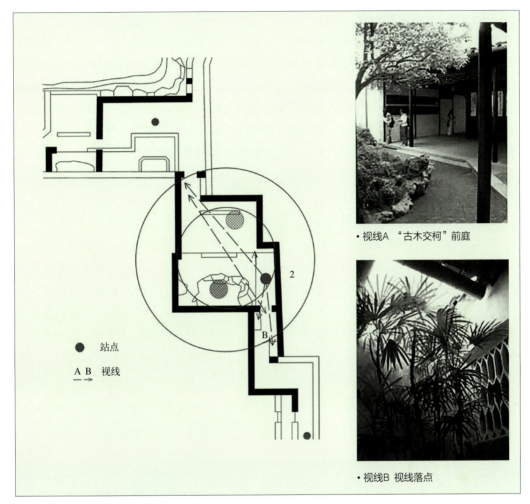

图1-1-10 "古木交柯"前庭院空间示意

"古木交柯"前庭院空间景观分析。

⑥主从置景 园林植物种类繁多,在古典园林环境中,植物景观都有重点与一般、主体与客体之分。如留园西部景区以槭树为主,配以银杏、柿等其他的秋季观叶树种,创造"霜叶红于二月花"的优美景色。再如沧浪亭"玲珑馆"周围主要种植各种翠竹,配以古柏、芭蕉等植物,体现"秋色入林红暗淡,日光穿竹翠玲珑"的优美、清幽的自然景色。另外,还运用丛植、群植同一种植物来突出某一种植物的景观特色,形成局部园林空间的主景,如牡丹园、月季园、桃花峪、梅花岭、海棠坞等。

3)日本园林植物景观

日本从中国汉代开始受到中国文化的影响,至盛唐时期达到顶峰,尽管政治文化上受中国的影响逐渐减弱,但是思想文化的根脉仍是与中国相通的。就自然哲学观而言,都是以自然为本,强调人与自然的相互沟通和交流。在庭院的处理手法上,以景引情,寓情于景,并以水为脉,以山为骨。日式园林的植物景观设计有如下特点。

（1）配置方式师法自然

日本庭院的植物配置是按照不对称、"七五三"等形式来进行的。"七五三"是日本园林石景的一种固定形式，即七石景多与三石景和五石景结合，由于植物与石头同样被当作造景符号，因此在植物造景时也出现了很多"七五三"式和它的变形。例如，正传寺庭院（江户初期，京都）的院中就布置了以白沙为背景的呈"七五三"排列的修剪杜鹃花。日式庭院植物配置整体师法自然，植物设计的平面、立面关系以不等边三角形构图作为基础。以这种格局种植的树木可协调不同树枝伸展姿态及色彩、树形之间的关系，达到如画的效果。也有一些整形植物的运用，如椭圆形或是方形的植物，但这样的植物整体上还是以不对称、不均匀的方式组合。

（2）对植物进行造型修剪

日本园林对植物的修剪是从室町时代（1393—1573年）后期禅宗寺院的庭院开始的。禅宗园林以低矮的石景为视觉焦点，如果不对植物进行修剪，那么植物在温润的条件下生长迅速，势必将石景遮盖住。日式庭院修剪植物的手法分如下几种：一是按画理修剪。日本园林空间较小，将远景的树木修剪成几何形，是利用画论中"远树无形"的原理来加强景深。二是以水景为母题。背景树修剪成波浪形，中景树修剪成船形或岛形。三是寺庙园林中的圆头形修剪。日本园林中适于修剪的植物有：珊瑚树、冬青、黄杨、杜鹃花、日本花柏、罗汉松、木槿、柑橘、榆树等。

（3）以常绿植物为主，也重视四季的变化

日本古典庭院中选用的植物品种不多，常以一两种植物为主景，再选用一两种植物为

图1-1-11　常绿造型植物与沙石造景

配景，层次清楚，形式简洁。通常常绿树在庭院中占主导地位，因其不仅可以经年保持园林风貌，还可为色彩亮丽的观花或观叶植物提供一道天然背景，所以在日本古典园林中常绿植物与山石、水体一起成为最主要的造园材料（图1-1-11）。在众多的可供选择的常绿植物中，日本黑松、红松应用最为普遍。除此以外，日本花柏、雪松、紫杉、厚皮香、杨梅、桂花、山茶等也都是常用的常绿植物种类。同时，日式庭院也很重视植物景观的季相变

图1-1-12　秋色叶植物丰富日本庭院植物色彩

化，用开花植物或秋色叶植物打破过于稳定的枯燥无味。用山茶、紫玉兰、石楠、杜鹃花、棣棠、海棠等春花植物赋予庭院色彩；用绣球、紫薇等丰富夏景；用元宝枫、鸡爪槭、银杏、卫矛等的色叶来装点秋色（图1-1-12）。

（4）注重苔藓植物的应用

苔藓植物的庭院绿化主要是通过合理地经营地形、规划水体、配置植物，精心筛选出各种各样的苔藓植物，创造出各种适合苔藓植物生长的环境，营造出丰富的苔藓植物景观。苔庭是苔藓植物庭院绿化中最早采用的形式，大部分都与寺庙结合在一起，是日本最著名的枯山水园林中常用的表现手法。通过苔藓植物与沙石的精心配置，表现出一种古老、枯寂的意境，有时也用苔藓与白沙对比，表示生命的存在，其中白沙象征海洋，苔藓象征生命，景石象征海岛。随着社会的发展，苔庭进一步面向公众开放，逐渐发展成供人游赏的苔藓公园。除苔藓公园外，日本的私家庭园中用苔藓植物进行景观布置也非常普遍，其配置的手法和象征意义也大大超越了枯山水园林的思想，最典型的用途和手法就是在狭小的空间内，通过苔藓植物形体的渺小，创造出非常开阔的感觉。

（5）植物种植方位与风水学相关联

日式庭院的植物种植与"四神相应"的风水学相关联。据日式庭院建造经典著作《作庭记》记载，特殊的植物种植方位可以弥补庭院选址在风水上的不足。就庭院选址来说，东、南、西、北各有河、道、池、山是最理想的。如果没有那么完美的选址，也可以通过种植树木来弥补。例如，如果东边没有流水，可以植9株垂柳。另外，也记载了一些规律性的栽植理论："东植花树，西植红叶之树""槐宜植于门旁"。

4. 园林植物景观设计发展趋势

随着时代与社会的发展，现代植物造景已经不能满足于传统的植物造景只强调诗情画意的功能，转而更注重植物景观的生态效益，同时，还注重持续城市空间、文脉传承的责任。现代植物景观设计的发展趋势，就在于充分认识地域性自然景观中植物景观的形成过

程和演变规律，并顺应这一规律进行植物配置。设计师不仅要重视植物景观的视觉效果，更要营造出适应当地自然条件、具有自我更新能力、体现当地自然景观风貌的植物类型。现代植物景观设计不仅要源于自然、归于自然，还应具备以下时代特征。

（1）多样性

《国务院办公厅关于科学绿化的指导意见》明确提出，在树种、草种选择上乡土化、多样化。植物景观设计应认真践行"人民城市人民建、人民城市为人民"的重要理念，以建设美好人居环境为目标，科学推进城市园林绿化工作，完善城市绿色生态网络，促进城市绿色低碳转型和可持续发展。

（2）地域性

从总体上讲，全国各地园林植物景观还是比较能够体现各自的地域特点的，但是更具体、更细微的地域特点体现得还不够。如杭嘉湖平原的杭州、嘉兴、湖州，以及绍兴、宁波、温州、金华等地，分别属于平原和丘陵地带，地处浙东北、浙中和浙西南，应该有各自不同的特点，但遗憾的是，这些地方的植物景观目前还比较雷同，还不能够鲜明地体现各地的区域特色。我国各城市都应该很好地研究自身的自然条件和人文条件，对植物景观进行研究和定位。

（3）乡土性

园林景观不仅要满足审美的需求，同时还应有较强的功能性和实用性。表现在植物景观设计上，应该与乡民生活、生产等实用功能相联系。因此，各地要注意挖掘当地的乡土植物材料和历史文化特点，巧借该地的山水之景、四时之变，打造出美不胜收而又有自身特色的胜景。

（4）功能性

植物景观具有实现环境效益、社会效益和经济效益等多方面的功能。其中，环境效益包括：改善人居环境质量；安全防护；维护生态系统的完整性；恢复自然生态环境。社会效益包括：增进人与自然的交流；促进人的全面发展；文脉传承与文化创新。不同园林绿地对植物景观功能的要求是不一样的，怎样有针对性地进行功能性植物景观的设计，通过植物种类、群落结构、色彩和形态变化赋予的生命力和自然美来优化功能设计，是园林工作者的重要努力方向。

（5）文化性

植物景观的营造要追求其文化内涵和意境，强调植物景观所带来的内心感悟和精神境界的升华。植物景观营造不是简单地把几株树木花草搬到一起，而是要根据植物本身特有的生物学特征和美学特征，挖掘并赋予各种植物丰富的文化内涵。要利用植物的文化属性，努力营造植物景观的文化氛围。

（6）科学性

植物景观规划设计和营造是建立在植物与生态基础、园林树木、园林花卉、园林规划设计等课程学习的基础上的，坚持科学性毋庸置疑。因此，研究、规划设计、营造植物景观来不得半点虚假，需要小心求证、不断探索，坚持用科学和理性来推动植物景观规划设计、研究和营造的健康发展。

（7）连续性

植物景观规划设计、植物材料供应和营造、植物景观管理和维护，三者是一个有机的整体。植物景观的规划设计、营造和管理维护怎样才能形成一体化，怎样从整体上提高水平，这是现阶段需要人们认真思考的问题。目前，比较注重的是规划设计和营造，但随着园林绿化存量的日益加大，养护管理问题开始凸显。事实上，风景园林的维护管理主要是植物景观的维护和管理，所以下一步应同时注重植物景观规划设计、营造和维护管理。这个问题有很多方面值得研究，希望能够引起广大同行的重视。

任务实施

（1）对古典园林进行全面踏勘并拍照，调查公园中使用的植物种类。
（2）讨论、分析该古典园林植物造景艺术手法或设计特点。
（3）绘制出该古典园林植物景观总平面图、若干局部平面图和立面图。
（4）完成古典园林植物景观设计分析评价报告。
（5）作业评比，总结各位同学的分析评价是否正确。

巩固训练

选择某一古典园林绿地，分析其植物景观设计特点，完成植物景观设计分析评价报告。

考核评价

表 1-1-2　评价表

评价类型	项　目	子项目	组内自评	组间互评	教师点评
过程性评价 (70%)	专业能力 (50%)	植物景观造园手法分析能力 (40%)			
		绘图能力 (10%)			
	社会能力 (20%)	工作态度 (10%)			
		团队合作 (10%)			
终结性评价 (30%)	报告的创新性 (10%)				
	报告的规范性 (10%)				
	报告的完整性 (10%)				
评价/评语	班级：	姓名：	第　组	总评分：	
	教师评语：				

任务1-2 园林植物景观设计图纸表达

【知识目标】

（1）掌握园林植物的平面图例表现和立面表现。

（2）了解植物种植图的分类，掌握植物种植图的绘制要求。

（3）掌握园林植物景观设计基本程序。

【技能目标】

（1）能够运用相关知识，识别种植设计图纸的类型并准确绘制种植设计相关图纸。

（2）能够运用植物景观设计基本程序进行种植设计图的绘制。

工作任务

【任务提出】

图 1-2-1 为深圳园博会热带庭园种植总平面图，根据植物种植施工图的绘制要求、绘图的步骤，完成深圳园博会热带庭园种植总平面图的绘制。

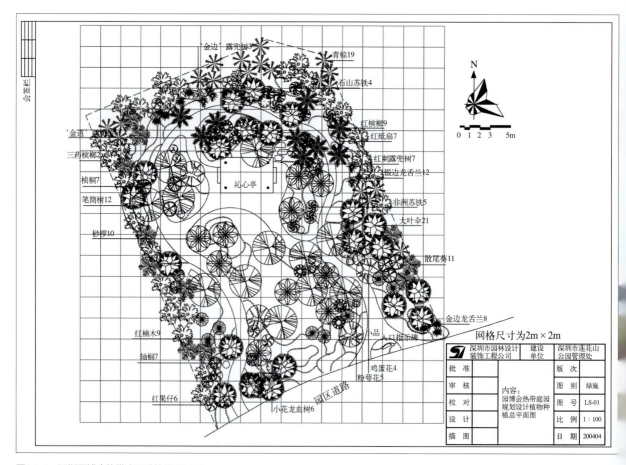

图1-2-1 深圳园博会热带庭园种植总平面图

【任务分析】

在了解植物种植图分类的基础上，明确种植施工图的作用、内容、绘制要求、相关的制图规范以及绘图的步骤与方法，利用绘图工具或计算机辅助设计软件完成图纸的绘制。

【任务要求】

（1）根据实训条件选择手工或计算机绘制图纸。

（2）制图规范，设计元素表达清晰。

（3）按照绘图步骤分层绘制。

【材料及工具】

绘图纸、针管笔、图板、绘图仪器、绘图软件（AutoCAD）、计算机。

知识准备

1. 植物平面和立面表现

1）植物平面表现

（1）乔木、灌木的平面表现

乔木和灌木有针叶树和阔叶树之分，在种植上又有孤植、丛植、林植和篱植的区别，在平面图中表达时应注意区分。

单株乔木、灌木（孤植树）的平面植物图例，主要是要区分针叶树和阔叶树。针叶树的树冠外轮廓为锯齿线或刺形线，而阔叶树的树冠外轮廓为圆形或裂形线（图1-2-2、图1-2-3）。

对于乔木和灌木树丛、树群的表现，因种植时树冠有重叠的部分，在表现时一般是先画出上方的树冠，而下方被遮挡的树冠不画，有时是把树冠重叠的部分省略不画（图1-2-4）。

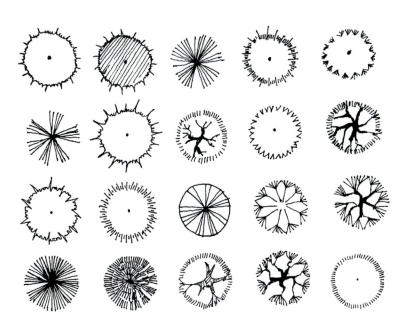

针叶树平面图例画法

图1-2-2 单株针叶乔木、灌木的平面图例

16　园林植物景观设计（第2版）

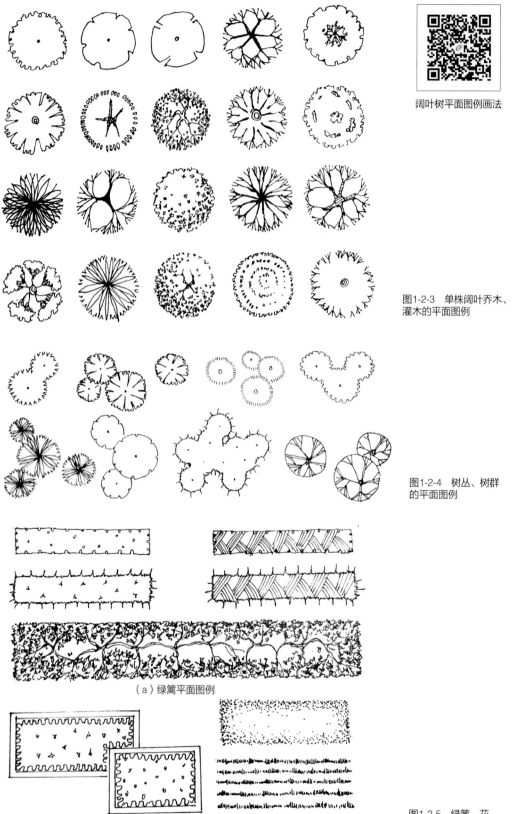

阔叶树平面图例画法

图1-2-3　单株阔叶乔木、灌木的平面图例

图1-2-4　树丛、树群的平面图例

（a）绿篱平面图例

（b）花卉平面图例　　（c）草坪平面图例

图1-2-5　绿篱、花卉、草坪的平面图例

绿篱是一种规则式的种植，在表现时根据设计图纸的比例，平面图例可繁可简。对于小比例的平面图，主要是勾出树冠轮廓，或加图案进行美化；对于大比例的平面图，绿篱通过枝干和叶片综合表现（图1-2-5）。

乔木、灌木立面图例画法

（2）花卉和草坪的平面表现

花卉的种植主要是以花坛、花池等形式出现，平面表现如图1-2-5所示。

2）植物立面表现

（1）乔木、灌木的立面表现

乔木、灌木的立面图，针叶树与阔叶树也有明显区别。针叶树主要有松类、柏类、杉类，造型都比较有特点，如图1-2-6所示。阔叶树根据树冠的形态不同，概括起来有圆球形、圆柱形、卵圆形、椭球形、半球形、三角形、蘑菇形、垂枝形和匍匐形，以及竹子和南方的棕榈、蒲葵、椰子等特殊造型的植物等（图1-2-7、图1-2-8）。

图1-2-6　针叶树和南方特殊造型乔木立面

图1-2-7　常见阔叶乔木立面

图1-2-8　常见阔叶灌木立面

图1-2-9　花草立面

（2）花草的立面表现

花草在种植时通常有盆栽和地栽两种方式，作为前景的花草应细致刻画（图1-2-9）。

2. 园林植物景观设计图分类

1）按照表现内容和形式分类

（1）平面图

平面图是表现植物与地形、地貌、建筑物、构筑物的平面位置关系，以及植物种类、种植位置、数量和规格的图纸（图1-2-10）。

（2）立面图

立面图是指在竖向上标明各种植物之间的关系，园林植物与建筑物、构筑物、山石及

图1-2-10　植物种植设计平面图

图1-2-11　植物种植设计立面图

各种设施的位置以及植物的高度、体形姿态的图纸（图 1-2-11）。

（3）剖面图或断面图

这是表现植物的相对位置、垂直高层以及与地形之间的关系的图纸（图 1-2-12）。

（4）透视效果图

透视效果图是表现植物在立体空间的景观效果的图纸。实际植物景观设计表现中，主要用到两种视高的透视效果图：平视图（正常人的视高，图 1-2-13）和鸟瞰图（空中俯瞰，图 1-2-14）。

图1-2-12　植物种植设计剖面图

图1-2-13　植物景观设计平视图

平行透视效果图画法

成角透视效果图画法

图1-2-14　植物景观设计鸟瞰图

2）按照对应设计环节分类

（1）园林种植规划图

园林种植规划图是在初步设计阶段，绘制植物组团种植范围，并区分植物类型的图纸。绘制植物种植规划图的目的在于标示植物分区布局情况，所以植物种植规划图仅绘制出植物组团的轮廓线，并利用图例或者符号区分常绿针叶树、阔叶树、花卉、草坪、地被等植物类型，一般无须标注每一株植物的规格和具体种植点的位置。

（2）园林种植设计图

园林种植设计图是在详细设计阶段，用相应的平面图例在图纸上标示植物的种类、数量、规格、种植位置及种植形式和要求的平面图纸。除了种植平面图外，往往还要绘制植物群落的剖面图、断面图或效果图。园林种植设计平面图还要用列表的方式绘制出植物材料表，具体统计并详细说明植物的编号、图例、种类、规格（包括树木的胸径、高度或冠幅）和数量等。园林种植设计图根据绘制的部位和内容还可分为总平面图、分区平面图、乔木平面图（分区乔木平面图）、灌木平面图（分区灌木平面图）、地被平面图（分区地被平面图）。

（3）园林种植施工图

园林种植施工图是在施工图设计阶段，标注植物种植点坐标、标高，确定植物种类、规格、数量、栽植或养护要求的图纸。主要内容包括：坐标网格或定位轴线；建筑、水体、道路、山石等造园要素的水平投影图；地下管线或构筑物位置图；各种植物的图例及位置图；比例尺；风玫瑰图或指北针；标题栏；主要技术要求；苗木统计表；种植详图等。与园林种植设计图一样，园林种植施工图根据绘制的部位和内容也可分为总平面图、分区平面图、乔木平面图（分区乔木平面图）、灌木平面图（分区灌木平面图）、地被平面图（分区地被平面图）。园林种植施工图是编制预算、组织种植施工、进行施工监理和养护管理的重要依据。

3. 园林植物景观设计图绘制要求

图纸要规范，要符合国家相关行业要求，植物图例要符合风景园林图例图示标准。

1）园林种植规划图绘制要求

标示植物分区布局，绘制出不同植物组团轮廓线，并利用图例或者符号区分针叶树、阔叶树、花卉、草坪、地被等植物类型，一般无须标注每一株植物的规格和具体种植点的位置。

园林种植规划图应包含以下内容：图名、指北针、比例、比例尺；图例表，包括序号、图例、图例名称（针叶树、阔叶树、花卉、草坪、地被等）、备注；设计说明，包括植物配置的依据、方法、形式等；园林种植规划平面图，绘制植物组团的平面投影，并区分植物的类型；植物群落效果图、剖面图或断面图等。

2）园林种植设计图绘制要求

（1）制图要求

在园林种植设计图中，将各种植物的图例绘制在种植位置上，并应以圆点表示出树干的位置。树冠大小按成龄后的冠幅绘制。在规则式的种植设计图中，对单株或丛植的植物宜用小点表示种植位置，对蔓生和成片种植的植物，用细线绘出种植范围。

园林种植设计图应包括以下内容：要绘制出指北针、比例、比例尺，标明图名；植物表中分别列出序号、图例，植物中文名、学名、规格、造型形式、数量，备注；设计说明中要指出植物配置的依据、方法、形式。

①总平面图　表示整个用地范围内的植物分布情况，比例视总图而定，标准为打印出图清晰即可（图1-2-15）。

②乔木平面图　表示整个用地范围内的乔木分布情况。

③灌木平面图　表示整个用地范围内的灌木分布情况。

④地被平面图　表示整个用地范围内的地被分布情况。

（2）图面要求

•植物图例及连线文字采用较粗线型，其他线条相对选用细线。

•连线、字的位置尽量有规则性及韵律性，引出草地、建筑以外，避免与其他线条重合，保证图纸的整体美观与清晰。

深圳园博会寄思园种植设计植物分层平面图

3）园林种植施工图绘制要求

将各种植物的图例绘制在种植位置上，并应以圆点或十字表示出树干的位置。为便于区别树种、计算株数，有时将不同树种统一编号，标注在树冠图例内。或者将同一树种以粗实线连接起来，用引线标注每一种植物种类、规格、数量或面积；或者用索引符号逐树种编号，索引符号用细实线绘制，圆圈的上半部注写植物编号，下半部注写数量，尽量排列整齐，使图面清晰。

华鼎世家一期种植施工图

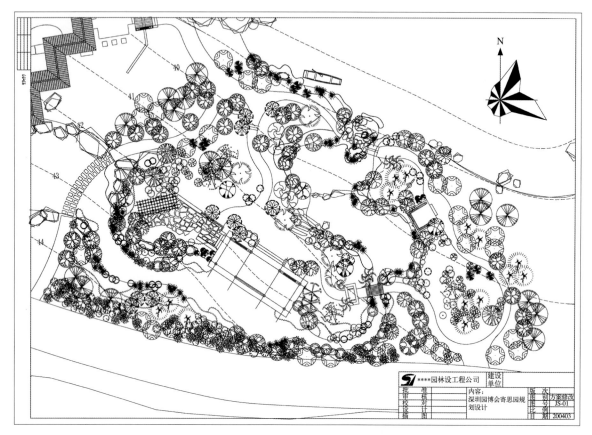

图1-2-15　深圳园博会寄思园种植设计总平面图

自然式园林种植施工图，宜将各种植物按平面图中的图例绘制在所设计的种植位置，树冠大小按苗木出圃时的冠幅绘制。自然式种植往往借助坐标表格定位。

规则式园林种植施工图，对单株或丛植的植物宜以圆点表示植物的种植位置，对蔓生和成片种植的植物，用细实线绘制出种植范围，草坪用小圆点表示，小圆点应绘制得有疏有密，凡在道路、建筑物、山石、水体等边缘处应密，然后逐渐稀疏。

要绘制出指北针、比例、比例尺，标出图名。植物图例表中所列的植物要具体到种，苗木表中分别列出序号以及植物中文名、学名、图例、规格、单位、数量、栽植密度，还要注明苗木栽植养护要求（如是否需要带土球）。施工说明中要指出放线定点、选苗、栽植、养护的技术要求，并绘制出种植说明详图。

①施工平面图　要有放线网格、尺寸标注、植物种类、株行距（规则式种植要标出株行距）。

②分区平面图　是将总平面分为若干区段，用大比例尺分别绘制每一区段平面图，清晰表示乔木、灌木、地被等布局及层次关系，一般比例为1∶300或1∶200。

③定线定位　植物密度较大时，为保证图面清晰，图纸类型分为乔木种植定线定位图及灌木、地被种植定线定位图。植物密度小时，乔木、灌木、地被种植定线定位图合为一张图纸。

④乔木平面图　乔木连线原则为：相邻两株植株连线尽量不要相交，端头引出乔木的

品种及数量。

⑤灌木平面图　灌木连线原则为：相邻两株距离较近的植株连线尽量不要相交，端头引出灌木的品种及数量；片状种植灌木标出面积，引线端头带标志点。

⑥定线、定位原点　以建筑角点或已知道路角点为基准，自然式种植采用方格网定位，网格使用较细线型的虚线或细实线。方格网面积较大时，每隔 10m 或 20m 加粗方格，并标注尺寸。定位网格应尽量定至就近建筑边线并与之平行或垂直。规则种植的行道树或点状种植的灌木可以相邻路边石为定位依据。

任务实施

园林种植施工图绘制步骤（以 AutoCAD 软件绘制为例）如下：

（1）选择合适的比例，确定图幅

手绘图需要先确定图幅和比例，用 AutoCAD 软件按 1∶1 绘图，打印时确定图幅和比例。园林种植设计图图幅不宜过小，一般不小于 1∶500，否则无法表现植物种类及其特点。

（2）绘制直角坐标网

坐标网的尺寸为 2m×2m。坐标网格要绘制在网格图层上（图 1-2-16）。

（3）绘制出其他造园要素的平面位置

将园林设计平面图的建筑、道路、广场、山石、水体及其他园林设施和市政管线的平面位置按绘图的比例绘在图上。造园要素要绘制在设计图层上。水体边界线用粗实线，沿水体边界线内侧用一细实线表示出水面；建筑用中实线；道路用细实线；地下管道或构筑物用中虚线（图 1-2-17）。

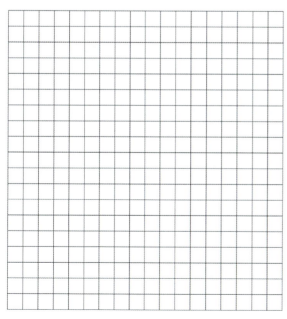

图 1-2-16　直角坐标网

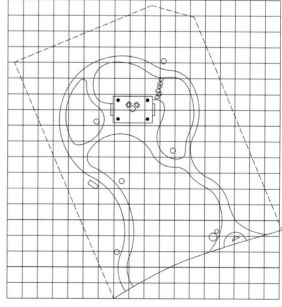

图 1-2-17　景观要素平面图

（4）先绘制出需保留的现有树木，再绘出种植设计内容

①绘制乔木种植平面图

• 建立乔木图层，根据种植位置绘制出乔木。乔木的冠幅按苗圃出圃的冠幅绘制。

• 建立乔木文本图层，进行乔木的标注。

②绘制灌木地被种植平面图

• 关闭乔木图层、乔木文本图层。

• 建立灌木图层，根据种植位置绘制出灌木。

• 建立灌木文本图层，进行灌木的标注。

• 建立地被图层，用细实线绘制地被的种植范围。

• 建立地被文本图层，进行地被的标注。

③绘制植物种植总平面图

• 打开乔木图层、乔木标注图层。

• 关闭灌木标注图层、地被标注图层（如果图纸复杂，过多的标注界面太乱，可以把标注图层关闭）。

热带庭院种植设计平面图

（5）绘制苗木统计表

在图中适当的位置，列表说明植物编号、植物中文名、学名、单位、数量、规格及备注等内容。如果图上没有空间，可在设计说明中附表说明。

（6）标注定位尺寸

自然式园林种植施工图，宜用与规划设计平面图、地形图同样大小的坐标网确定种植位置。规则式园林种植施工图，宜用相对于某一原有地上物标注株行距的方法确定种植位置。

（7）绘制种植详图

必要时按苗木统计表中编号（即图号）绘制种植详图，说明种植某一植物时挖坑、覆土、施肥、支撑等种植施工要求。

（8）绘制比例、风玫瑰图或指北针，以及主要技术要求及标题栏。

巩固训练

图 1-2-18 所示为某居住区小花园种植设计平面图，根据种植设计图的制图规范与图面要求，参照种植平面的绘图步骤，用计算机绘制或手绘临摹居住区花园植物景观设计平面图。

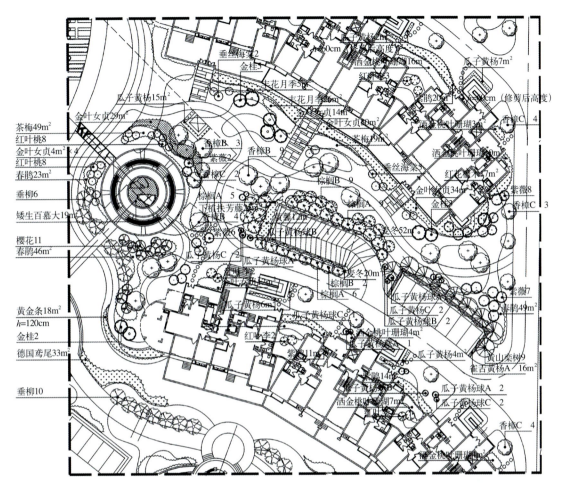

图1-2-18 某居住区小花园种植设计平面图

考核评价

表1-2-1 评价表

评价类型	项目	子项目	组内自评	组间互评	教师点评
过程性评价（80%）	专业能力（60%）	图纸表达的规范性（20%）			
		图纸绘制的步骤与图层控制（20%）			
		图纸表现能力（20%）			
	社会能力（20%）	工作态度（10%）			
		团队合作（10%）			
终结性评价（20%）	作品的表现效果（10%）				
	作品的完整性（10%）				
评价/评语	班级：	姓名：	第　　组	总评分：	
	教师评语：				

项目 2　园林植物景观设计方法分析

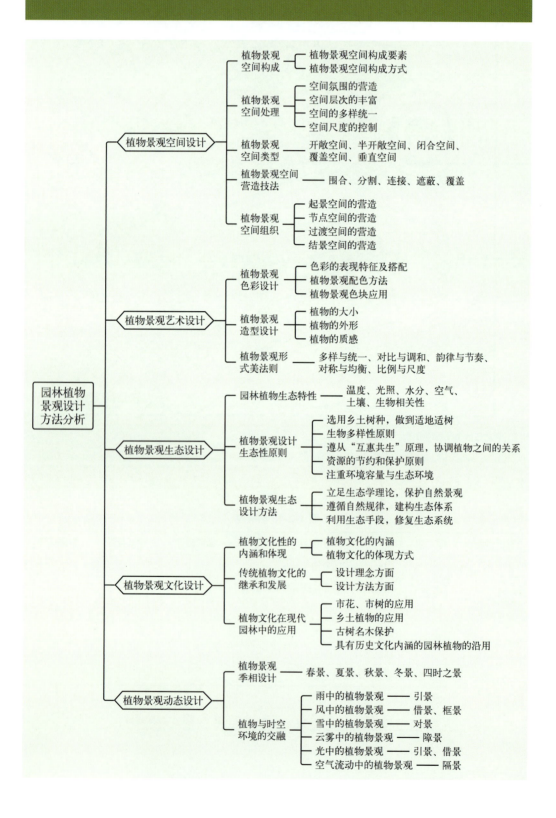

任务2-1　植物景观空间设计

【知识目标】

（1）识记植物景观空间设计的作用、构成方式与构成类型。

（2）理解植物空间营造的技法。

【技能目标】

（1）能够运用植物景观的空间设计理论对某绿地植物景观进行分析和评价。

（2）能够运用植物景观的空间设计理论与方法进行植物景观的空间设计。

工作任务

【任务提出】

选择附近某一公园，根据周围环境以及公园的位置及其功能，对该公园中所运用的植物景观空间设计方法及效果进行分析和评价。

【任务分析】

首先需要了解该公园的周边环境、绿地的服务功能和服务对象，以及当地的自然条件和社会条件、风土民俗等，在此基础上对公园的植物景观空间设计方法和效果进行分析和讨论。

【任务要求】

（1）选择的绿地项目应该具备多种空间类型。

（2）以小组为单位，对公园进行空间调查和分析，完成调查报告。

（3）注意安全第一，文明第二。不允许出现随意攀折花木、踩踏草坪的不文明行为。

【材料及工具】

照相机、笔记本和笔、皮尺、围尺。

知识准备

1. 植物景观空间构成

（1）植物景观空间构成要素

园林中以植物为主体，经过艺术布局组成各种适应园林功能要求的空间环境，称为园林植物景观空间。它是由人工利用自然植物而创造的一种美的植物环境，是用各种具有观赏或实用价值的植物进行造景艺术布局，并适当地配置其他园林要素而成的。园林植物景观空间由基面、竖向分隔面、覆盖面3个部分组成（图2-1-1）。

基面是景观空间最基本的构成面之一，是由植物在地平面上以不同高度和不同种类的地被植物暗示空间的边界，从而形成具有一定领域但通透感强、封闭性较弱的虚空间。如草坪与地被植物之间的交界，

园林植物景观空间设计

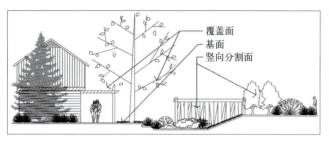

图2-1-1 植物景观空间的3个构成面

图2-1-2 材质变化形成空间范围的暗示作用

虽然没有对视线形成屏障的作用,但因为材料质感的变化而形成空间范围暗示的作用,从而让人觉得空间边界的存在(图2-1-2)。

竖向分隔面是由于绿篱或树干立面的遮挡而形成空间,是营造植物空间时最为常用的界面,具有围合空间和划定空间范围的功能,所构成空间的开敞度主要与植物的株高、分枝点高度和枝叶密度息息相关,分枝点较高且枝叶较为稀疏则空间较为通透,反之则较为封闭;同时,又因季相不同其空间围合的程度亦有差别(图2-1-3)。

图2-1-3 不同季相的空间围合程度不同

覆盖面是通常由分枝点较高的树木其树冠在空中搭接而构成的界面。封闭的程度取决于株距、分枝点高度、季相变化以及枝叶的密度等。分枝点高且枝繁叶茂的大乔木,会使人向上仰视时产生封闭感。当树木树冠相连遮蔽了阳光时,其覆盖面的封闭感最强。落叶植物形成的空间则会随着季节而发生变化,夏季浓密的树叶形成一个闭合的空间,给人内心的隔离感;冬天树叶落尽,视线能自由延伸,在同一个空间比夏天感觉更开阔、空间更大。因此,植物的大小、形态、色彩、质地和季相变化等特征就成为植物景观空间构成的相关因素。

(2)植物景观空间构成方式

植物景观空间构成方式从方向上可以分为两种:一种是水平方向的构成方式;另一种是垂直方向的构成方式。其中,单纯水平方向的构成方式比较简单,在植物景观中,常见的是乔木树冠和花棚架的覆盖面构成方式和草坪、地被的基面构成方式。最常见的是由垂直方向和水平方向共同构成的空间。相对而言,垂直方向的空间构成更多样,空间的限定性、引导性更明确(表2-1-1,图2-1-4至图2-1-6)。

表 2-1-1　植物景观空间构成方式

空间构成方式		种植手法	空间特性	空间效果	空间活动	园林位置
点状空间		孤植、多株紧密栽植	集中、无方向性	视觉焦点、控制力	观赏	广场、局部空间中心
线形空间		绿篱、列植	方向性和流动感	引导和分隔	路过	园路、滨水带
面形围合空间	单面空间	绿篱、列植	安全感	分隔	晒太阳、休息	公园边界、水边
	L形空间	绿篱、列植、丛植	局部安静、稳定	分隔、围合	休息、对景观赏	道路转弯
	U形空间	绿篱、列植、丛植、群植	围合感、向心性	围合	休息、聚会	路边、道路终端
	口形空间	绿篱、列植、丛植、群植	内向、封闭	分隔、围合	游乐、运动或纪念	儿童游乐区、运动区、展览区、纪念堂等

图2-1-4　围合植物空间　　　　　图2-1-5　线形植物空间

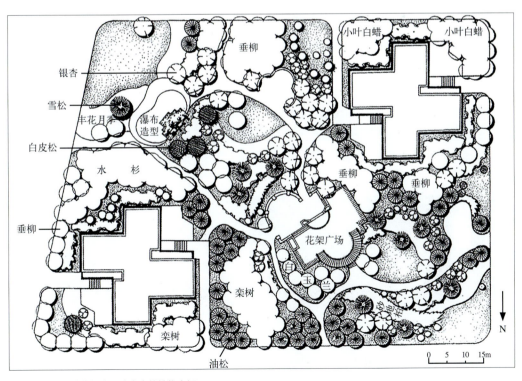

图2-1-6　不同植物组合形成丰富的植物空间

2. 植物景观空间处理

由于植物会随着时间和季节的变化而变化，因此在植物景观空间的处理上一般是从空间氛围的营造、空间层次的丰富、空间的多样统一、空间尺度的控制4个方面考虑。

（1）空间氛围的营造

植物色彩和芳香的运用以及植物季相景观的运用是调节植物景观空间氛围的关键。植物景观空间有动态空间与静态空间之分，丰富而浓烈的植物色彩如深红色的山茶、金黄的孔雀菊给人以缤纷夺目的感觉，让人有跳跃的欲望，适于营造动态空间；清雅素净的植物色彩如白色的葱兰、蓝色的鸢尾，给人以平和安静的感觉，适于营造静态空间。植物的芳香可舒缓心情，适于在安静的休息空间和游赏空间中运用。利用植物季相与空间的交错，营造不同的植物景观空间，实现四季常绿、四季有色和观花观果的植物景观，春则繁花似锦，夏则绿荫匝地，秋则霜叶似火，冬则翠绿常延，带给人们四季的美的感受，营造出怡人的环境氛围。

（2）空间层次的丰富

增加空间层次，常用手法有3种：一是分隔结合透景、框景（图2-1-7）。通过分隔手法增加空间层次，一般可以将植物材料与其他硬质景观如门、墙等结合，通过门、窗、空隙等形成透景、框景，使空间相互联系、渗透。也可以单纯运用稀疏种植的竹子、枝下高较高的乔木等形成透景、框景，使景色虚虚实实、若隐若现。二是利用曲折的林缘线增加空间的层次与景深。曲折进退的林缘线拉长了游程，使空间边缘的层次丰富，从而使有限的空间在感觉上变大（图2-1-8）。三是采用借景，将场地外的景物有选择地纳入场地视线范围内，组织到园林构图中，使空间界限变得模糊。除以上方法外，还应该增加景观的多样性与复杂性，如利用乔木、灌木、草坪、地被植物的不同高度和不同植物的色彩、季相变化，营造出高低不同、层次丰富的复层植物空间（图2-1-9）。

（3）空间的多样统一

在植物景观空间营造中应融入艺术原理和手法。植物景观空间既要具有实用属性，同时还要赋予其美的属性。空间对比是丰富空间之间关系、形成空间变化的重要手段。将两个存在着显著差异的空间布置在一起，由于大小、明暗、动静、纵深与广阔、简洁与丰富

图2-1-7　通过植物分隔增加空间层次

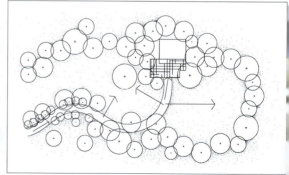

图2-1-8　利用曲折的林缘线丰富空间层次

图2-1-9　利用变化的天际线丰富空间层次

图2-1-10　植物空间的多样统一

等特征的对比，使景观特征更加明显。如大型园林中一般既有自然式种植方式，又采用规则式种植方式；有些空间使用高乔木形成绿荫浓厚的密林，有些空间则使用花卉、地被植物形成开朗活泼的游赏花坛。植物形态的重复是空间统一的一种手段，重复带给观赏者视觉上的舒适、宁静感，并形成似曾相识的亲切感（图2-1-10）。

（4）空间尺度的控制

利用不同高度的植物种类如花卉、藤本、竹类、乔木、灌木，可以营造出不同的植物景观空间效果。1969年，岛根大学的山科健二教授提出可以把植物空间体系划分为触空间、特近空间、近空间等几大体系（表2-1-2），还对不同植物空间距离中植物观赏特性与人的感官感受进行了具体、明确的归纳。

表 2-1-2　视距与空间感知

植物空间	视距	感官	空间感知
触空间	0～2m	嗅觉	具有淡香的花、果、叶等
触空间	0～2m	视觉	植物的整体效果，花、果、叶等的感官效果
触空间	0～2m	触觉	植物的根、树皮等
特近空间	2～10m	嗅觉	具有浓香气味的花、果等
特近空间	2～10m	视觉	植物叶、花、果实等
近空间Ⅰ	10～30m	嗅觉	具有浓香气味的花、果等
近空间Ⅰ	10～30m	视觉	树冠、枝下高、疏密度及树木配置的微景观效果
近空间Ⅱ	30～60m	视觉	林内树干的视觉效果
中空间	60～1000m	视觉	树种、树形、树干以及群落的整体效果
远空间	1～10km	视觉	树冠的可辨别区域、森林的局部效果
超远空间	>10km	视觉	天然地形、地貌等

依据表 2-1-2 的总结，结合城市公园植物景观的实际，分别对不同尺度的空间进行植物景观设计。

3. 植物景观空间类型

植物景观空间以时间维度为导向，由基面、垂直分隔面和覆盖面 3 个构成面通过多样的变化方式组成了各种不同的空间类型。由于垂直界面的植物高度不同，根据植物高度与视平线高度的关系，又大致分为 5 种类型，具体见表 2-1-3。

表 2-1-3　植物空间类型和特点

空间类型	图示	空间特点	选用植物	适用范围	空间感受
开敞空间		人的视线高于四周的植物景观，视线通透，视野辽阔	低矮的灌木、地被植物、花卉、草坪	开放式绿地、城市公园、广场等入口处	轻松、自由
半开敞空间		四周不完全开敞，部分视线被植物遮挡	高大的乔木、中等灌木	开敞空间到封闭空间的过渡区域	若即若离、神秘
闭合空间		四周植物高于人的视线，人的视线向上、向四周均受到遮挡	高灌木、分枝点低的乔木和高乔木	小庭院、森林公园、风景游览区、防护林带	亲切、宁静
覆盖空间		植物遮挡人仰视的视线	攀缘类植物、冠大荫浓的高乔木		温馨、活泼
垂直空间		植物种植在两侧，遮挡人左、右的视线，不遮挡前、后和向上的视线	分枝点低、枝叶茂密，塔形、柱形、长卵形树冠的乔木	纪念性园林、陵园主干道	庄严、肃穆

4. 植物景观空间营造技法

（1）围合

要营造一个有效的植物空间，最基本的方法就是围合——利用植物在空间的垂直面上进行围合，而用以围合的植物材料的质地、色彩、形态、规格决定了创造出的空间的特征。植物空间的围合范围极广，从小尺度的庭院，大尺度的公园中的一块疏林草地，到凡尔赛宫中超大尺度的林地，它们都有特定的功能与使用者的需要相符合。根据植物材料的选择和种植的密度，可以形成植物虚空间和实空间，虚空间的围合种植密度较低，树叶稀疏，空间隐隐约约，半透半合；实空间树木紧凑，叶丛繁茂，视线被局限在小空间里。围合的程度又决定了创造出的是单面围合空间、L 形围合空间、U 形围合空间，还是口形空间。然而，无论创造的是什么样的围合空间，这种类型的空间总是能够给人带来一定的安定感和神秘感。而且只有在一定功能的支配下，营造的围合空间才会有意义。

（2）分割

利用植物材料不仅可以围合形成具一定功能的园林空间，而且也可以在景观构成中充当基面、顶部覆盖面、竖向面的界定和分割空间的因素。在地平面上，可以用不同高度的植物和不同种类的地被植物或矮灌木来暗示空间的边界，一块草坪和一片地被植物之间的交界处，是不具有实体的实线屏障的，但却暗示着空间范围的不同。在垂直面上，植物特别是乔木的树干如同外部空间中建筑物的支柱，以暗示的方式限制着空间，其空间封闭程度随着树干的大小、疏密以及种植形式而不同，植物叶丛的疏密度和分枝高度又影响着空间的闭合感。

（3）连接

植物线形空间形式是连接不同园林空间的主要方式。规则或不规则的植物廊道式空间可引导游人从一个空间进入下一个空间（图 2-1-11），这是直接空间连接方式。园林中还有一种隐晦的空间连接方式，即通过树干、树枝和树叶，形成不同密度的界面，强调透视效果，形成围合感和透视感参差交错的空间，使空间的整体富有层次感和深度，使游人身临其境时产生神秘感和探索的欲望，诱导游人进入下一个园林空间。这种是间接空间连接方式，会使人产生兴奋和新鲜的感觉。

（4）遮蔽

园林植物能够阻挡游人视线，形成障景，引导游人转变方向，使观赏者感受到一步一景、曲径通幽、层层叠叠的景观效果。高绿篱、密植的树丛或树林等都可以达到障景的效果。另外，利用高大植物阻挡游客视线，可以对私密性进行控制，这种手法常见于别墅区或私人小庭院，在公园办公区或洗手间出入口也常见。

（5）覆盖

围合空间是空间垂直面上的围合，而覆盖

图2-1-11 植物将不同空间进行分割和连接

则是运用植物材料对顶平面进行限定。顶平面覆盖的形式、特点、高度及范围对其所限定的空间特征产生明显的影响。植物材料的覆盖，一方面可以选择攀缘性的植物借助廊架和木构建来形成；另一方面可以选择具有较大的树冠和遮阴面积的大乔木群植、丛植来形成，甚至一株巨大的伞形遮阴树也是营造覆盖空间的极好材料，这时的植物犹如室内空间中的天花板，限制了伸向天空的视线，并影响着垂直面上的尺度。植物顶部覆盖空间可以是建筑空间的向外延伸，是一种很好的从硬质空间向自然空间过渡的手段。

5. 植物景观空间组织

城市公园植物景观通过其自身的空间结构组成有机的整体，构成丰富的连续景观，形成植物景观空间的序列。良好的植物景观空间序列，应在起景空间、节点空间、过渡空间和结景空间中创造一系列连续的感知和体验，使空间主次分明和大小尺度适宜。

（1）起景空间的营造

起景空间一般位于主要出入口附近，为了避免一进公园就一览无余，故采用体量较小、较封闭的单一空间以压缩视野，使进入公园内主要空间时感到豁然开朗。采用狭长的平行线形植物空间引导视线，亦可采用一字形植物空间自成一景，并形成屏障遮挡后方的视线。北京植物园中的牡丹园入口处利用天香亭和一株古槐突出其形象和气氛，并在其后方选用白皮松丛植形成障景分隔空间，这样就构成入口的起景空间。

（2）节点空间的营造

节点是景观空间过渡和连接的部分。节点空间是供游人休憩、停留和观景等的空间，是一种静态的、稳定的、具有较强围合性的植物空间。节点空间通常采用开敞或半开敞的植物空间。在植物景观序列中，会形成多个大小不等的节点空间，成为空间序列的高潮。

（3）过渡空间的营造

相邻的节点空间，若形状、大小极不相同或相差不大，连接时易出现过于突然或过于平淡的效果，可利用过渡空间完成空间的衔接与转换。由于过渡空间承载较强的交通功能，常采用平行线形植物空间完成空间的连接和引导。

（4）结景空间的营造

作为植物景观序列的结尾，结景空间将整个序列结束于此。结景空间可自然地完成空间引导作用，以交通空间方式即平行线形植物空间布局将游人送离出口，也可形成最后的点睛之笔，以围合的停留式植物空间即U形植物空间及口形植

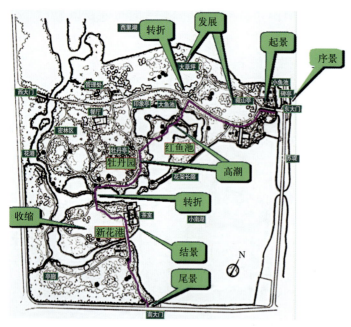

图2-1-12　杭州花港观鱼公园植物景观空间的组织

物空间再次吸引游人的视线，结束整个行程。在植物景观序列的起结开合中，巧妙地转换植物材料，能带给游人不同的感受和吸引力。由植物材料形成一定的序列，使整个植物景观在统一基础上求变化，又在不断变化中见统一，从而形成丰富、和谐的观赏效果。

现代园林为了满足人们游赏需求，尤其是在节假日人潮涌动的情况下，常安排多个出入口，因此空间序列的组织形式大多都采用综合式排列，如将串联空间和环状闭合空间结合运用，一方面可带来强烈印象，另一方面能创造充实、丰富的空间（图2-1-12）。

任务实施

（1）现场调查必须以小组为单位进行，禁止个人单独行动。
（2）在重点景点或区域应该拍照，并结合文字描述进行记录。
（3）绘出该公园景点的景区总平面图，至少包含5种空间类型平面图。
（4）每组交一份作业。作业包括实景照片、图纸（总平面图、局部平面图和立面图）及公园植物景观空间设计方法和效果的分析报告。

巩固训练

图2-1-13为北京某公司的内庭院，红色虚线为游览路线。根据景观平面图，配置适合的植物种类，绘制庭院植物景观平面图，分析植物形成的空间类型和空间组织。

图2-1-13 北京某公司内庭院景观平面图

考核评价

表 2-1-4　评价表

评价类型	项目	子项目	组内自评	组间互评	教师点评
过程性评价（80%）	专业能力（60%）	植物景观空间分析能力（50%）			
		绘图能力（10%）			
	社会能力（20%）	工作态度（10%）			
		团队合作（10%）			
终结性评价（20%）	报告的完整性（10%）				
	报告的规范性（10%）				
评价/评语	班级：	姓名：	第　　组	总评分：	
	教师评语：				

任务2-2　植物景观艺术设计

【知识目标】

（1）识记和理解色彩的象征意义，掌握植物景观配色方法。

（2）熟悉植物的造型设计，掌握不同树形的典型植物种类。

（3）理解植物景观设计的美学法则。

【技能目标】

（1）能够应用植物景观的艺术设计理论对某绿地植物景观进行分析和评价。

（2）能够进行植物景观的艺术设计。

工作任务

【任务提出】

选择附近某一公园，根据周围环境以及公园的位置及其功能，对该公园中所运用的植物景观艺术设计方法及效果进行分析和评价。

【任务分析】

在公园空间设计的分析基础上进行植物景观艺术设计方法和效果的分析。

【任务要求】

（1）选择的绿地项目应该具备多种空间类型。

（2）以小组为单位，对公园进行植物景观艺术设计调查和分析，完成调查报告。

（3）注意安全第一，文明第二。不允许出现随意攀折花木、踩踏草坪的不文明行为。

【材料及工具】

照相机、笔记本和笔、皮尺、围尺。

知识准备

1. 植物景观色彩设计

植物色彩是园林色彩构图的骨干，也是最活跃的因素。植物的茎、叶、花、果都表现出多种多样的色彩美。植物色彩足以影响设计的多样性、统一性以及各空间的情调和感受，它与植物的其他视觉特点一样，可以相互配合、协调使用，在设计中起到突出植物的尺度和形态的作用（图 2-2-1）。

（1）色彩的表现特征及搭配

每一种色彩都有自己的表现特征。设计师在进行植物选择、植物配置时应根据色彩的特点进行合理的组合。色彩的表现特征及搭配规律见表 2-2-1 所列。

表 2-2-1　色彩的表现特征及搭配

色彩	象征意义及其特点	适宜搭配	不适宜搭配	注意事项
红色	兴奋、快乐、喜庆、美满、吉祥、危险；深红色深沉热烈，大红色醒目，浅红色温柔	红色 + 浅黄色 / 奶黄色 / 灰色	大红色 + 绿色、橙色、蓝色（尤其是深一点的蓝色）	最好将其安排在植物景观的中间且比较靠近边缘的位置；红色易造成视觉疲劳，产生强烈而复杂的心理作用
橙色	金秋、硕果、富足、快乐和幸福	橙色 + 浅绿色 / 浅蓝色 = 响亮、欢乐；橙色 + 淡黄色 = 柔和的过渡	橙色 + 紫色 / 深蓝色	大量使用容易产生浮华之感
黄色	辉煌、太阳、财富和权力	黄色 + 黑色 / 紫色 = 醒目；黄色 + 绿色 = 朝气、活力；黄色 + 蓝色 = 美丽、清新；淡黄色 + 深黄色 = 高雅	黄色 + 浅色（尤其白色）；深黄色 + 深红色 / 深紫色 / 黑色	大量的亮黄色引起眩目，引发视觉疲劳，因此，很少大量运用，多作色彩点缀
绿色	生命、休闲；黄绿色单纯、年轻，蓝绿色清秀、豁达，灰绿色宁静、平和	深绿色 + 浅绿色 = 和谐、安宁；绿色 + 白色 = 年轻；浅绿色 + 黑色 = 美丽、大方；绿色 + 浅红色 = 活力；浅绿色 + 黑色 = 庄重、有修养	深绿色 + 深红色 / 紫红色	可以缓解视觉疲劳
蓝色	天空、大海、永恒、忧郁	蓝色 + 白色 = 明朗、清爽；蓝色 + 黄色 = 明快	深蓝色 + 深红色 / 紫红色 / 深棕色 / 黑色；大块的蓝色 + 绿色	是最冷的色彩，令人感觉清凉
紫色	美丽、神秘、虔诚	紫色 + 白色 = 优美、柔和；偏蓝的紫色 + 黄色 = 强烈对比	紫色 + 土黄色 / 黑色 / 灰色	低明度，容易造成心理上的消极感
白色	纯洁、白雪	大部分颜色	避免与浅色调搭配	产生寒冷、严峻的感觉
黑色	神秘、稳重、阴暗、恐怖	大部分颜色（尤其浅色）；红色 / 紫色 + 黑色 = 稳重、深邃；金色 / 黄绿色 / 浅粉色 / 淡蓝色 + 黑色 = 鲜明的对比	尽量避免与深色调搭配	容易造成心理上的消极感和压迫感
灰色	柔和、高雅	大部分颜色	避免与明度低的色调搭配	可以用在两种对比过于强烈的色彩之间形成过渡

注：引自金煜（2008）。

（2）植物景观配色方法

①单一配色　以一种色彩布置于园林中，如果面积较大，则会显得景观大气，视野开阔。所以，现代园林中常采用草坪或单种花卉、单一树种群体大面积栽植的方式，形成大色块的景观。但是，单一色彩欣赏久了会觉得单调呆板，若在大小、姿态上取得对比，景观效果会更好。例如，在绿色草地中孤植、丛植乔木和灌木，以及园林中的块状自然式林地等（图2-2-2）。

②类似色配色　在色环上90º内的两种色统称为类似色，如红－红橙－橙、黄－黄绿－绿、青－青紫－紫等均为类似色。类似色由于色相对比不强，给人平静、调和的感觉，因此在配色中常应用。在植物景观设计中，类似色用于从一个空间向另一个空间过渡的阶段，给人柔和、安静的感觉。园林植物片植时，如果用同一种植物且颜色相同，容易让人感到单调无味，因此，常用色彩相近的同一种植物或不同种类植物栽植在一起，如深红色与浅红色的月季、橙色的金盏菊与黄色的万寿菊搭配，可以使色彩显得活跃。花坛中，色彩从中央向外依次变深或变淡，具有层次感，使人感到舒适、明朗（图2-2-3）。

③对比色配色　对比色相配的景物给人强烈醒目的美感，能使人产生现代、活泼、洒脱的感受。色环上相差120º～180º的两种色彩均为对比色，相差180º为最强对比，又称为互补色。对比色因其二者的鲜明对比而相互提高色度，如在草地上栽植大红的碧桃、大红的美人蕉、大红的紫薇，绿的草地与红的花形成鲜明的对比，红色会显得更红，绿色会显得更绿。在进行色彩搭配时，要主次分明，先选取主体色，其他色彩则为副色以衬托主

图2-2-1　十二色环系统

图2-2-2　单一配色

图2-2-3　类似色配色

图2-2-4　多色配色

图2-2-5　分车带中植物景观色块应用

图2-2-6　花坛中植物景观色块应用

色。副色在面积上要调整，在纯度上要降低，方能得到良好的景观效果。"万绿丛中一点红"这句话即能很好地说明对比色搭配的技巧。在植物景观设计中，对比色配色常用于重点景区或其他景区的局部中心，最常见于花坛、花境、花丛设计。对比色既互相排斥，又相互吸引，能产生强烈的紧张感，很引人注目，多用会陷入混乱。因此，对比色调在设计时应谨慎运用。

④多种色配色　多种色彩的植物配置在一起会给人生动、欢快、活泼的感觉，因此节日布置花坛时常选用多种颜色的花卉配置在花坛中（图2-2-4）。但多色配置仍要注意有主有次，选一两个主色相，或有一个明确的主色调。多色配置如果运用不当，会显得杂乱无章，一般初学者要慎重运用此法。

（3）**植物景观色块应用**

色块的浓淡、大小可以直接影响对比与协调，色块的集中与分散是最能表现色彩效果的手段，而色块的排列又决定了园林的形式美。利用植物形成色块是景观设计中常用的手法之一（图2-2-5、图2-2-6）。如道路分车带用金叶女贞和红花檵木或者紫叶小檗进行排列式色块配置，淡绿色和暗红色显得明快、简洁、协调；又如采用宿根花卉和小灌木以及种类繁多的草花等组成的四季花坛，充分体现了现代化、大手笔的园林布景手法。

2. 植物景观造型设计

园林植物种类繁多，姿态各异，每一种植物都有着自己独特的形态特征，经过合理搭配，就会产生与众不同的艺术效果。

（1）**植物的大小**

按照植物的高度、外形可以将植物分为乔木、灌木、地被植物三大类，乔木一般在开阔空间中作为主体景观，构成空间的框架，所以在植物配置

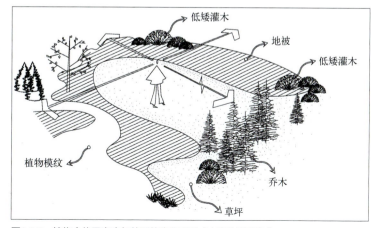
图2-2-7　植物个体因高度与外形的变化而形成丰富的景观变化

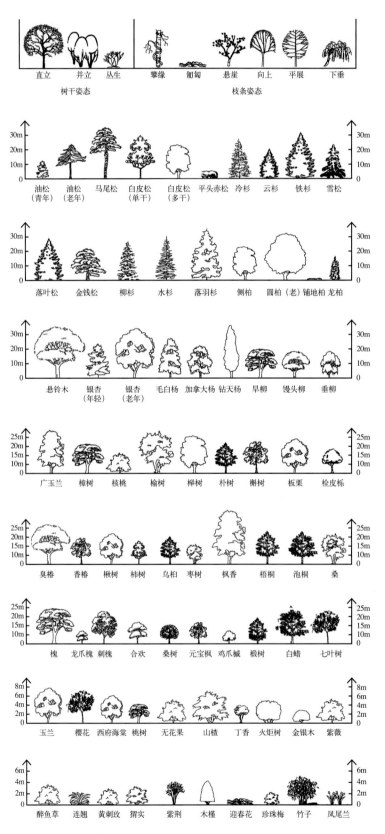

图2-2-8 不同高度的植物参考图

时首先确定大乔木的位置，然后再确定中小乔木、灌木等的种植位置。中小乔木经常作为较小空间的主景，灌木常被密植或修剪成树墙、绿篱，替代僵硬的围墙、栏杆，进行空间围合，也可以作背景衬托主题雕塑等主景。低矮的灌木往往被修剪成模纹，广泛应用于城市绿化中，地被植物往往可以形成空间界限，确立不同的空间，使得园林空间变化多样，增加游赏趣味（图 2-2-7）。

植物大小直接影响观赏效果，不同大小的植物合理搭配在一起，就可形成一条富于变化的林冠线，进而引起游赏者的兴趣（图 2-2-8）。

（2）植物的外形

植物的外形是指单株植物的外部轮廓。自然生长状态下，植物外形的常见类型有圆柱形、尖塔形、圆锥形、卵球形、广卵形、匍匐形等，特殊的有垂枝形、拱枝形、棕榈形等。不同的外观形态给人的视觉感受不同，具体见表 2-2-2 所列。

表 2-2-2 植物的外形

类 型	形 状	代表植物	观赏效果
圆柱形	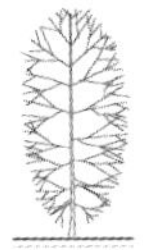	杜松、塔柏、新疆杨、黑杨、钻天杨等	高耸、静谧，构成垂直向上的线条
尖塔形		雪松、冷杉、南洋杉、水杉等	庄重、肃穆，宜与尖塔形建筑物或者山体搭配
圆锥形	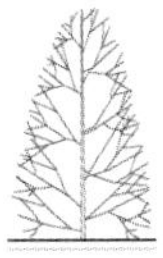	圆柏、云杉、幼年期落羽杉、金钱松等	庄重、肃穆，宜与尖塔形建筑物或者山体搭配
卵圆形	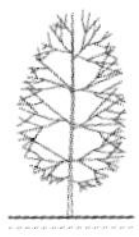	玉兰、加拿大杨、毛白杨等	柔和、易于调和
广卵形	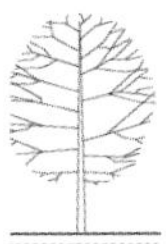	侧柏、紫杉、刺槐等	柔和、易于调和
球形	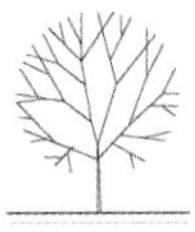	丁香、五角枫、黄刺玫、槐等	柔和、无方向感、易于调和
馒头形	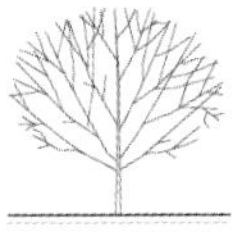	馒头柳、千头椿等	柔和、易于调和

（续）

类　型	形　状	代表植物	观赏效果
扁球形		板栗、青皮槭、榆叶梅等	水平延展
伞形		老年油松、老年落羽杉、合欢等	水平延展
垂枝形		垂柳等	优雅、平和，将视线引向地面
钟形		欧洲山毛榉等	柔和、易于调和，有向上的趋势
风致形		老年油松、崖壁上的松柏类	奇特、怪异
龙枝形		龙爪桑、龙爪槐等	扭曲、怪异，创造奇异的效果
棕榈形		棕榈、椰子等	构成热带风光
半球形		金露梅等	柔和、易于调和
丛生形		月季、连翘等	自然
匍匐形		铺地柏、迎春花、地锦等	伸展，用于地面覆盖

在进行植物景观设计时，还应该注意，植物的外形会随着年龄增长而改变，不同年龄阶段的树形可能不同。例如，油松树冠幼年为塔形或圆锥形，中年树呈卵形或不整齐梯形。老年的树冠为平顶、扁圆形、伞形等。

（3）植物的质感

植物的质感是指植物直观的光滑或粗糙程度，它受到植物叶片的大小和形状、枝条的长短和疏密以及干皮的纹理等因素的影响（表2-2-3）。

表2-2-3　植物质感类型及代表

质感类型	代表植物
粗质	刺楸、楸树、悬铃木、泡桐、广玉兰、大叶榆、新疆杨、响叶杨、枸骨、十大功劳、八角金盘、龟背竹、地锦、木槿、紫薇、砂地柏、向日葵、蜀葵、蓝刺头、黑心菊、松果菊等
中等	香樟、槐、榉树、珊瑚朴、石楠、桂花、丁香、金光菊、芍药属、羽扇豆属、毛地黄、飞燕草等
细质	羽毛枫、垂柳、地肤、耧斗菜、石竹、金鸡菊、波斯菊、丝石竹、小叶黄杨、绣线菊属、大多数针叶树、竹类、大多数禾本科观赏草、佛甲草等

植物质感也会随着季节而变化，如落叶植物在冬季仅剩下枝条，质感表现得比较粗糙，所以在进行植物景观配置时，应综合考虑植物质感的季节变化，按照一定的比例合理搭配常绿植物和落叶植物。

3. 植物景观设计形式美法则

园林植物景观是运用艺术的手段而产生的美的组合。人在长期审美活动基础上总结出来了形式美规律，它们随同形式美的发展而有一个从简单到复杂的生成、演变过程。概括起来主要有：多样与统一、对比与调和、节奏与韵律、对称与均衡、比例与尺度五大法则。

园林植物景观设计的形式美法则

（1）多样与统一

植物景观设计的多样与统一法则，贵在掌握平衡。把有差异的多种形式要素有机组合起来，在整体融合中消除差异性，使形式之间协调一致，寓变化于统一，这样才能既使人感到视觉冲击，又给人美好的感觉。进行植物景观设计时，树形、色彩、线条、质地及比例都应具有一定的变化，显示多样性，但又要使它们之间保持一定相似性，引起统一感。因此，要掌握在统一中求变化，在变化中求统一的原则。

（2）对比与调和

对比与调和是艺术构图的重要手段之一（图2-2-9、图2-2-10）。对比是把两种相互差异的形式因素并列在一起，其反差性大，跳跃性强。如色彩的冷与暖，光线的明与暗，体积的大与小，声音的高与低、强与弱等。不同的色彩、形体、声音等因素，在质、量、空间、时间等方面都可以形成强烈的对比。例如，"接天莲叶无穷碧，映日荷花别样红"是色彩对比，"大漠孤烟直，长河落日圆""会当凌绝顶，一览众山小"是形体对比。通常，对比给人以鲜明、醒目、振奋之美，一般属于阳刚之美。节日花坛装饰、公园主入口、主题建筑、大型广场、园林主景区等空间的植物景观设计常常运用这种形式美。

调和是在变化中趋向于统一，对比则在变化中趋于差异。具体来说，在调和中，各种形式因素基本上保持同一格调、同一基色，没有明显的差异。色彩中具有同一色相的同类色，如红与橙、橙与黄、黄与绿、绿与蓝、蓝与青、青与紫、紫与红等，就是调和色。由

图2-2-9　多种植物组合的统一感

图2-2-10　色彩的对比和调和

图2-2-11　道路绿化中节奏与韵律

图2-2-12　桃树和柳树产生交替韵律

于调和能给人以协调、融合、宁静之感，属于阴柔之美，所以在一些供人休息和需要安静的场所，植物景观设计往往偏于调和的形式美。

（3）节奏与韵律

节奏是规律性的重复，韵律是规律性的变化。植物景观设计中，有规律的、连续的变化就会产生节奏和韵律感。如在道路绿化中，等距离配置相同树种的行道树，在行道树之间配置同种花灌木，产生交替韵律感（图2-2-11、图2-2-12）。在植物景观设计中，节奏和韵律的运用，主要有简单韵律、交替韵律、渐变韵律、起伏韵律等。

简单韵律是同种因素等距离反复出现。如路边一种树等距离地排列。交替韵律是两种以上因素交替等距反复出现。如河堤上桃树、柳树的交替栽植，花坛中图案的交替重复。渐变韵律是就某一方面做有规律的逐渐增减变化。如植物大小的逐渐变化、色彩浓淡的逐渐变化等。起伏韵律是一种或几种因素在形象上出现有规律而起伏的变化，如由于地形的起伏、台阶的变化造成植物有起伏感，或模拟自然群落所做的配置造成林冠线的变化等。

（4）对称与均衡

作为一种体现事物各部分间组合关系的最普遍法则，对称有两种形式：线对称和点对称。前者是以一条线为中轴，左右或上下两侧均等；后者则以一个点为中心，不同图形按一定角度在点的周围旋转排列，形成放射状的对称图形。对称式种植既显得庄重、安稳，又起到了衬托中心的作用，所以在植物景观设计中应用广泛。主要道路两侧、公园的主入口处、陵园等常用线对称的形式设计，主建筑、交通安全岛、小型广场中心或圆形花坛常用点对称设计。

均衡是对称的变体，即处于中轴线两侧的形体并不完全等同，只是大小、虚实、轻重、粗细、分量大体相当。较之对称，均衡显示了变化，在静中趋向于动，给人以自由、活泼的感受。均衡是人们在心理上对对称或不对称景观在重量感上的感受。园林植物景观利用各种植物在体形、数量、色彩、质地等方面展现量的感觉。这种植物景观有的展现对称均衡美，有的展现不对称均衡美。

对称均衡常用于规则式园林中，规则式园林的构图具有对称的几何形状，运用的植物材料在品种、形体、数目、色彩等方面是均衡的，常给人以规整、庄严的感觉。

不对称均衡常见于自然式园林中，如亭子左边种植体量大的一株乔木，右边则种植多数小乔木和灌木组合的树丛，以求均衡。如图 2-2-13 所示某住宅道路两边植物采用不对称均衡种植的形式，创造的植物景观生动活泼、丰富多样，富有自然情趣。

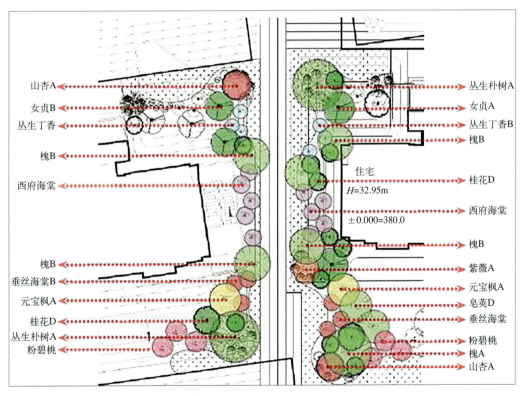

图2-2-13 均衡种植（西安某住宅区中轴线植物景观）

（5）比例与尺度

比例一般反映景观及各组成部分之间的对比关系，不涉及具体尺寸。尺度是指跟人有关的物体实际大小与人印象中的大小之间的关系。尺度选用要根据功能需求和观赏效果进行。园林植物个体之间、个体与群体之间、植物与环境之间、植物与观赏者之间，都存在比例与尺度问题。比例与尺度影响着植物景观给人的游赏感受。比如，中国古代私家园林属于小尺度空间，所以园中搭配的都是小型、低矮的植物，显得亲切温馨；而美国国会大厦前属于超大的尺度空间，配置以大面积草坪和高大乔木，显得宏伟庄重。两者植物的尺度有所不同，但都与其所处的环境尺度相吻合，所以形成各具风格的园林景观。

园林植物的尺度会随着时间的推移而发生改变，设计师应动态地看待植物及景观，在设计初期就应预测到由于植物生长而出现的尺度变化，并采取一些措施以保证景观的观赏效果。

任务实施

（1）现场调查和作业必须以小组为单位进行，禁止个人单独行动。
（2）在重点景点或区域应该拍照，并结合文字描述进行记录。
（3）绘出该公园景点若干局部植物景观平面图和立面图。
（4）每组交一份调查分析报告。作业包括实景照片、图纸（局部平面图和立面图）、公园植物景观艺术设计方法和效果的分析报告。

巩固训练

选择一块城市绿地，分析植物景观艺术设计的方法在该绿地中的具体运用，完成该绿地植物景观艺术设计方法和效果的分析评价报告。为便于完成分析评价，该报告应该附绿地总平面图、局部平面图和实景照片等。

考核评价

表 2-2-4　评价表

评价类型	项　目	子项目	组内自评	组间互评	教师点评
过程性评价（80%）	专业能力（60%）	植物景观色彩设计分析（20%）			
		植物造型设计分析（20%）			
		形式美法则分析（20%）			
	社会能力（20%）	工作态度（10%）			
		团队合作（10%）			
终结性评价（20%）	报告的完整性（10%）				
	报告的规范性（10%）				
评价/评语	班级：	姓名：	第　　组	总评分：	
	教师评语：				

任务2-3 植物景观生态设计

【知识目标】

（1）了解植物的生态特性，掌握不同生态特性的典型植物种类。

（2）识记生态文明建设的含义，理解植物景观生态美的多方面表现。

（3）掌握植物景观生态设计的3种方式。

【技能目标】

（1）能够应用生态设计理论对某绿地植物景观从生态设计手段、生态效益等方面进行分析和评价。

（2）能够运用生态设计理论与方法进行景观生态设计。

工作任务

【任务提出】

选择附近某一公园，根据周围环境以及公园的位置及其功能，对该公园中所运用的植物景观生态设计方法及生态效果进行分析和评价。

【任务分析】

首先需要了解该公园的周边环境、公园的服务功能和服务对象，以及当地的自然条件和社会条件、风土民俗等，在此基础上对公园的植物景观生态设计方法和生态效益进行分析和讨论。

【任务要求】

（1）选择的公园应该突出生态保护、生态建设或生态修复等方面的建设目的。

（2）以小组为单位对公园进行植物景观生态设计调查分析，完成调查报告。

（3）注意安全第一，文明第二。不允许出现随意攀折花木、踩踏草坪的不文明行为。

【材料及工具】

照相机、笔记本和笔、皮尺、围尺。

知识准备

随着城市园林绿化建设的发展以及景观生态学、全球生态学等多学科的引入，植物造景不再仅是利用植物来营造视觉艺术效果，而是从传统的满足游憩、观赏需求发展到维持城市生态平衡、保护生物多样性和再现自然的高层次阶段。

上海滨江森林公园
杜鹃花展赏析

1. 园林植物生态特性

园林植物与其他事物一样，不能脱离环境而单独存在。一方面，环境中的温度、水分、光照、土壤、空气等因子对园林植物的生长和发育产生重要的生态作用；另一方面，园林植物对变化的环境也产生各种不同的反应和多种多样的适应性。

（1）温度

温度对园林植物个体的生长发育影响很大，温度的变化直接影响着植物的光合作用、呼吸作用、蒸腾作用等生理作用。每种植物的生长都有最低温度、最适温度、最高温度，称为温度的三基点。一般植物生长的温度范围为 4～36℃（表 2-3-1）。

表 2-3-1　温度与植物

分　类	能够忍耐的最低温度	原产地	代表植物
耐寒植物	0℃以下	寒带或温带	落叶松、云杉、冷杉、黄杉、铁杉、油杉、柏木、圆柏、柳杉、水杉、金钱松、粗榧、红豆杉、油松、白桦、榆树等
中温植物	5～10℃可以露地越冬	温带南缘或亚热带北缘	香樟、广玉兰、桂花、夹竹桃、南天竹、紫藤、金银花、榆叶梅、杏等
不耐寒植物	10～15℃或更高的温度	热带及亚热带	棕榈、椰子、可可、加拿利海枣、散尾葵、栀子花、无患子、变叶木等

（2）光照

光对园林植物的影响主要表现在光照强度、光照时间和光质 3 个方面。根据植物对光照强度的要求，可以把园林植物分成喜光植物、阴生植物和居于这二者之间的耐阴植物，如表 2-3-2。

表 2-3-2　光照强度与植物

需光类型	光照强度	环　境	植物种类
喜光	全日照的 70%	林木的上层	木棉、悬铃木、银杏、紫薇、椰子、杨柳、棕榈及大部分针叶植物和多数一、二年生草本植物
耐阴	全日照的 5%～20%	植物群落中、下层或生长在潮湿背阴处	罗汉松、竹柏、栾树、桔梗、棣棠、珍珠梅、杜鹃花、山茶、绣球、七叶树、五角枫等
阴生	80%以上的遮阴度	潮湿、阴暗的密林	红豆杉、肉桂、常春藤、吉祥草、宽叶麦冬、蕨类、一叶兰、文竹等

植物开花要求一定的日照时数，按照此现象把植物分为长日照植物、短日照植物和日中性植物，见表 2-3-3 所列。

表 2-3-3　光照时间与植物

光照时间	光照时数	分　布	植物种类
长日照	> 14h	高纬度（纬度超过 60°）地区	樱花、唐菖蒲、金盏菊、矢车菊、天人菊、薄荷、薰衣草、牡丹、矮牵牛、郁金香、睡莲等
短日照	< 12h	低纬度（热带、亚热带和温带）地区	菊花、大丽花、大波斯菊、紫花地丁、长寿花、一品红、牵牛花等
日中性	无要求	广泛	月季、扶桑、天竺葵、美人蕉等

通常延长光照时数会促进植物生长或延长生长期，而缩短光照时数则会减缓植物生长或使植物进入休眠期。在现代园林植物景观创造中，常常利用人工光源或遮光设备来控制

光照时数,从而控制植物的花期以满足造景需要。例如,一品红为短日照植物,正常花期在 12 月中、下旬,为使一品红于国庆节开花,可于 7 月底每天给予 8～9h 的光照,其他时间遮光处理,缩短每天的光照时间,一个月后形成花蕾,9 月下旬逐渐开放。

(3) 水分

水分是植物体的重要组成成分,也是影响植物形态结构、生长发育等的重要生态因子。在地上,空气湿度对植物生长起很大的作用,如在高温、高湿的热带雨林中,高大的乔木上通常附生有大型的蕨类,如鸟巢蕨、书带蕨等。在地下,植物对土壤含水量的需求不同使得其分为水生、湿生、中生、旱生 4 个生态类型。举例见表 2-3-4、表 2-3-5 所列。

表 2-3-4 水生植物类别

类 别	植物名	科 别	适宜水深（m）	类 别	植物名	科 别	适宜水深（m）
挺水植物	荷花	睡莲科	0.5～0.8	浮水植物	芡实	睡莲科	0.3～1.5
	水芋	天南星科	0.15 以下		睡莲	睡莲科	0.4～0.8
	再力花	竹芋科	0.5 以下	沉水植物	金鱼藻	金鱼藻科	栽植深度是水能见度的 2 倍
	蒲草	香蒲科	0.3～1.0		水毛茛	毛茛科	
	水葱	莎草科	0.3～0.6		水车前	水鳖科	
	水芹	伞形科	0.3～1.0		黑藻	水鳖科	
	石菖蒲	天南星科	0.1～0.3		眼子菜	眼子菜科	
浮水植物	菱	菱科	0.1～2.0	漂浮植物	荇菜	龙胆科	0.1～0.4
	萍蓬草	睡莲科	浅水		凤眼莲	雨久花科	0.6～1.0

表 2-3-5 湿生植物、旱生植物对照

分 类	特 征	代表植物	适宜环境
湿生植物	抗旱能力差,不能长时间忍受缺水	落羽松、池杉、水松、垂柳、旱柳、枫杨、乌桕、白蜡、三角枫、柽柳、夹竹桃、马蹄莲、水杉、海芋、龟背竹、广东万年青等	阳光充足但土壤水分饱和的环境中,如沼泽化草甸、河湖沿岸低地
旱生植物	耐旱能力较强,能忍受较长时间的空气和土壤干旱	仙人掌类、小叶杨、小叶锦鸡儿、雪松、杨树、榆树、胡颓子、侧柏、圆柏、黄连木、合欢、紫穗槐、紫藤、皂荚等	沙漠、裸岩、陡坡等含水量低、保水力差的地段

(4) 空气

空气对园林植物的影响是多方面的。空气中的二氧化碳和氧都是植物光合作用的主要原料和物质条件,这两种气体直接影响植物的健康生长与开花状况。

在园林实践中,对植物景观影响较大的是一些有害气体,它们直接威胁着园林植物的生长发育。因此,在进行园林植物配置与造景时要因地制宜,选择对有害气体有抗性的园林植物(表 2-3-6)。

表 2-3-6　空气污染与植物的抗性

污染物	污染源	植物对空气污染的抵抗能力		
		强	中	弱
SO_2	以煤为主要能源的工厂（如发电厂）、采用燃煤锅炉的供暖点、硫铵化肥厂等	山皂角、刺槐、槐、加拿大杨、银杏、臭椿、美国白蜡、小叶白蜡、茶条槭、榆树、大叶朴、梓树、垂柳、栾树、杜梨、君迁子、北京丁香、丁香、核桃、龙柏、紫穗槐、野蔷薇、木槿、珍珠梅、雪柳、黄栌、构树、柿、小叶黄杨、云杉、连翘、山楂、火炬树、紫薇、海州常山、五叶地锦、大叶黄杨、地锦、九里香、夹竹桃、紫珠、女贞、蚊母树、山茶、冬青、棕榈、厚皮香、丝兰、月桂、石榴、胡颓子、柑橘、红棉木、美人蕉、狗牙根、细叶结缕草等	旱柳、复叶槭、东北杏、北京杨、钻天杨、桑、金银花、西府海棠、榆叶梅、合欢、元宝枫、悬铃木、接骨木、白皮松、凤凰木、大叶合欢、茉莉花、一品红、枫杨、八角金盘、木棉、木芙蓉、黄栀子、变叶榕、苏铁、广玉兰、金边凤尾兰、大叶榕、迎春花等	辽东冷杉、侧柏、青杆、杜松、油松、黄金树、五角枫、山杏、美国凌霄、黄刺玫、雪松、马尾松、湿地松、水杉、羊蹄甲、木瓜、阳桃、假连翘、华山松、杜仲、小叶女贞、日本樱花、油桐等
Cl_2	化工厂、玻璃厂、冶炼厂、自来水厂、电化厂、农药厂、塑料厂	木槿、合欢、五叶地锦、构树、榆、接骨木、紫荆、槐、紫藤、紫穗槐、棕榈、枇杷、圆柏、龙柏、无花果、美人蕉、凤尾兰、大叶黄杨、海桐、广玉兰、夹竹桃、珊瑚树、丁香、矮牵牛、紫薇、狗牙根、细叶结缕草等	皂荚、桑、加拿大杨、臭椿、侧柏、复叶槭、丝棉木、文冠果、刺槐、银杏、杜松、枸杞、白榆、梓树、楸树、栀子、丝兰、百日菊、醉蝶花、蜀葵、五角枫、悬铃木等	香椿、红瑞木、黄栌、洋白蜡、金银木、旱柳、南蛇藤、海棠、槲栎、小叶杨、钻天杨、连翘、鼠李、油松、栾树、山桃、榆叶梅、黄刺玫、胡枝子、茶条槭、雪柳、华山松、白皮松等
光化学烟雾 (O_3)	车流量大的城市，尤其是主要交通干道	银杏、柳杉、日本扁柏、日本黑松、香樟、海桐、青冈、夹竹桃、海州常山、日本女贞、悬铃木、连翘、冬青、圆柏、侧柏、刺槐、臭椿、旱柳、紫穗槐、桑、毛白杨、栾树、白榆、五角枫等	日本赤松、锦绣杜鹃、东京樱花、日本梨等	日本杜鹃、大花栀子、胡枝子、木兰、牡丹、垂柳等
氟化物	使用水晶石、萤石、磷矿石和氟化物的企业	榆、梨、槐、臭椿、泡桐、龙爪柳、悬铃木、胡颓子、白皮松、侧柏、丁香、山楂、金银花、连翘、锦熟黄杨、大叶黄杨、五叶地锦、夹竹桃、木槿、桂花、海桐、山茶、白兰、金钱松、苏铁、月季、鸡冠花等	刺槐、接骨木、桂香柳、火炬树、君迁子、杜仲、紫藤、美国凌霄、华山松、乌桕、紫薇、柳杉、水杉、圆柏、石榴、无花果、冬青、卫矛、牡丹、长春花等	杏、李、梅、榆叶梅、山桃、白蜡、油松、柑橘、柿、华山松、香椿等

（5）土壤

土壤是园林植物生长的基质，一般栽培园林植物所用土壤应具备良好的团粒结构，疏松、肥沃，排水和保水性能良好，并含有丰富的腐殖质和适宜的酸碱度。

根据我国的土壤酸碱性情况，可把土壤酸碱度分为5级：pH<5.0为强酸性；pH 5.0～6.5为酸性；pH 6.5～7.5为中性；pH 7.5～8.5为碱性；pH>8.5为强碱性。土壤类型不同，其相适应的植物品种不同，具体情况见表2-3-7所列。

（6）生物相关性

某些植物不能共同生存，一种植物的存在导致其他植物的生长受到限制甚至死亡，或者两者都受到抑制。当然，也有部分植物种植在一起会互相促进生长。因此，在进行植物造景时，要区别哪些植物可"和平共处"，哪些植物"水火不容"。下面介绍一些植物相克或相生的例子，见表2-3-8所列。

表 2-3-7　土壤类型与相适应植物

土壤类型	土壤属性	适应植物
酸性土	pH 5.5～6.5	杜鹃花、红花檵木、金叶女贞、瑞香、绣球、含笑、白兰、油桐、吊钟花、茶、山茶、茉莉花、马尾松、栀子、柑橘类、大多数棕榈类
中性土	pH 6.5～7.5，大多数土壤	大多数园林植物
碱性土	pH 7.5～8.5	银杏、槐、重阳木、黄栌、柽柳、连翘、洒金桃叶珊瑚、黄杨、海桐、新疆杨、合欢、文冠果、木麻黄、紫穗槐、沙枣、沙棘、侧柏、仙人掌、月季、非洲菊、石竹类
盐碱土	盐土 pH 中性，碱土 pH 碱性，分布于沿海、西北内陆干旱地区或者地下水位高的地区	黄栌、白蜡、胡杨、柽柳、石榴、无花果、杞柳、旱柳、刺槐、臭椿、枸杞、皂荚、杜梨、乌桕、杏、胡杨、君迁子、侧柏等
肥沃土壤	养分含量高	多数植物，但对于喜肥植物尤为重要，如核桃、梧桐、梅花、香樟、牡丹等
贫瘠土壤	养分含量低	马尾松、油松、构树、木麻黄、酸枣、小檗、小叶鼠李、金露梅、锦鸡儿、砂地柏、景天类植物等
砂质土	砂粒含量在 50%以上，沙漠、半沙漠地区多见	沙竹、沙柳、黄柳、骆驼刺、沙冬青等
钙质土	土壤中含有游离的碳酸钙	南天竹、柏木、青檀、臭椿、栓皮栎等

表 2-3-8　植物之间的相生和相克

作用	符号	相互作用植物
相克	↔	黑胡桃↔松树、苹果、马铃薯、番茄、紫花苜蓿、各种草本植物；苹果↔马铃薯、芹菜、胡麻、燕麦、苜蓿；刺槐、丁香、稠李、夹竹桃、薄荷、月桂、侧柏会危害邻近植物；榆树↔栎树、白桦；松树↔云杉；丁香↔铃兰、紫罗兰、月季；水仙↔铃兰；甘蓝↔芹菜；桃树↔茶树、杉树；接骨木↔松树、杨树；刺槐↔果树；柏↔柑橘；大丽菊↔月季；丁香↔紫罗兰↔郁金香↔勿忘我等
相生	+	黑胡桃+悬钩子；苹果+南瓜；皂荚+黄栌、百里香、白蜡、鞑靼槭；牡丹+芍药；葡萄+紫罗兰；红瑞木+槭树；接骨木+云杉；核桃+山楂；板栗+油松；朱顶红+夜来香；石榴+太阳花、一串红+豌豆花；松树、杨树+锦鸡儿；百合+月季等

2. 植物景观设计生态性原则

（1）优先选用乡土树种，做到适地适树

在江南古典园林的植物配置中，因地制宜、适地适树的例子屡见不鲜。如在土壤深厚肥沃、排水良好处植以玉兰、银杏等，在半日照条件下栽种桂花、山茶等，在荫蔽处种植八角金盘、洒金桃叶珊瑚等。这些适合各类生境条件的植物配置，形成了类型各异的植物景观。

适地适树，简言之就是强调优先选用乡土树种。乡土树种是景观绿化中的"主力军"，乡土树种的应用可以使景观更具地方特色，如东北的松、西北的白桦、江南的香樟、海南的椰子等，都是可以营造特色景观的乡土树种。

（2）生物多样性原则

①挖掘植物特色和丰富植物种类　在植物配置过程中，应考虑如何进行合理的植物搭配。例如，枫香、无患子、黄连木等适应性较强的落叶乔木有着丰富的色彩以及较快的生长速度，就可以一定的比例与常绿树种搭配，一起构成复层群落的乔木部分。

②构建丰富的复层植物群落结构　构建丰富的复层植物群落有助于丰富园林绿地的生物多样性，并能够扩展绿色空间。在植物景观设计中，要将乔木、灌木、草本、藤本等植物进行科学搭配，构建一个和谐、有序、稳定的立体植物群落，应该遵循本地区以及周边森林植被地理区域中所展示的自然规律以及郊区野生植被中的趋势，做到模拟自然，使植物如同生长于自然生活环境中。

（3）遵从"互惠共生"原理，协调植物之间的关系

不同的物种长期共同生活在一起，应能彼此相互依存、共同获利。梨树和柏树栽在一起，梨树就长不好，而且容易得锈病，严重时还会落叶、落果；竹子繁殖力很强，鞭根能穿山破石，栽植几年后，会使其他树木无法生存而死亡。因此，在配置植物种类时，应充分考虑植物之间的相生相克关系，以构建和谐的绿地植物群落。

（4）资源的节约和保护原则

在大规模的景观设计和建设过程中，特殊自然景观元素或生态系统的保护尤显重要，如城郊湿地的保护、自然林地的保护。在利用废弃的工地和原有材料时，要充分保护植被、土壤等，提高资源的利用率。在城市景观设计中，把废弃的工厂或采矿废弃地在生态恢复后变成市民的休闲绿地已成为一种潮流。如上海辰山植物园矿坑花园根据矿坑围护避险、生态修复要求，结合中国古代"桃花源"隐逸思想，利用现有的山水条件，设计瀑布、天堑、栈道、水帘洞等与自然地形密切结合的内容，突出资源保护的修复式花园主题。

（5）注重环境容量与生态环境

生态景观的构建要充分考虑使用者的数量和场所的承载量。江南古典园林均为私家园林，游园人员以家庭成员为主，因此，即使是再小的花园，也足以让其生态环境保持良性发展。如果环境超载，导致树木破坏、水质恶化，景观质量就会大打折扣。这对当今景观建设、小区规划有重要的指导意义，控制高密度开放，减少硬质景观，增加绿色植物的比例，不超越环境容量，已成为当今景观建设的重点之一。

3. 植物景观生态设计方法

（1）立足生态学理论，保护自然景观

根据生态学理论，一个稳定的自然群落是由多个种群组成的，各个种群占据各自的生态位，如果没有人工干预，自然群落会由低级向高级演替，逐步形成一个低耗能、相对稳定的顶级群落。要达到这一阶段，需要经过几年、几十年甚至上百年的时间，如果不注意保护，以目前在人类所拥有的实力，很容易将其毁灭，更不要说那些处于演替中或者正在恢复的自然群落了。目前人们正在通过设立自然保护区、风景区等形式保护自然植物群落，阻止物种的灭绝，维护生物的多样性。而对于人工干预非常强的园林景观而言，保护环境，尤其是保护原有的、已经存在的植物群落尤为重要。面对原有的生态系统、原有的植被，我们首先需要考虑的是保留什么，而不是去除什么。也就是说，要从生态学角度去分析原有的体系，尤其是已经存在的植物群落，保证原有的自然环境不受或尽量少受人类干扰。

典型实例1：秦岭国家植物园

秦岭国家植物园总面积639km²，兼具物种保育、科学研究、公众教育、生态旅游4项功能，是中国第一个国家级植物园。

该植物园主要有4个景区：A区为植物迁地保护区；B区为动物迁地保护区和历史文化保护区；C区为生物就地保护区和植被恢复区；D区为复合生态功能区。其中，C区面积575.31km²，以保护现有动物、植物、微生物的栖息地和生存环境为目标，进行科学观测和监测，按照保护分区有针对性地开展研究保护，同时对受到破坏的浅山区进行植物恢复重建，使项目的社会效益、生态效益、科学效益、经济效益协调发展，使生物多样性得到切实保护。

（2）遵循自然规律，建构生态体系

自然界中的植物在长期的进化过程中，形成对某一环境的适应性，也就形成了与此相对应的生态习性，如耐寒性、耐阴性等。植物的生态习性与环境因子构成了一种内在的对应关系，这种自然规律是我们必须遵循的。曾经我们不断看到：大量昂贵的外地植物被引进，而廉价朴实的乡土植物无人问津；原有的自然群落被根除，取而代之的是具有明显人工痕迹的植物组团；"大树进城""反季节栽植"等违反自然规律的现象，经过时间的验证，最终都以失败而告终。

尊重自然首先要尊重植物的生态特性，即植物对环境的选择。如垂柳耐水湿，宜水边栽植；红枫耐半阴，宜植于林缘；冷杉耐阴冷，宜栽植在庇荫的环境中……只有这样，植物才能够正常生长，才能形成最佳的景观效果。其次要尊重环境的选择，环境由一系列生态因子构成，而生态因子与植物之间的关系是不容忽视的。另外，还要尊重植物对植物的选择，利用植物之间互惠共生的关系，保证植物的生长，促进植物景观的形成。

典型实例2：北京奥林匹克森林公园

北京奥林匹克森林公园由于五环路的存在而自然地形成了南区与北区两个部分。根据这两个部分与城市的关系及周边用地性质、建设时间的不同，将二者分别规划成以生态保护与恢复功能为主的北部生态种源地以及以休闲娱乐功能为主的南部公园区。

以自然密林为主的北部公园以生态保护和生态恢复功能为主，尽量保留现状自然地貌、植被，形成微地形起伏及小型溪涧景观。因此，应减少设施，限制游人数量，为动植物的生长、繁育创造良好环境。

（3）利用生态手段，修复生态系统

生态系统具有很强的自我恢复能力和逆向演替机制，但如果受到的人为干扰过于强烈，其自我修复能力就会大大降低，如后工业时代的工业废弃地，原有的生态系统、植物群落已经被彻底破坏。是放弃，还是修复、再利用，面对这样一个问题，许多设计师选择了后者，并探索出了一条生态修复的思路。尤其是 20 世纪 70 年代，保留并再利用场地原有元素，修复生态系统，成为一种重要的生态景观设计手法。尊重场地现状，采用保留、艺术加工等处理方式，已经成为设计师们首先考虑的方案，而植物在其中则承担着越来越重要的作用。

> **典型实例 3：三亚红树林生态公园**
>
> 　　持续 30 多年的城市开发，给三亚这座位于海南岛的中国热带旅游城市带来了巨大的生态破坏。为此，三亚市政府决定建立示范性项目——三亚红树林生态公园，设计的目标是修复红树林生态系统，并给其他的城市修补和生态修复项目做示范。
> 　　三亚红树林生态公园解决了四大场地问题：一是风。每年的强热带季风可能会影响红树林的恢复，破坏幼苗。二是水。季风期上游汇集的洪水可能冲散刚形成的红树林群落。三是污染。受污染的城市径流可能破坏敏感的红树林幼苗，导致红树林群落物种多样性的降低。四是可游性。需要考虑公众的游憩和自然的修复如何结合。

任务实施

（1）现场调查和作业必须以小组为单位进行，禁止个人单独行动。
（2）在重点景点或区域应该拍照，并结合文字描述进行记录。
（3）小组成员合理分工，完成公园植物景观生态设计方法和生态效益的分析报告。

巩固训练

　　选择在生态设计和生态修复方面有特色的公园，查找相关资料，分析植物景观生态设计的方法在该公园中的具体运用，完成该公园植物景观生态设计方法和生态效益的分析报告。

考核评价

表 2-3-9　评价表

评价类型	项目	子项目	组内自评	组间互评	教师点评
过程性评价（70%）	专业能力（50%）	植物景观生态设计与生态效益的分析总结能力（40%）			
		绘图能力（10%）			
	社会能力（20%）	工作态度（10%）			
		团队合作（10%）			

（续）

评价类型	项　目	子项目	组内自评	组间互评	教师点评
终结性评价 （30%）	报告的创新性（10%）				
	报告的规范性（10%）				
	报告的完整性（10%）				
评价/评语	班级：	姓名：	第　　组	总评分：	
	教师评语：				

任务2-4　植物景观文化设计

【知识目标】

（1）理解植物文化在不同园林景观中的表达。

（2）掌握传统园林表现植物文化的方法。

（3）掌握现代园林表现植物文化的方法。

【技能目标】

（1）能够进行植物景观的艺术设计。

（2）能够应用理论对某绿地植物景观从文化设计方面进行分析和评价。

（3）能够对某城市绿地植物景观进行文化设计。

工作任务

【任务提出】

选择两处当地公园，根据周围环境以及公园的位置及其功能，对两处公园中所运用的植物景观文化设计方法及效果进行分析和评价。

【任务分析】

首先需要了解该公园的周边环境、绿地的服务功能和服务对象，以及当地的自然条件和社会条件、风土民俗等，在此基础上对公园的植物景观文化设计方法和效果进行分析和讨论。

【任务要求】

（1）选择的公园应该突出当地文化特色。

（2）该任务以小组为单位对公园进行植物景观文化设计调查分析，完成调查报告。

（3）注意安全第一，文明第二。不允许出现随意攀折花木、踩踏草坪的不文明行为。

【材料及工具】

照相机、笔记本和笔、测高仪、皮尺、围尺。

知识准备

1. 植物文化的内涵和体现

中国古典园林艺术源远流长，艺术风格独树一帜，承载了丰富的中国传统文化，孕育出了内涵丰富的植物文化。中国古典园林中植物的精神文化内涵反映了中国文人和大众的精神世界及情感追求。这样的生存智慧、艺术化的文化环境和诗意人生，成为时代文化和艺术宝库的一部分，也是现代园林景观设计的珍贵资源。

（1）植物的文化内涵

①情感载体　在中国传统园林文化中，植物是人们赋予丰富文化信息的载体，以及托物言志时常常使用到的媒介。松、竹、梅，谓之"岁寒三友"，寓意在风霜严寒中结成的忠贞友谊，也寓意经得起严酷环境的考验、具有坚贞节操的人格。"岁寒，然后知松柏之后凋也"，因此竹被视作有气节的君子。园林景点中"竹径通幽"最为常用，松竹绕屋更是受古代文人喜爱。

②文化符号和吉祥如意的象征　植物不仅作为情感载体，同时也是文化符号和吉祥如意的象征。例如：梅花花开五瓣，素有"梅花五福"之称，其图案是园林铺地的吉祥图案之一。竹被视为春天的象征，扬州的个园，以颂竹为主题。"个"为一片竹叶之状，个园单取一根竹，更含有独立不倚、孤芳自赏的深意。

（2）植物文化的体现方式

中国古典园林中植物的选择有两个特点：一是种类不多，大多都是人们喜爱的传统植物，如芦苇、柳、芭蕉，以及松、竹、梅等；二是古朴淡雅，追求画意而色彩偏宁静，如芦汀柳岸、夜雨芭蕉。

《园冶》中有："梧荫匝地，槐荫当庭""插柳沿堤，栽梅绕屋""院广梧桐，堤弯宜柳""风生寒峭，溪湾柳间栽桃，月隐清微，屋绕梅余种竹，似多幽趣，更入深情"。传统种植模式还有：在厅堂前种植玉兰、海棠和牡丹，乃借其谐音"玉堂富贵"；园林月洞门旁种植桂花，构成"蟾宫折桂"画面；水池内种荷花以示主人"出污泥而不染"的高洁品质；堂前种榉树则表达考试及第的愿望；后院植朴树，寓意家仆忠心耿耿；园中旁角广种修竹，表达主人刚正不阿的君子气节；庭园或屋后种植松、柏，寓意长寿；屋角窗边种植石榴以求多子多福；墙角种植芭蕉，具"雨打芭蕉"之诗意等。种植设计结合文化，营造了一种从景象到意趣均与生活相符的园林环境。

2. 传统植物文化的继承和发展

（1）设计理念方面

①生态设计观的传承　传统园林种植设计强调"天人合一""道法自然"的理念，追求人与自然关系的和谐，是一种朴素的生态设计观，对当代种植设计具有重要指导意义。我国学者也一再提出，园林设计的根本目的是营造"理想的人居环境"，这与传统造园思想不谋而合。

古典园林所采取的"山林川谷出云、群木荟蔚更迭、鸟兽禽鱼亲人"的生态措施值得现代景观设计借鉴。"雕梁易构,古木难成"的训示,强调建园之初应保护天然植被的原始面貌,注重后期有计划地种植。古人的这些造园理论,早已经阐明了生态园林的必备条件。

②人文精神的发展　古典园林注重文人情趣的表达和身心的综合体验,如留园中的"绿荫轩"、避暑山庄的"冷香亭"、拙政园的"梧竹幽居"等景点,均把使用功能和精神功能有机结合起来。

现代园林景观就精神需求而言,应具有更强的包容性、开放性,应体现积极向上、平等互助的时代精神;就生活实用功能而言,应内容丰富,要满足交往、景观、避灾、集散等多种要求,服务对象也由少数上层阶级转为社会大众。

现代植物景观设计应对古典园林植物配置中的人文精神既继承之,又应融入时代特征进而发展之。

(2)设计方法方面

①设计内容的借鉴　中国古典园林中常体现丰富的内容,富有情节性,这对于文化传统的传承和现代主题性景观设计有重要借鉴意义。古典园林表达的内容可归纳为如下几种:

寄托情思　景观中,植物成为特定的人文内容,从而使人触景生情。如山东曲阜有"孔林""先师手植桧",苏州拙政园有"文衡山先生手植藤"等。通过植物纪念前人,形体苍古的植物和历史文化融合在一起,使景观更具有厚重的文化内涵。传统园林中还常种植石榴、海棠、牡丹等人们喜闻乐见的植物,借以寄托对未来的美好祝愿。如种植石榴,寓意"多子多福";种植牡丹,寓意"富贵"等。

蕴含典故　狮子林的"揖峰指柏轩",出自禅宗故事。禅师启发人从眼前的柏树中悟禅,不执着于外界的干扰,从自己的内心出发去顿悟,柏树所渲染的古老幽深的意境与佛教的禅宗境界相吻合,两者相互贯通。狮子林的另一景点"问梅阁",是关于梅花的著名景点,出自马祖问梅,赞"梅子熟了"的禅宗公案故事。

描绘生活　传统园林常通过种植设计来描绘美好的生活。从浪漫而又现实的"蓬岛仙境",到怡然自乐的"桃花源"式隐居生活,男耕女织、"良田美池桑竹"的田园情趣一直是园林内容的主流。圆明园的"武陵春色"体现了陶渊明《桃花源记》中的场景;留园的"又一村"亦是如此,广植竹、李、桃、杏等农家花木,"缘溪行"的溪水也取桃花源之意,并种植了大量桃花。这种悠然自得的田园生活气息非常适合在现代居住区景观中借鉴。

诗画成景　在中国文化土壤上孕育出来的园林艺术,同中国的文学、绘画有密切的关系。沧浪亭的"周规折矩"月洞门,一面刻着"折矩"二字,另一面刻着"周规"二字。放眼望去,洞门两旁,粉墙黛瓦的背景上,一边是竹子数丛,纤细挺拔,幽静淡雅,另一边种植了山茶、垂丝海棠等,一年四季不同植物的花色、叶色和花香,让人常年欣赏到各种自然形式的植物美。此外,树木的姿态斜趣横生,密集的桂花树冠挡住视线,形成"树障",增加了空间的曲折幽深,使游者无法一览无余。月洞门配合着植物使得空间多层,富有变化感。漫步在小石子路上,像欣赏中国山水画一样。中国古典园林通过造型多样且别具特色的洞门,花窗、漏窗、空窗,以及白粉墙等,形成一幅幅国画小品框景,每个画面景色独特,各有千秋(图2-4-1)。

图2-4-1 空窗的植物景观

图2-4-2 粉墙花影的借鉴

②空间布局的借鉴 古典园林中,无论是远郊的皇家御苑,还是城市中的"咫尺山林",在比例上都与周边环境极为协调。尤其是江南私家园林的布局,在现代小尺度的建筑庭园、中庭、小游园、别墅花园中,仍有巨大的生命力。江南私家园林在狭小单调的空间内,通过叠山理水构成局部地貌,植物孤植或丛植于屋角、窗边、天井,从不同的视角与建筑、山水等环境要素相结合,形成变幻莫测的空间效果,营造出小中见大的空间体验。在大型的园林中,常借助植物景观将大空间分解为若干小空间,通过院落的方式相互穿插,之间有曲折的水系和道路相联络,又借助对景、泄景、透景、障景的巧妙安排构成一种无形的联系。通过这些有形的联络和无形的联系,很自然地引导人们从一处景观走向另一处景观,形成多样化的园景"动态"效果,创造出丰富的自然和文化景观。

③表现手法的借鉴 古典园林在艺术形式的表现手法方面,为现代景观中植物景观设计提供了众多可借鉴的模式,其中主要的有以下几点:

粉墙花影 传统种植中"以墙为纸,树石为画"的手法极富画意。以粉墙为背景,墙面配置奇石、植物,形成丰富衬托与投影;或者在粉墙上开设漏窗、门洞,利用漏景、框景的方法形成"画框",突出植物景致的灵动,打破了直立面带来的单调感。此法占地不大,成景灵活,可以在现代景观中广泛应用。如在宾馆、庭院、街头绿地等小空间中使用,可形成细腻的景观小品;对于有整面建筑外墙、院墙的场地,尤其具有应用价值。如果将粉墙花影的手法灵活运用在现代室内空间,既美观,又具生态效益,与现代流行的园林式饭店、生态饭店不谋而合(图2-4-2)。

特色种植 古典园林中常通过特色的种植设计形成独特的植物景观。如苏州留园多白皮松,怡园多松、梅,沧浪亭满种竹,雪香云蔚亭以梅造景,荷风四面亭以荷花造景等。现代景观不妨也采用"量大为美"的手法,选用观赏性强的植物如枫、梅、竹、樱等营造特色景观,建植成本较低,季节景观鲜明,景观效益长久。

小品点睛 古典园林的意境美离不开匾额、楹联、诗文、碑刻等形式的点题。如同样是假山和桂花丛植的组合,网师园的"小山丛桂轩"和留园的"闻木樨香轩"由于不同的景题,引用不同的典故,产生不同的景观意境,带给人不同的心理体验。同样是松树孤植,听其音称"松风",识其雅称"看松读画",赋其意则"听法",爱其荫则"遮阴侯",写其神则"长松筛月"……可见运用题刻、点题等手法能为植物景观起到点景、立意的作用。在现代景观中,不仅可以通过文字点题,更有雕塑、座椅、灯具等多种小品,起到画龙点睛的作用。

3. 植物文化在现代园林中的应用

(1) 市花、市树的应用

市花、市树是一个城市的居民经过投票选举,并经过该市人民代表大会常务委员会审议通过而得出的,是受大众广泛喜爱的植物品种,也是比较适应当地气候条件和地理条件的植物,其本身已上升为该地区文化的标志和城市文化的象征。例如,上海市花为玉兰,象征着一种开路先锋、奋发向上的精神。上海人对玉兰情有独钟,不仅上海的公园和住宅小区里四处可见玉兰,玉兰还渗透在上海的文化中,如上海电视节的"白玉兰奖"、上海白玉兰戏剧表演艺术奖。此外,玉兰还是复旦大学的校花。西安的市花是石榴,因为西安临潼的石榴产量、面积和质量均居全国之首,是中国石榴的主要产地,而且石榴象征成熟、美丽、富贵、子孙满堂、兴盛红火。因此,利用市花、市树的象征意义与其他植物或小品、构筑物相得益彰地配置,可以赋予浓郁的文化气息,不仅能起到积极的教育作用,也可满足市民的精神文化需求。

"麓栖苑"设计解读

(2) 乡土植物的应用

如果说市花、市树是有限的城市文化的典型代表,那么地域性很强的乡土植物可以为植物配置提供广阔的文化资源。在丰富的植物品种中,乡土植物是最适应当地自然生长条件的,不仅能达到适地适树的要求,且还代表了一定的植被文化和地域风情。如棕榈科的椰子、槟榔就是典型的南国风光的代表,而多浆多肉类植物如仙人掌科、景天科植物是典型的沙漠植被。这些生长良好、品种丰富的植物为城市多样化的植物配置提供了有利条件。从一个城市的植物景观上不仅能看出一个地方的性格和身份,而且能看出一个地方的时代文化特征和地域文化特色。

(3) 古树名木保护

"雕梁易构,古树难成",古树名木是历史的见证,具有极强的文化价值和社会影响力。古树名木有的以姿态奇特、观赏价值极高而闻名,如黄山的"迎客松"、北京中山公园的"槐柏合抱"等。有的因见证历史而闻名,如陕西黄陵的"轩辕柏"和"挂甲柏"。有的以奇闻轶事而闻名,如北京孔庙的侧柏,传说其枝条曾将汉奸魏忠贤的帽子碰掉而大快人心,故后人称其为"除奸柏"等。这些古树名木是珍贵的资源,它们是历史遗产,能够为城市的文化增添一笔财富。

(4) 具有历史文化内涵的园林植物的沿用

植物造景在中国园林中有许多传统的手法和独到之处。中国文人赞荷花"出淤泥而不染",佛陀说"人即是莲,莲即是佛"。荷花因为悠久的历史,具有丰富的精神内容,因而成为山水园林的首选。再如桂花,《山海经》中记载"招摇之山多桂"。网师园有"小山丛桂轩",留园有"闻木樨香轩"等景观。中国古典园林造园艺术是传统文化的精粹,应当为现代园林所利用,在全新的场景中诠释植物的意境,体现城市文化中特有的历史内涵,而植物文化最终所呈现出的景观是历史的、高雅的、传统的、城市的。

任务实施

(1)现场调查和作业必须以小组为单位进行,禁止个人单独行动。
(2)在重点景点或区域应该拍照,并结合文字描述进行记录。
(3)绘出该公园景区总平面图、若干局部植物景观平面图和立面图。
(4)小组成员合理分工,完成公园植物景观文化设计方法和效果的分析报告。

巩固训练

选择当地一个公园,分析植物景观文化设计的方法在该公园中的具体运用,完成该公园植物景观文化设计方法和效果的分析评价报告。为便于完成分析评价,该报告应该附公园总平面图、局部平面图、局部立面图和实景照片等。

考核评价

表 2-4-1 评价表

评价类型	项 目	子项目	组内自评	组间互评	教师点评
过程性评价 (80%)	专业能力 (60%)	植物材料的分析(20%)			
		文化设计手法运用分析(30%)			
		绘图能力(10%)			
	社会能力 (20%)	工作态度(10%)			
		团队合作(10%)			
终结性评价 (20%)	报告的完整性(10%)				
	报告的规范性(10%)				
评价/评语	班级:	姓名:	第 组	总评分:	
	教师评语:				

任务2-5 植物景观动态设计

【知识目标】

(1)掌握表现四季植物景观的设计要点。
(2)理解植物与风、雪、雨、光、云等时空因子交融的不同景观效果。

【技能目标】

（1）能够应用相关理论对某公园植物景观的动态设计进行分析和评价。

（2）能够设计某公园植物季相景观。

工作任务

【任务提出】

选择当地一处公园，对其植物进行调查，记录树形、姿态、花期、花色、叶色、果实等主要观赏特征，利用皮尺等工具测量所调查植物的规格大小，观察植物的生长环境及生长状况，完成调查表格。

【任务分析】

植物的季相是通过植物材料表现的，熟悉植物的观赏特性和生长习性，根据设计要求选择合适的植物表现植物动态景观，是种植设计师要掌握的基本技能。通过植物调查，整理设计素材，为后期具体项目的植物景观设计打下基础。

【任务要求】

（1）就近选择公园进行园林植物调查。

（2）设计调查表格，要求包括植物名称、生长习性、规格、树形、主要观赏特性等。

（3）每个小组利用照片记录树形、观赏特性、植物规格等。

【材料及工具】

照相机、笔记本和笔、调查表格、测量工具。

知识准备

植物是鲜活的生命体，呈现着衰盛荣枯的生命动态变化，这是植物在景观营造中独具的、值得利用的特征之一。同时，自然界的阴晴风雨为植物营造了变化多端的时空环境，并与植物相交融，营造丰富多彩的空间环境，给人不同的心理感受。植物景观的动态设计就是充分利用植物自身以及空间环境的变化，给有限的景观形象赋予更深广的寓意，结合意境思维，调动和激发审美者的想象能动性，突破时空的限制，获得远胜于原有形象的精神享受的一种艺术手段。

1. 植物景观季相设计

各种植物的生长发育随着一年中气候的变化而出现周期性的变化，使植物群落在不同季节表现出相应的外貌特征，这种现象称为季相。园林景物与自然界的季节变化（风、霜、雨、雪）和天象变化（日、月、星、辰）紧密相关，也正是这些不断变化的自然景象，使得植物景观意境更加深远，给人以更深的艺术感受。

（1）春景

春天是一个大地回暖、万物复苏的季节，它代表着生命、开始，所以春景的表现是以彩色为主，万花斗艳、姹紫嫣红，以此来表现春天的蓬勃生命力。要注意的是防止观赏者的视觉疲劳，以及花期长短带来的观赏影响等因素；要有层次地种植花卉，颜色搭配要均匀，但要不失奔放，要带给人一种春日的活力之感。详细设计方法见表2-5-1所列。

表2-5-1 春景设计方法

设计方法		常用植物			
色彩不变，花期延长	将花期长的植物成片、成块种植	月季（5～10月）、牵牛花（6～10月）、茑萝（6～10月）、长春花（近全年）、大花马齿苋（5～11月）、石竹（4～10月）、无毛紫露草（5～10月）等			
	将花色相同、花期不同的植物分层配置	颜色	上层	中层	下层	地被
		红色	合欢等	樱花、紫薇、桃、海棠、梅等	杜鹃花、贴梗海棠等	石蒜、红花酢浆草、石竹等
		黄色	杂交鹅掌楸等	桂花等	棣棠、云南黄馨、金丝桃、香茶藨子等	大花萱草等
		白色、绿色	玉兰等	李、杏、白花樱花、白梅、绿梅、白花碧桃等	笑靥花、椤木石楠等	香雪球等
		蓝色	泡桐、蓝花楹等	绣球、醉鱼草等	鸳鸯茉莉、假连翘等	鸢尾、无毛紫露草等
色彩变化，花期延长	2～3月	3～4月		4～5月	5～6月
	玉兰、迎春花、含笑、梅	杏、桃、李、紫荆、紫玉兰、海棠、紫叶李、结香等		海棠、樱花、牡丹、泡桐、珙桐、金钟花、连翘、黄刺玫、绣线菊、棣棠、锦带花、金银木、木香、紫藤、杜鹃花等	流苏树、雪柳、丁香、刺槐、楸树、梓树、紫穗槐、柽柳、芍药、荚蒾、夹竹桃、木绣球、红瑞木、四照花、金丝桃、合欢、紫薇等

（2）夏景

夏季景观的营造要把握住夏季的特点。夏季天气闷热，因此，夏景的营造就在于如何让游人在观赏时摆脱这种炎热天气带来的烦躁心情。凉爽通风、空气清新的环境可以使人心平气和，因此，常见的夏景是林荫大道，或者是较大的树林、有大片的绿荫遮蔽处。当然，仅有这些是不够的，绿荫只是对游人起到保护作用，游人的主要目的还是在于观赏景观，因此，鲜花是必不可少的。夏景的详细设计方法见表2-5-2所列。

表2-5-2 夏景设计方法

景观功能	景观形态	空间特点	植物选择
形成深深浅浅的绿荫，营造清凉氛围	林下开阔，老干苍劲，浓荫匝地或丝丝日光经叶隙透入，使人感觉清凉悦目	单纯林或上层高大乔木，中层少，下层在边缘稍加点缀	单纯林如广玉兰、松、香樟、槐、枫杨、水杉、竹林等；群落如上层枫香、臭椿、中层香樟、槐、皂荚，下层边缘点缀紫薇、金丝桃、珍珠梅、木槿等
添加生活气息，闻香	尺度较小的小乔木、花灌木孤植、丛植或成片种植	庭院小空间，粉墙绿窗前	石榴、向日葵、蜀葵等
形成闲逸的清幽	藤本植物列植形成覆盖空间，郁闭度越高越好	花叶掩映的廊架或墙面	紫藤、凌霄、木香、藤本月季、茑萝、爬山虎等

（3）秋景

秋天历来是丰收时节，以黄澄澄、金灿灿的颜色一片接一片为主。对秋季植物景观的色相设计应考虑以红、黄两色为主的秋色树种，最重要的是要做到色彩丰富、主题突出。秋季不单要有花可赏，更要把握住秋季的真谛，做到有果可食，观赏性强的花木要灵活地与结果的花木结合起来，使游人能够边食果边赏花，达到更好的游览效果。秋景设计方法见表2-5-3所列。

表2-5-3　秋景设计方法

景观功能	景观形态	空间特点	植物选择
形成叶色丰富多彩的秋景观赏点	层林尽染，气势恢宏	地形起伏的山地	枫香、栾树、黄连木、杉类、槭树类等叶色由绿变黄、由黄变褐、由褐变棕红；金钱松、银杏叶片金黄；乌桕叶果俱佳
表现丰收的喜悦，观赏者可参与秋季采果	硕果累累，野菊放香	田野间	柿树、橘树、香橼、海棠、山楂、火棘、花楸、山茱萸、荚蒾、紫珠等
装点秋景	枝疏叶落，天高气爽	小区域	桂花、菊花、芦苇等

（4）冬景

冬景之美在于冬的纯洁、孤傲，因此要选择与冬景韵味相近的花木来表现冬景的内涵，既有萧瑟之感，又有顽强之意，再加上纯洁这一主要内在美，就能将冬景的韵味传神地表现出来。如以落叶树为基调的景观空间，草木凋零，枝干姿态突兀，疏朗有致，别具情趣，很适宜表现冬寒山瘦、冬骨嶙峋的神韵。又如枝丫挂雪的火棘红果熠熠生辉，为萧冷的冬天增添了无限生机；蜡梅暗香袭人，案头水仙飘香阵阵，似春天早临，令人心旷神怡。

（5）四时之景

四时之景的精髓在于"四时"一词，四时齐聚可以增加游玩的兴趣，并且即使多次游玩也不会感到厌倦。四时齐聚是较难表现的，要达到四季皆有景的程度，首先要有足够的纵深空间，以及足够数量的植物作为铺垫，再在其中以独特的手法和思想去点缀、修饰。

2. 植物与时空环境的交融

自然界的各种景物，都是由自然法则与光、风、水、温度等自然因子共同作用的结果。袁宏道《瓶史》曰："寒花宜初雪，宜雪霁，宜新月，宜暖房。温花宜晴日，宜轻寒，宜华堂。暑花宜雨后，宜快风，宜佳木荫，宜竹下，宜水阁。凉花宜爽月，宜夕阳，宜空阶，宜苔径，宜巉石旁。"园林中利用自然因素来营造植物景观，对于展现植物特有的魅力、继承和弘扬传统造园艺术有着重要的意义。

（1）雨中的植物景观

设计方法：引景。指引入雨景，与植物相互呼应，融为一体，形成独特的景观。雨水使植物滋润、色彩鲜亮、质感莹润、姿态朦胧，与平日的景观完全不同。北方虽然没有芭蕉与雨景契合，但成片的元宝槭"叶茂而美荫，其色油然，不减梧桐芭蕉也。疏窗掩映，虚凉自如"。尤其秋雨下的枫林，更是绚丽多彩。另外，河塘中遍植的荷花在雨中显得格外娇艳，荷叶更加翠绿、润泽。

（2）风中的植物景观

设计方法1：借景。李渔《闲情偶寄》称："种树非止娱目，兼为悦耳。"传统园林植物景观对听觉的调动值得当代借鉴。如南京煦园的"桐音馆"、承德避暑山庄的"万壑松风"等都是利用植物借听天籁的生动例子。表现风声的景观一般选用叶小而密的植物，如杨树、松树、竹等，多为大片纯林栽植，以使声音延续不断。例如，风掠松林而发出涛声阵阵，杨树沙沙声欢快响亮，"扶疏万竿，引风听琴"，风过竹林轻柔的声响仿佛古琴悠扬，极富感染力。

设计方法2：框景。古典园林中，常通过花窗等小尺寸来框景，借相对速度来追求景观的动态变化。例如，通过门洞、花窗看竹条、梅枝，若枝叶微微摇摆，会感觉风很大。

（3）雪中的植物景观

设计方法：对景。指园内雪与植物相互得景。以雪景衬托植物枝、干、果的形态、色彩和质感美；反之，垂直向上的植物枝干又衬托了雪景覆盖的银白大地。雪景与植物景观相互衬托、相互对比。植物景观设计除考虑植物品种的选择与雪景的关系外，构造空间要在观景点的前景空出开敞地段，以垂直生长的林木为背景。前景还可配置冬季观果的灌木丛，宜于观果拾趣。

（4）云雾中的植物景观

设计方法：障景。指利用云雾朦胧的现象，使前景植物景观半隐半现，形成一幕如薄纱般的屏障，使景观层次更加丰富。植物配置要注重前景疏朗，中景丰富，远景幽深。空间构图要疏密相间，收放自如，营造云雾弥漫、变幻无穷的效果。

（5）光中的植物景观

设计方法1：引景。指引入光照，与植物融为一体，形成独特的景观。植物的花瓣和叶片在光照下显得莹润剔透，营造出一种纯粹、诗意的境界。如承德避暑山庄的"金莲映日"和"梨花伴月"景观，太阳光照射于莲上散射的金色光晕使其更纯洁神圣，白色的梨花在皎洁的月光下更显其冷凝孤傲。

引入运动的光，或光透过闪动着的树叶，可以产生斑驳光线给人以清雅之感。"日光穿竹翠玲珑"的清雅之意就是由于光线的频闪运动营造的。景观设计中，经常在广场、庭园等场所安装景观灯、利用人工光影技术造景，可以通过控制光线角度和尺度的变化、运用光线的运动与停滞，演绎出神秘莫测的植物景观。

设计方法2：借景。指借光照使植物产生阴影，阴影使植物本身形成明暗的对比，使景观和意境表现出丰富的层次关系，更富有立体感。光照使植物在地面、墙面形成斑驳的落影，生动有趣。如泰山的"长松筛月"景点，古松像筛子一样将月光筛成斑斑点点，营造了光影斑驳的视觉效果。利用光可在物体表面产生阴影构图，古典园林中常在白墙前栽竹、梅，粉墙竹（梅）影，产生一种黑白对比的神奇景观，极富诗意。

（6）空气流动中的植物景观

设计方法：隔景。"闻香"是园林游览过程中的常见活动，因此也成为植物景观设计的重要环节之一。林逋的诗"疏影横斜水清浅，暗香浮动月黄昏"，就是从水边疏影和月下暗香描述梅花的姿态和神韵。在游览范围广、路线长的大空间，常利用地势起伏或有意分隔等手法，划分出许多小空间，微风轻拂，人们在游览时所闻到的香味时有时无、若隐若现，这样不仅更突出香味，还能使局部的香气持久。如果是在庭院等小空间，可把芳香植物稍作隐藏，通过空气流动调动"闻香寻源"的情趣。

在植物景观设计中，除了利用上述自然气象因子外，自然界的生物要素也常被融合到景观当中，如虫儿呢喃、鸟鸣啾啾、鱼戏莲叶、樵林山歌。植物与其他生物结合营造的景观，不仅体现出良好的植被状况，更渲染出自然充满生机和活力，使人心情愉悦。

任务实施

（1）以小组为单位，根据任务要求，设计调查表格，确定调查内容（参考表2-5-4）。

表2-5-4　园林植物调查表

调查地点：　　　　调查日期：　　　　调查人员：

序号	名称	类型	规格大小	树形姿态	观赏特性	生长环境、状况	备注
		如常绿乔木、落叶乔木、常绿灌木、落叶灌木	如胸径、冠幅、树高	如塔形、伞形	如观花，花色紫色，花期4～6月	主要记录光照条件、生长是否良好或有无病虫害等	古树名木等

（2）收集资料，完善园林植物调查表的内容。

根据所调查到的树种，在图书馆或网上查阅详细资料，如生长环境的要求、观赏特性的具体描述、应用形式等，填入园林植物调查表。

巩固训练

选择另一块公园绿地，以小组为单位进行植物材料的调查，完成公园绿地植物材料调查表。从两次调查绿地植物材料中整理出150种当地常用的植物材料，包括乔木（50种）、灌木（60种）、攀缘植物（5种）、竹类（5种）、花卉（20种）、草坪和观赏草（10种）。

考核评价

表2-5-5　评价表

评价类型	项目	子项目	组内自评	组间互评	教师点评
过程性评价（80%）	专业能力（60%）	植物种类和规格、观赏特性描述（30%）			
		植物生长习性和生长环境调查（20%）			
		调查设计能力（10%）			
	社会能力（20%）	工作态度（10%）			
		团队合作（10%）			
终结性评价（20%）	报告的完整性（10%）				
	报告的规范性（10%）				
评价/评语	班级：	姓名：	第　组	总评分：	
	教师评语：				

项目 3　园林植物与其他造园要素组景设计

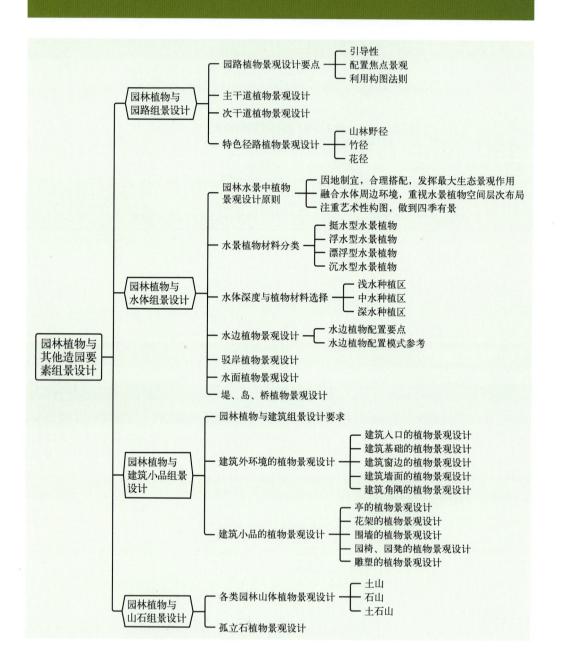

任务3-1　园林植物与园路组景设计

【知识目标】

（1）识记和理解园路植物景观设计要点。

（2）归纳园林植物与园路的常用组景形式。

【技能目标】
（1）能够应用园路植物景观设计的相关理论分析城市绿地中植物与园路组景设计的适宜性。
（2）能够根据园路植物景观设计的设计要点进行具体项目的组景设计。

工作任务

【任务提出】
选取某城市绿地，调查其植物与园路组景设计形式，并绘图表示。

【任务分析】
根据园路植物景观设计的设计要点分析该绿地植物与园路组景设计的适宜性。

【任务要求】
完成某城市绿地中植物与园路组景设计适宜性的调查报告一份（含现状平面图）。

【材料及工具】
测量仪器、手工绘图工具、绘图纸、绘图软件（AutoCAD）、计算机等。

知识准备

1. 园路植物景观设计要点

园林绿地中的道路除了组织交通、集散等功能外，主要起到导游的作用。植物配置除了具有生态功能外，主要是为了满足人们游赏的需要。一般来讲，园路的曲线都很自然流畅，两旁的植物配置及小品也宜自然多变、不拘一格。人们漫步在园路上，远近各景可构成一幅连续的动态画卷，具有步移景异的效果。

（1）**引导性**

园路的路口及转弯处的植物配置可以起到导游和标志作用，一般安排孤植树、观赏树丛、花丛等，植物配置在色彩数量和体量上要做到鲜明、醒目。图3-1-1园路转弯处一组植物景观由一株法国冬青、几丛沿阶草、几方山石、一片洒金桃叶珊瑚组成，整体景观起到指示、吸引视线的作用。

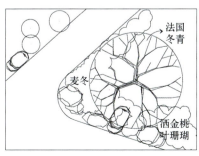

图3-1-1　园路转弯处的植物景观起引导作用

图3-1-2　园路转弯处的灌木构成焦点景观

（2）配置焦点景观

在园路入口、园路尽头和出口、园路交叉点与转弯处，常常配置植物以形成障景、对景、点景等，成为焦点景观。如图3-1-2所示，道路转弯处栽植一株花灌木，一方面遮挡了路人的视线，使其无法通视；另一方面这一丛花灌木也成为视觉的焦点，构成引景。

（3）利用构图法则

①均衡与对比　当园路两旁的植物配置采用不对称的形式时，应注意植物景观的均衡，以免产生歪曲或孤立的空间感觉（图3-1-3）。

②主与从　在园路两侧配置植物时，应选择主调树种、配调树种，体现多样性与统一性（图3-1-4）。

③韵律与节奏　园路植物景观讲求连续动态构图，宜采用交替韵律、渐变韵律、交错韵律等，避免单调（图3-1-5）。

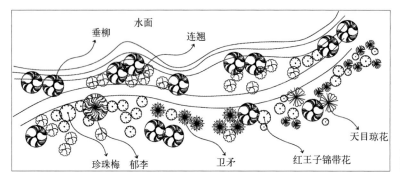

图3-1-3　园路两旁的植物配置采用不对称的形式

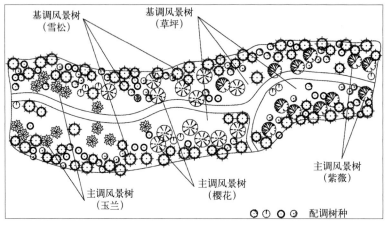

图3-1-4　园路两旁植物主次分明

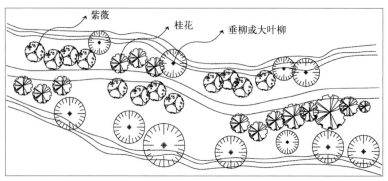

图3-1-5　植物的重复运用构成一定的韵律与节奏

④形成季相变化 园路两旁的植物宜选用季相变化显著的树种搭配组景，做到四季有景，增强自然美感。

2. 主干道植物景观设计

主干道是指从园林入口通向全园各景区中心、主要广场、主要建筑、主要景点及管理区的道路，其宽度以 4～6m 为宜。园区的主干道绿化代表了绿地的形象和风格，植物配置应该引人入胜，形成与其定位一致的气势和氛围。要求视线明朗，并向两侧逐渐推进，按照植物体量的大小逐渐往两侧延展，将不同的色彩和质感合理搭配。植物可配置高大叶密的乔木，两旁配置耐阴的花卉植物（图 3-1-6）。植物配置上要有利于交通。

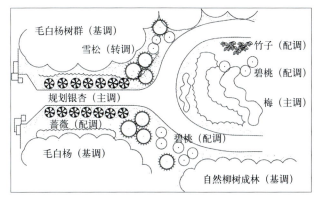

图 3-1-6 主干道植物配置形成一定的气势和氛围

靠近入口处的主干道，往往通过量的营造来体现或通过构图手法来突出景观和气势。可用大片色彩明快的地被或花卉，体现入口的热烈和气势。

园区的主路是随着景观区域类型的变化而改变的，通常要先确定景观区域类型，如树林草地区、开敞草坪区、单调密林区等。树林草地区植物层次可逐渐递进，形成层次景观；开敞草坪区可在路缘用花卉作点缀，防止近景乏味；单调密林区可在道路转弯处内侧采用枝叶茂密、观赏效果好的植物作障景，做到峰回路转。

为了在一条主路上突出一路一景的特色景观，在树种配置上可采用同一树种，或以一种树为主，搭配其他花灌木，注重树种在形态、色彩等方面的变化差异，产生丰富、生动、相映成趣的艺术效果，同时还应注重与园路的功能要求以及周围环境（建筑风格、墙体颜

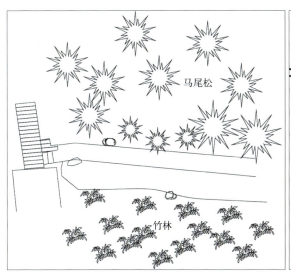

（a）山坡园路平面图

（b）山坡园路断面图

图 3-1-7 杭州孤山山脊主路植物配置

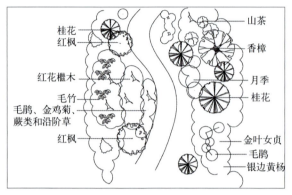

图3-1-8 园路旁自然的复层植物群落

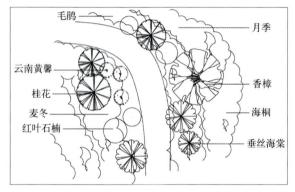

图3-1-10 色彩、构图和变化之美是次干道的魅力所在

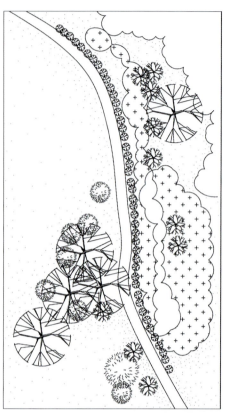

图3-1-9 杭州花港观鱼牡丹园南路

色、围墙形式等）的融合统一。如杭州孤山山脊主路西段，在陡坡的路北植马尾松，在路南的石坡上种观音竹，因地制宜，高低错落，疏密有致（图3-1-7）。

在自然式园路旁，根据植物生态习性，多以乔木、灌木自然散植于路边或以乔木、灌木丛群植于路旁，使之形成更自然、更稳定的复层植物群落（图3-1-8）。配置形式要富于变化，可以配置孤植树、树丛、花卉、灌丛等，配以水面、山坡、建筑与小品，结合地形变化，形成丰富的路侧景观，做到步移景异。

在较长的自然式园路旁，如果只选用一个树种，势必会给人一种机械、呆板的感觉，同时也与自然缩放、圆弧曲线、高低起伏的园路格格不入。为了形成丰富多彩的路景，可选用多树种组合配置，但要切记主次分明，要有1个主要树种，在丰富色彩中保持统一和谐。如杭州花港观鱼牡丹园南路，一侧以碧桃、海桐、柏木形成屏障，另一侧基本不种树，只用1～2个树丛作为庇荫用，使人行走在路上，感觉与牡丹园在同一空间内（图3-1-9）。

3. 次干道植物景观设计

次干道是园中各区内的主要道路，一般宽2～3m。由于游人在次干道步行速度较慢，植物景观尤其应注重造景细节，体现植物多样及质感和色彩的搭配，对植物的造型注重精雕细琢，两旁的种植可更灵活多样（图3-1-10）。由于路窄，有的只需在路的一旁种植乔木、灌木，就可达到既遮阴又赏花的效果。路旁某些地段可以突出某种植物形成特殊植物景观，

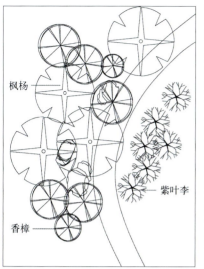 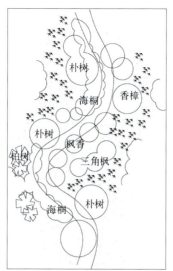 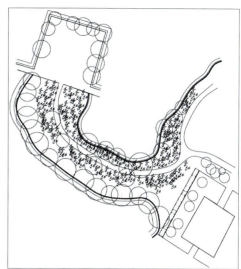

图3-1-11　杭州西湖柳浪闻莺的大草坪石板小路　图3-1-12　山林野径　　图3-1-13　杭州西湖三潭印月的"曲径通幽"

如丁香路、樱花路等。同时，还需结合高低曲折多变的地形，特别是利用原有植被进行调整补充移植，产生自然情趣。沿路植物应疏密结合，密处配置树姿自然、体形高大的树林或竹林，疏处配以灌木、地被、藤本植物等，产生生态、自然之美。具体应用上，应根据不同类型的道路要求做出不同的设计。杭州西湖柳浪闻莺的大草坪上，宽仅 1.5m 的石板小路穿过枫杨、香樟、紫叶李构成的树丛，树丛下散置石头，盛夏季节，坐于石上，凉风习习，在视线范围内看不到人工雕琢的痕迹，好像置身于自然的田野之中（图 3-1-11）。

4. 特色径路植物景观设计

（1）山林野径

在山中林间穿行，宁静幽深，极富山林之趣。山路要有一定的长度、曲度、坡度和起伏，以显其山林的幽深和陡度，树木要有一定高度和厚度，树下选用低矮地被，少用灌木，以使游人感受到"山林"意境（图 3-1-12）。如杭州花港观鱼的密林区，在高差达 2m 的坡上植以枫香、麻栎、沙朴和刺槐等，郁闭幽深，极富山林野趣。

（2）竹径

李白诗云："绿竹入幽径，青萝拂行衣""竹径通幽处，禅房花木深"。由此可见，要创造曲折、幽静、深邃的园路环境，用竹来造景是非常适合的。小路两旁种竹，要有一定的厚度、高度和深度，才能形成竹林幽深的感觉。杭州西湖三潭印月的"曲径通幽"是一条幽静的竹径，径长 53.5m，宽 1.5m，高仅 2.5m。竹子外沿种的是重阳木，竹径中夹杂着乌桕等色叶树。小径采用了 3 种不同的弧度，两端弧度大，中间弧度小，在尽头种了一片珊瑚树高篱，使人感到既生动又娴静（图 3-1-13）。

（3）花径

在一定的道路空间里，全部以花的姿色来营造气氛，使人陶醉，给人以自然美的艺术享受。木本植物可选择开花丰满、花形美丽、花色鲜艳或有香味、花期较长的树种，如玉兰、樱花、桃、杏、山楂、梨、蜡梅、梅、棣棠、丁香、紫荆、榆叶梅、连翘等；除此之外，还可以补充彩色观叶或观果的树种以弥补花色不足，如南天竹、红枫、火棘等。对草本植物，可按季节变化替换，选择花色和叶色都鲜艳的一、二年生花卉或多年生宿根花卉，如鸢尾、萱草、玉簪。藤本植物最好选用开花效果好的树种，如藤本月季、三角梅等。

配置时株距宜小，以给游人"穿越花丛"的感觉，而且一年四季季相变化要丰富。同时，应注意背景树的配置，讲究构图完整、高低错落。如杭州植物园中的桃花径，芳菲妖艳。

任务实施

（1）测量并绘制某城市绿地植物与园路组景设计现状图。

（2）根据园路植物景观设计的设计要点分析该绿地植物与园路组景设计的适宜性，填入表3-1-1。

表 3-1-1　园路与植物组景设计

园路类型		树种统计	功能分析	生态性分析	景观效果分析	
					高度搭配	季相景观
主干道						
次干道和游步道	次干道					
	游步道					
特色径路	山径					
	竹径					
	花径					

巩固训练

以小组为单位，测量并绘制某城市绿地植物与园路组景设计现状图，根据园路植物景观设计的设计要点分析该绿地植物与园路组景设计的适宜性。

考核评价

表 3-1-2　评价表

评价类型	项　目	子项目	组内自评	组间互评	教师点评
过程性评价（70%）	专业能力（50%）	植物与园路组景设计适宜性分析能力（40%）			
		现状图表现能力（10%）			
	社会能力（20%）	工作态度（10%）			
		团队合作（10%）			

（续）

评价类型	项　目	子项目	组内自评	组间互评	教师点评
终结性评价 （30%）	调查报告的准确性（10%）				
	调查报告的规范性（10%）				
	调查报告的完整性（10%）				
评价/评语	班级：	姓名：	第　　组	总评分：	
	教师评语：				

任务3-2　园林植物与水体组景设计

【知识目标】

（1）识记和理解水体植物景观设计要点。

（2）归纳园林植物与水体的常用组景形式。

【技能目标】

（1）能够应用水体植物景观设计相关理论分析城市绿地中植物与水体组景设计的适宜性。

（2）能够根据水体植物景观设计的设计要点进行具体项目的组景设计。

工作任务

【任务提出】

选取某城市绿地，调查其植物与水体组景设计形式，并绘图表示。

【任务分析】

根据水体植物景观设计的设计要点分析该绿地植物与水体组景设计的适宜性。

【任务要求】

完成某城市绿地中植物与水体组景设计适宜性的调查报告一份（含现状平面图）。

【材料及工具】

测量仪器、手工绘图工具、绘图纸、绘图软件（AutoCAD）、计算机等。

知识准备

1. 园林水景中植物景观设计原则

（1）因地制宜，合理搭配，发挥最大生态景观作用

根据水景植物本身的生态习性和当地的环境，因地制宜地选择植物种类，同时考虑到植物的观赏效果、经济因素、植物净化水体能力三方面的结合，在总体的水景植物配置上发挥最佳生态景观效益，为鸟类、两栖动物提供栖息空间。

（2）融合水体周边环境，重视水景植物空间层次布局

不同生长类型的植物有不同的适宜生长的水深范围，在选择植物时，应融合水体周边环境，从水岸至水面，选择适宜的水景植物高低错落、疏密有致地搭配在一起。

（3）注重艺术性构图，做到四季有景

水景植物配置应遵循基本的艺术法则，注重情与景的交融，以及意境的创造。在植物的选择上可以选择花期不同、色彩丰富的水景植物组团配置，使得在季相上形成三季有花、四季有绿的景观。

2. 水景植物材料分类

水景植物按照生活方式与形态特征分为四大类：

（1）挺水型水景植物

挺水型水景植物植株高大，花色艳丽，绝大多数有茎叶之分；直立挺拔，下部或基部沉于水中，根或地下茎扎入泥土中生长发育，上部植株挺出水面。常见的有荷花、黄花鸢尾、千屈菜、菖蒲、香蒲、慈姑等，种类繁多。

（2）浮水型水景植物

浮水型水景植物的根状茎发达，花大、色艳，无明显的地上茎或茎细弱不能直立。它们的体内通常贮藏大量的气体，使叶片或植株能平衡地漂浮于水面上。常见种类有王莲、睡莲、萍蓬草、芡实等，种类较多。

（3）漂浮型水景植物

漂浮型水景植物种类较少。这类植物的根不在泥中，植株体漂浮于水面之上，多数以观叶为主。又因为它们既能吸收水中的矿物质，同时又能遮蔽射入水中的阳光，所以能够抑制水藻的生长。但有些品种生长、繁衍特别迅速，可能会成为水中一害，如凤眼莲等，所以需要定期用网捞出一些，否则它们就会覆盖整个水面。

（4）沉水型水景植物

沉水型水景植物根状茎生于泥中，整个植株沉于水中，通气组织特别发达，利于在水中空气极度缺乏的环境中进行气体交换。

3. 水体深度与植物材料选择

不同类型的水景植物对水深的要求不同，水体深度决定了各类型水景植物的分布格局，也因此影响着整个水体植物景观的面貌。

在营造水生植物景观时，可根据不同水深设置浅水种植区、中水种植区和深水种植区。

（1）浅水种植区

从岸边到水深60cm的浅水水域，选择湿生植物、挺水植物种植，如蒲苇、美人蕉、再力花、千屈菜、梭鱼草、芦竹等。

（2）中水种植区

水深60～100cm区域，选择挺水植物、浮叶植物种植，如荷花、睡莲、萍蓬草、芡实等。

（3）深水种植区

水深大于1m区域，选择浮叶植物、沉水植物种植，如金鱼藻、马来眼子菜、狐尾藻等。

沿驳岸向水体中央有序种植不同生活型的水生植物，同时根据水生植物的植株高度合理搭配，达到高低错落、疏密有致的层次效果，形成协调、稳定的水生植物群落景观。

4. 水边植物景观设计

水边的植物配置既能装饰水面，增加水面倒影效果，又能实现从水面到堤岸的过渡，丰富岸边景观层次和色彩，突出自然野趣。

1）水边植物配置要点

①植物配置宜群植，而不宜孤植，同时还应注意与周边环境的协调。

②切忌等距种植及整形式修剪，以免失去画意。在树丛之间应留出透景线，引导游客到水边欣赏开阔的水景及对岸的景观。

③切忌所有植物处于同一平面上，应注意林冠线的变化，高低错落、疏密有致，体现节奏与韵律，同时应与水体中的水生植物协调一致。

④配置各种树形及线条的植物，丰富线条构图，增加倒影效果。如选择植物的枝、干探向水面的种类，枝条平伸或斜展或拱曲，在水面上形成优美的线条；而选择树干挺拔的植物种类，则线条鲜明，同时与水面形成强烈的方向对比（图3-2-1）。

⑤水边树种要具备一定耐水湿的能力，多选择彩色植物和柔枝植物，以衬托水的光彩和柔美。

2）水边植物配置模式参考

（1）静态水景的植物配置

①湖　湖泊的特征是平静、清澈，可以将水边的植物通过倒影的方式融入构图要素中。湖边植物宜选用耐水喜湿、姿态优美、色泽鲜明的乔木和灌木，以群植、丛植为主，注重

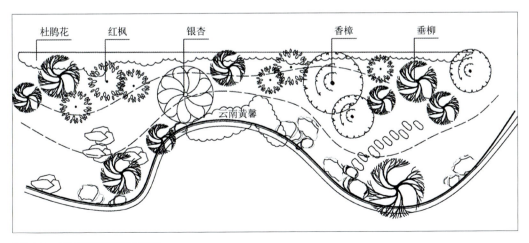

图3-2-1　水边配置各种线条的植物

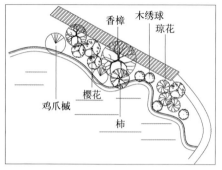

图3-2-2 花港观鱼湖滨长廊

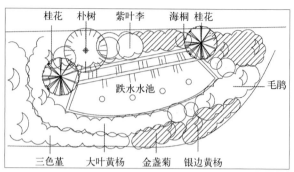

图3-2-3 几何形状水池边宜搭配几何形状植物

林冠线的丰富和色彩的搭配,突出季节景观。如杭州西湖,早春时节,垂柳、悬铃木、水杉等新叶一片嫩绿,接着碧桃、日本晚樱、垂丝海棠等先后吐艳;秋季,无患子、银杏、鸡爪槭、乌桕、重阳木、水杉等组成了色彩斑斓的景观。又如花港观鱼的湖滨长廊,迎合曲折的岸线构成疏密有致、变化丰富的植物景观。在植物材料的选择上,树形、花色相似的木绣球与琼花的混栽,鸡爪槭秋色上的差异,以及胸径相差约2倍的两株香樟的应用等,使景观整体上体现了多样与统一的风格(图3-2-2)。

②池　在较小的园林中,水体的形式常以池为主。为了获得"小中见大"的效果,植物配置常突出个体姿态或利用植物分割水面空间,增加层次,同时还创造活泼与宁静的景观。池边的植物选择主要是多年生草本植物、花灌木,较远处种植大灌木或乔木,植物种植层次丰富,形成的倒影也更具有立体感。现代园林中,水池多为几何形状,常以花坛或圆球形等几何规则式树形搭配(图3-2-3)。

(2)动态水景的植物配置

①溪　现代园林设计中,溪流多出现在一些自然式园林中,其植物配置以模仿自然界野生植物交错生长状态为主,体现山林野趣。乔木、灌木配置形式多为丛植、群植、林植等,花卉沿着溪流形成连续花丛。此外,植物的配置应因形就势,以增强溪流的曲折多变及山涧的幽深感觉。图3-2-4所示是一处溪流植物景观,溪流边皆为花叶繁盛的各色灌木,如垂丝海棠、山茶、云南黄馨等,岸上栽植桂花与芭蕉,形成左右遮挡的狭长空间,起到夹景的作用,营造出自然静谧的园林空间。

②河　园林中的河多为人工改造的自然河流。对于水位变化不大、相对静止的河流,两边多植以高大的植物群落形成丰富的林冠线和季相变化,也可配植枝条柔软的树木,如垂柳、榆树、乌桕、朴树、枫杨等,或植灌木,如迎春花、连翘、珍珠梅等,使枝条披斜低垂于水面,缀以

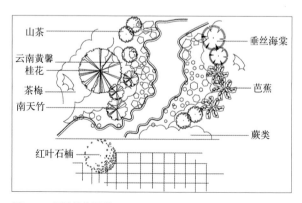

图3-2-4 溪流植物景观

花草，亦可沿岸种植同一树种。而以防汛为主的河流，则配置固土护坡能力强的地被植物为主，如禾本科、莎草科的一些植物以及紫花地丁、蒲公英等。

③泉　由于泉水喷吐跳跃，吸引人们的视线，可作为景点的主题，而泉边叠石间隙若配置合适的植物加以烘托、陪衬，效果更佳。在植物的选择上，主要是选用耐水湿的植物，如香蒲、黄菖蒲、旱伞草、海芋等都是良好的选材。杭州西泠印社的"印泉"，面积仅 $1m^2$，池边叠石间隙夹以沿阶草，边上植一丛孝顺竹，一株梅花俯身探向水面，形成疏影横斜、暗香浮动、雅静幽深的景观（图3-2-5）。

5. 驳岸植物景观设计

曲折优美的驳岸线是水景的重点，驳岸植物配置很重要，既能使陆地和水融成一体，又对水面空间的景观起主导作用。利用花草镶边或湖石结合配置花木可以打破驳岸相对僵硬的质感，柔化驳岸的线条，丰富驳岸的层次和水边的色彩。

驳岸可分为土岸和石岸。土岸边的植物配置，应结合地形、道路、岸线布局，有近有远，有疏有密，有断有续，

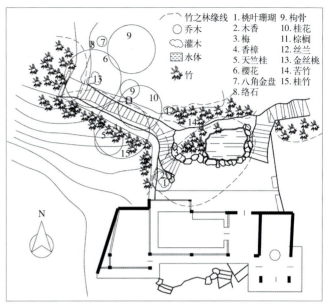

（a）杭州西泠印社"印泉"平面图

（b）杭州西泠印社"印泉"效果图

图3-2-5　杭州西泠印社"印泉"

曲曲弯弯，自然有趣。最忌等距离、用同一树种、同样大小甚至整形式修剪绕岸栽植一圈。如图3-2-6所示，沿着土岸边缘，以常绿乔木香樟、鸡爪槭和桂花为主要材料，5株香樟以3m左右的间距集中种植，林下中层种植桂花，植物群落边缘临水地段点缀一株垂柳。在树形配置上，为避免统一的树形给人单调的感觉，除了香樟、桂花等垂直线条的树种，增加了水平线条的植物如鸡爪槭、红花檵木和紫藤；在色彩应用上兼顾季相变化，以常绿树种为基调，注重彩叶树种鸡爪槭、红花檵木、紫藤的使用；在花期以紫藤的紫色花序、云南黄馨的黄色花朵进行点缀，丰富了群落色彩。

石岸线条生硬、枯燥，植物配置原则是露美、遮丑，使之柔和多变。一般配置垂柳和迎春花，让细长柔和的枝条下垂至水面，遮挡石岸，同时配以花灌木、藤本植物、宿根花

图3-2-6　疏密有致、断续结合的土岸植物配置

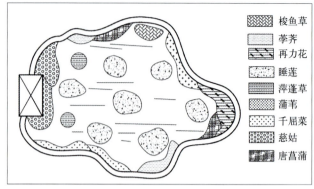

图3-2-7　杭州茅家埠水面植物景观

卉和水生花卉等色彩丰富的植物局部遮挡，增加活泼气氛。也可将岸上部的石或泥土混合，适当留些缝隙、孔洞，其中嵌土配置植物，使人倍感亲切、自然。

6. 水面植物景观设计

水面景观低于人的视线，与水边景观呼应，加上水中倒影，最宜游人观赏。植物的配置要根据水面大小选择适当体量的水生植物在水面沿岸或水面中央丛植或片植，在有限的空间留出充足的开阔水面展现倒影及水中游鱼，切忌铺满水面或沿岸种植一圈。在几种水生植物混植时，要根据植物的形态特征和适宜的水深，选择高度有差异的植物组合，达到宜人的观赏效果。切忌使用体量、高度相当的植物组合，导致层次不分、没有重点。

宽阔水面的植物配置以营造水生植物群落景观为主，主要考虑远观。植物配置应注重整体、连续的效果，宜以量取胜，给人以一种壮观的视觉感受。如大面积的荷花、睡莲，盛夏时节能呈现"接天荷叶无穷碧，映日荷花别样红"的壮丽景观。水生植物的搭配要做到主次分明，体形、高低、叶形、叶色及花期、花色对比协调。

小水面的植物配置宜考虑近观，其配置手法细腻，注重植物单体的效果，对植物的姿态、色彩和高度有较高的要求。植物的配置既要突出个体美，又要考虑群体组合美及其与周边环境的协调。水面上的浮叶及漂浮植物与挺水植物的比例要保持恰当，否则易产生水体面积缩小的不良视觉效果。因此，将水生植物占水体面积的比例控制在不超过1/3是比较适合的。图3-2-7所示是杭州茅家埠的一个圆形池塘，该水景所用植物材料较为丰富，水体四周植物高低错落，具有一定的韵律美。紫色的梭鱼草与再力花同时开放，水上白睡莲含苞待放，萍蓬草黄色的小花在大量绿叶的衬托下显得雅致宁静。但也存在不足之处，水体四周被植物围满显得过于拥挤，反而因过度封闭造成水体与周围环境的隔离。水面上的睡莲、萍蓬草由于生长繁盛，占据了过多的水面空间，影响倒影的效果。

7. 堤、岛、桥植物景观设计

水体中设置堤、岛、桥是划分水面空间的重要手段，堤、岛常与桥相连，它们周边的植物配置可以增添水面空间的层次，丰富水面空间色彩，活跃景观氛围。

（1）堤

在园林中，堤的防洪功能逐渐弱化，其往往是划分水面空间的主要手段，是重要的游览交通路线。堤作为主要的游览道路，植物首先以行道树方式配置，考虑遮阴效果，选择树形紧凑、枝叶茂密、质感厚重的树种为好；考虑到有人为活动进行，选择分枝点高的乔木，还要留出相对私密的小空间供人休息。同时由于堤临水面，所以植物应选择耐水湿的种类，考虑植物的姿态、色彩及其在水中的倒影效果。长度较长的堤上应隔一段距离换一些种类，以打破单调和沉闷。"苏堤春晓"是著名的西湖十景之一，以"桃柳间植"为特点，在配置方式上则采用自然式，形成开合有致的整体风格。配景树种特别是上层高大乔木如香樟、无患子、重阳木等，不仅起到了延长空间的视觉效果，强化了进深感，而且使天际线更趋浑圆丰满。道路两旁铺设草坪，其上种植各式花木如玉兰、日本早樱、垂丝海棠、桂花等。在某些地段，以两三株香樟或大叶柳围合成覆盖空间，放置座椅供人休息、观水。

（2）岛

岛的植物配置应根据岛的类型因地制宜、灵活把握。仅供远眺、观赏的湖中岛，可选择多层次的植物群落形成封闭空间，以树形、叶色造景为主，注意季相的变化和天际线的起伏，要求四面皆有景可赏；可游览的半岛或湖中岛上，植物配置应考虑导游路线，不能有碍交通，多设树林以供游人活动或休息。临水边种植密度不能太大，应疏密有致，高低有序，同时具有良好的引导功能，让人能透过植物去欣赏水面景致（图 3-2-8）。如北京北海公园的琼华岛，环岛以柳为主，间植刺槐、侧柏、合欢、紫藤等植物，将岛上的亭、台、楼、阁掩映其间，并以其深绿的色彩烘托出岛顶白塔的洁白。

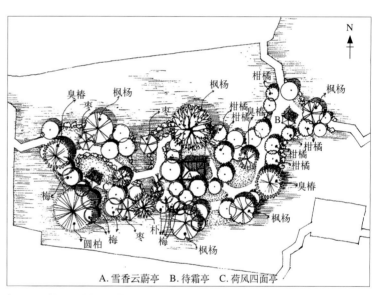

图3-2-8　拙政园中部山岛植物配置平面图

（3）桥

桥头植物配置主要是以引导树的形式出现，目的是吸引游人视线，引导游人由此经过。根据桥的位置、形式、色彩、

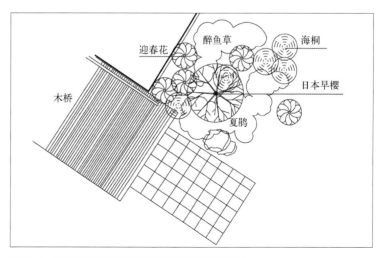

图3-2-9　在道路与桥面的过渡处用日本早樱作为引导树

质地以及表现出来的建筑风格而配置相应体量和数量的引导树（图 3-2-9）。一般体型稍大的桥梁引导树为垂柳、水杉、合欢、香樟等大乔木；体型较小的桥引导树为桂花、丁香、碧桃、鸡爪槭、红枫等叶花轻盈、枝叶开展的树种；体型更小的桥，桥头可用水生植物（如再力花、黄菖蒲）或其他草本植物（如蒲苇）等代替引导树。同时，还要考虑桥与植物结合形成的立面轮廓，注意植物对桥身的遮掩，以及树木的高低起伏、疏密有致。

任务实施

（1）测量并绘制某公园植物与水体组景设计现状图。

（2）根据水体植物景观设计的设计要点分析该公园植物与水体组景设计的适宜性，填入表 3-2-1。

表 3-2-1　植物与水体组景设计

水体环境		树种统计	功能分析	生态性分析	景观效果分析	
					高度搭配	季相景观
水边						
驳岸						
水面						
堤、岛、桥	堤					
	岛					
	桥					

巩固训练

以小组为单位，测量并绘制某公园植物与水体组景设计现状图，根据水体植物景观设计的设计要点分析该公园植物与水体组景设计的适宜性。

考核评价

表 3-2-2　评价表

评价类型	项目	子项目	组内自评	组间互评	教师点评
过程性评价（70%）	专业能力（50%）	植物与水体组景设计适宜性分析能力（40%）			
		现状图表现能力（10%）			
	社会能力（20%）	工作态度（10%）			
		团队合作（10%）			

(续)

评价类型	项 目	子项目	组内自评	组间互评	教师点评
终结性评价（30%）	调查报告的准确性（10%）				
	调查报告的规范性（10%）				
	调查报告的完整性（10%）				
评价/评语	班级：	姓名：	第　　组		总评分：
	教师评语：				

任务3-3　园林植物与建筑小品组景设计

【知识目标】
（1）识记和理解建筑小品植物景观设计要点。
（2）归纳园林植物与建筑小品的常用组景形式。

【技能目标】
（1）能够应用建筑小品植物景观设计相关理论分析城市绿地中植物与建筑小品组景设计的适宜性。
（2）能够根据建筑小品植物景观设计的设计要点进行具体项目的组景设计。

工作任务

【任务提出】
选取某城市绿地，调查其植物与建筑小品组景设计形式，并绘图表示。

【任务分析】
根据建筑小品植物景观设计的设计要点分析该绿地植物与建筑小品组景设计的适宜性。

【任务要求】
完成某城市绿地中植物与建筑小品组景设计适宜性的调查报告一份（含现状平面图）。

【材料及工具】
测量仪器、手工绘图工具、绘图纸、绘图软件（AutoCAD）、计算机等。

知识准备

1. 园林植物与建筑组景设计要求

（1）要加强建筑美感

建筑属于以人工美取胜的硬质景观，建筑形体多是生硬的几何线条，而且人工的痕迹很重，难免简单枯燥。而植物体是有生命的活体，有其生长发育规律，具有灵动的自然美。植物线条相对较柔和、活泼，种植以后，可软化建筑物硬线条的不良影响，还可以缓解视觉上的单调感。植物与建筑的配置是自然美与人工美的结合，应力求处理得当，使二者关系变得和谐一致。植物所能赋予的视觉感官上的丰富色彩、柔和多变的线条、优美各异的姿态都能增添建筑的美感，使其产生的感染力生动活泼且富有季节变化，体现出一种动态的均衡感，使建筑与周围的环境更为和谐、融洽。

园林植物与建筑组景设计

（2）要符合建筑的性质和功能

园林建筑类型多样、形式灵活，建筑旁的植物配置应与建筑的风格协调统一，符合其性质和功能。不同建筑的不同部位，要求选择不同的植物，采取不同的配置方式，以衬托建筑，协调和丰富建筑物构图。同时，也要考虑植物的生态习性、文化内涵，以及植物和建筑环境的协调性。北方古典园林建筑雄伟，具有体量宏大、色彩浓重、布局严整、等级分明的特点，常选择姿态苍劲、意境深远的中国传统树种，且一般多规则式种植，如配置白皮松、油松、圆柏等常绿树种，象征国家的兴盛不衰、万古长青，配置玉兰、海棠、迎春花、牡丹、桂花，寓意"玉堂春富贵"；江南古典园林面积不大，建筑体量小，色彩淡雅，植物配置求"诗情画意""咫尺山林"，多注重细节，宜选用观赏价值高、有韵味的乔木和灌木进行配置，如拙政园"秫香馆"旁的植物配置（图3-3-1）。

寺观园林建筑多以庙堂为主，庄严、肃穆而且神秘，因此一般多用白皮松、油松、圆柏、青檀、七叶树、银杏、槐、海棠、玉兰、牡丹、竹等植物对植、列植或林植以烘托气氛，增加场地的隐蔽性。纪念性建筑的植物配置多用白皮松、油松、圆柏、槐、七叶树、银杏，来象征革命先烈高风亮节的品格和永垂不朽的精神，也表达了人民对先烈的怀念和敬仰，且多列植和对植于建筑前以突出建筑庄严肃穆的特点。

（3）要提升建筑的内涵

利用植物诗情画意的意境与建筑巧妙结合，可以使园林建筑环境具有生命力，提升建筑内涵。在不同的区域栽植不同的植物或突出地方植物特点，形成区域景观的特征，增加园林的丰富性。如苏州留园的"闻木樨香轩"，周边环绕桂花，花开时分异香扑鼻，意境幽雅；拙政园的"留听阁"，四周开窗，阁前置平台，秋季赏荷听雨，别有一番风味（图3-3-2）。

2. 建筑外环境的植物景观设计

（1）建筑入口的植物景观设计

建筑入口处绿化首先要满足功能要求，不要影响人流与车流的正常通行及阻挡行进的视线，同时要反映出建筑的特点。植物选择应优先考虑株形优美、色彩鲜明、具有芬芳气息

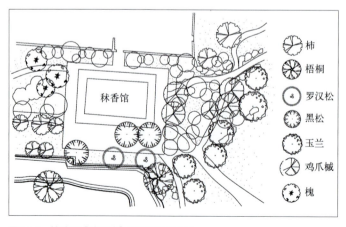

图3-3-1 拙政园"秫香馆"植物配置平面图

的类型，多与台阶、花台、花架等相结合进行绿化配置，以达到强化入口标志性的作用（图3-3-3）。在一些大型公共建筑入口前最好还能设计出层次鲜明的造型，采用大型植物以及分层次的地被彩带；而在私人住宅入口则应营造出亲切宜人的小尺度空间。同时可以充分利用门的造型，以门为框，结合植物景观增加景深，延伸空间。

（2）建筑基础的植物景观设计

建筑基础的种植应考虑建筑的采光问题，不能离得太近，不能太多地遮挡建筑的立面，同时还应考虑建筑基础不能影响植物的正常生长。一般多选用灌木、花卉等进行绿化布置，亦可种植爬山虎、络石等攀缘植物对墙面进行垂直绿化。在墙基保护方面，要求在墙基3m以内不种植深根性乔木或灌木，而应种植根较浅的草本或灌木。

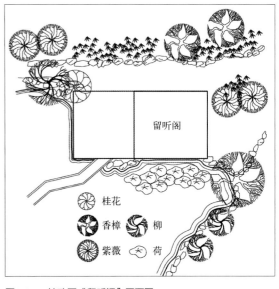

图3-3-2　拙政园"留听阁"平面图

（3）建筑窗边的植物景观设计

窗前绿化要综合考虑室内采光、通风、噪声、视线干扰等因素，一般在近窗种植低矮花灌木或设置花坛，通常在离住宅窗前5m之外才能分布高大乔木，可以选择株形优美、季相变化丰富、能诱鸟的芳香植物。同时窗外植物常被利用作为窗户框景的重要内容，安坐室内，透过

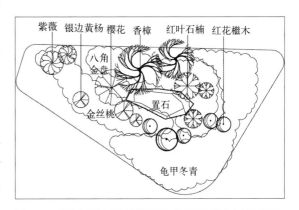

图3-3-3　建筑入口处丰富的植物层次在色彩和形态上遥相呼应

窗框外的植物配置，可欣赏到一幅生动画面。由于窗框的尺度是固定不变的，植物却不断生长，体量随着生长而增大，会破坏原来的画面，因此，要选择生长缓慢、变化不大的植物，如芭蕉、南天竹、苏铁、棕竹等种类，近旁可再配些尺度不变的斧劈石、湖石，增添其稳定感，这样有动有静，构成相对稳定持久的画面。

（4）建筑墙面的植物景观设计

园林中通常以墙面为"纸"、以观赏植物为"画"组成画卷（图3-3-4）。一般的墙垣都是用藤本植物或经过整形修剪及绑扎的观花、观果的灌木，甚至用极少数的乔木来美化墙面，辅以各种球根、宿根花卉作为基础栽植。一些深色或暗色的墙面前，宜配置些开浅色花的植物，如木绣球，使硕大饱满圆球形的白色花序明快地跳跃出来，也起到了扩大空间的视觉效果。一些山墙、城墙若用薜荔、何首乌等植物覆盖遮挡，则会极具自然之趣。在一些窗格墙或虎皮墙前，宜选用草坪和低矮的花灌木以及宿根、球根花卉，高大的花灌木则会遮挡墙面的美观而喧宾夺主。

建筑墙面在进行绿化时还要考虑墙体的朝向问题。墙体的朝向不同意味着墙体接受阳光照射的强度不同，应根据植物对光的需求确定绿化植物种类。东西墙前可选用具有气生根和吸盘的攀缘植物直接吸附墙面进行垂直绿化，以减少夏季日晒，也可利用树冠高大、分枝点低的落叶乔木，以降低室内气温，美化墙面。建筑南面光照充足，门窗多，一般不采用墙面垂直绿化，而是利用良好的小气候环境，配置色彩鲜艳的喜光植物，同时配置落叶的庭荫树以利于夏季遮阳。北墙环境最差，日照时间短，四季阴凉，是冬季寒风的迎风面，一般不进行垂直绿化，而是利用高大的常绿树和耐阴的植物进行复层绿化，阻挡冬季寒风。

（5）建筑角隅的植物景观设计

建筑的角隅相对僻静且线条生硬，用植物配置进行软化和美化很有效果。一般宜选择观果、观花、观干种类成丛种植，可配置成花池、花境、竹石小景、树石小景等。由墙角到外侧可呈扇形展开，植株由高到低，往往选用一些浅根性的大型植株作为装饰墙体内侧的植物（如竹、芭蕉、棕榈等），外侧采用花灌木或观赏草作为第二个层次，将视线完全吸引到茂密的植物景观中。同时由于建筑角隅采光、通风、土质条件较差，因此植物要选择耐阴、抗性强的种类（图3-3-5）。

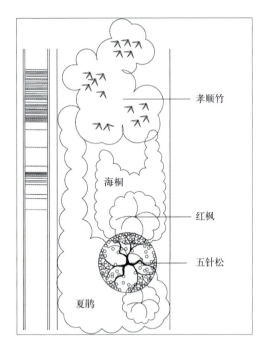

图3-3-4 建筑墙面的植物景观设计

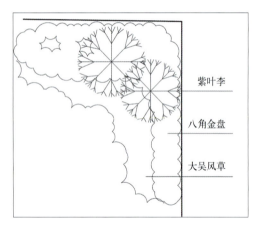

图3-3-5 建筑角隅的植物配置（由高到低呈扇形展开）

3. 建筑小品的植物景观设计

（1）亭的植物景观设计

亭旁的植物景观设计应从亭的造型、主题、位置上考虑，达到统一、和谐的目的。从亭的造型上考虑，应选择与亭的造型相协调的植物，例如，亭的攒尖较尖、挺拔、俊秀，应选择圆锥形、圆柱形植物，如枫香、毛竹、圆柏、侧柏等竖线条为主的植物；从亭的主题上考虑，应选择能充分体现其主题的植物，如碑亭附近的植物应结合碑文配置意境植物；从亭的位置考虑，应结合其功能选择合适的植物，如路亭周围可配置多种乔木、灌木，形成幽静的歇憩环境，但在有佳景可观的方向，要适当留出使人视线远伸赏景的空间。

亭旁植物景观设计的常用布置方法有两种：一是在亭的周围广植林木，亭在林中若隐若现，有深幽之感，如拙政园的"听松风处"，亭周边遍植黑松（图3-3-6），又如现代公园里亭周围常种植玉兰、夹竹桃等植物；二是在亭旁孤植少量大乔木，再辅以低矮的花灌木和草本花卉，在亭中既可庇荫休息，又可赏花（图3-3-7）。

园林植物与园林小品组景设计

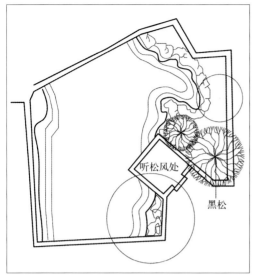
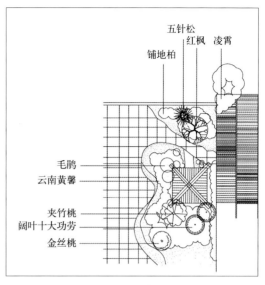

图3-3-6 拙政园"听松风处"平面图　　图3-3-7 亭旁配置少量乔木，辅以低矮的花灌木和草本花卉

（2）花架的植物景观设计

花架要与植物材料相适应，配合植株的大小、高低、轻重与枝干的疏密来选择格栅的宽度。若植物配置得当，定能成为人们消夏庇荫的好场所。否则，就会出现有架无花或花架的大小与植物生长不适应，致使植物不能布满全架或花架体量不能满足植物生长需要等问题，从而削弱花架的观赏效果和实用价值。

目前，适于花架的藤本植物有上百种，常用的有紫藤、木香、凌霄花等开花观果植物。由于它们的生长习性（如生长速度，枝条长短，叶和花的色彩、形状）和攀缘方式不同，因此，进行植物配置时，要结合花架的形状、大小、立地的光照条件、土壤酸碱度以及花架在园林中的功能作用等因素来综合考虑。如果花架高大、坚固，可栽种木质的紫藤、凌霄、南蛇藤等。如北京陶然亭公园中心岛处的花架，配置了花色清雅的紫藤。若花架体量稍小，且处于光照不足的阴凉处，则宜选耐阴喜湿的藤本植物。

（3）围墙的植物景观设计

围墙的功能主要是分隔空间、丰富景致层次及控制和引导游览路线等，是空间构图的一个重要手段。围墙与植物搭配，是用攀缘植物或其他植物装饰墙面的一种立体绿化形式。通过植物在墙面上垂挂和攀缘，既可遮挡生硬单调的墙面，又可展示植物的枝、叶、花、果，使自然气氛倍增（图3-3-8）。另外，在墙前植树，使树木的光影上墙，以墙为"纸"，以植物的姿态作"画"，也是墙面绿化的一种形式。最典型的是我国江南园林中白墙前的植物配置，常用的植物有色彩鲜艳的红枫、山茶、杜鹃花、南天竹或色彩柔和的木香花等。有时为显示植物的姿态美，也常选用一丛芭蕉、数竿修竹。还可将几种攀缘植物和花灌木相配，使其在形态和色彩上互相弥补和衬托，丰富墙面的景观和色彩。图3-3-9所示是拙政园"海棠春坞"景观，粉墙前种植海棠、竹，再配以湖石，湖石上镶嵌沿阶草，整个景观朴素而雅致。

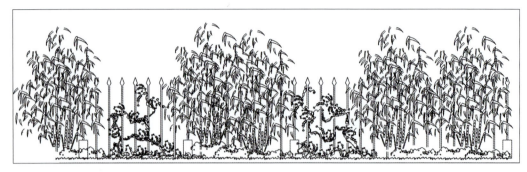

图3-3-8 竹和蔷薇美化围墙

图3-3-9 拙政园"海棠春坞"小景

（4）园椅、园凳的植物景观设计

园椅的主要功能是供游人休息，因而其周围环境要舒适、恬静。园椅边的植物配置应该要做到夏可庇荫、冬不蔽日。所以园椅设在落叶大乔木下不仅可以带来阴凉，植物高大的树冠也可以作为赏景的"遮光罩"，使透视远景更加明快清晰，使休息者感到空间更加开阔。在比较开阔的地段可以孤植伞形大乔木，如果采用丛植，株数不要超过7株，否则会有阴暗的感觉；也可以篱植小灌木，形成半围合空间，营造安静氛围；周围也可以设花丛，要选用香味淡雅的花卉，味道过浓则给人产生昏昏欲睡的感觉；当然，也可以与花坛、花台、花池相结合，形成一体，延伸空间。

（5）雕塑的植物景观设计

雕塑周围的植物配置应注意与雕塑本身在色彩、形体上对比强烈一些，以突出雕塑，突出主体，其中背景的处理尤为重要。常用手法有：以各种浓绿的植物作为浅色雕塑的背景，如北京植物园中牡丹园的牡丹仙子雕塑，即以紫叶李为背景，周围植以牡丹，主题突出，色彩丰富；而青铜色等深色雕塑则应配以浅色植物或以蓝天为背景。此外，对于不同主题的雕塑，还应采取不同的种植方式和相应的树种。如在纪念性雕塑周围宜采用整齐的绿篱、花坛及行列式种植，并以体形整齐的常绿树种为宜。对于主题及形象比较活泼的雕塑小品，宜用比较自然的种植方式，在植物的树形、姿态、叶形、色彩等方面，则应选择比较潇洒自由的形式。

🍃 任务实施

（1）测量并绘制某城市绿地植物与建筑小品组景设计现状图。

（2）根据建筑小品植物景观设计的设计要点分析该绿地植物与建筑小品组景设计的适宜性，填入表3-3-1。

表 3-3-1　建筑小品与植物组景设计

建筑不同部位		树种统计	功能分析	生态性分析	景观效果分析	
					高度搭配	季相景观
入口						
基础						
窗边						
墙面						
角隅						
建筑小品	亭					
	花架					
	围墙					
	园椅、园凳					
	雕塑					

巩固训练

以小组为单位，测量并绘制某城市绿地植物与建筑小品组景设计现状图，根据建筑小品植物景观设计的设计要点分析该绿地植物与建筑小品组景设计的适宜性。

考核评价

表 3-3-2　评价表

评价类型	项　目	子项目	组内自评	组间互评	教师点评
过程性评价（70%）	专业能力（50%）	植物与建筑小品组景设计适宜性分析能力（40%）			
		现状图表现能力（10%）			
	社会能力（20%）	工作态度（10%）			
		团队合作（10%）			
终结性评价（30%）	调查报告的准确性（10%）				
	调查报告的规范性（10%）				
	调查报告的完整性（10%）				
评价/评语	班级：　　　　　　姓名：　　　　　　第　　组　　总评分：　　　　　　　　教师评语：				

任务3-4　园林植物与山石组景设计

【知识目标】

（1）识记和理解山石植物景观设计要点。

（2）归纳园林植物与山石的常用组景形式。

【技能目标】

（1）能够应用山石植物景观设计相关理论分析城市绿地中植物与山石组景设计的适宜性。

（2）能够根据山石植物景观设计的设计要点进行具体项目的组景设计。

工作任务

【任务提出】

选取某公园，调查其植物与山石组景设计形式，并绘图表示。

【任务分析】

根据山石植物景观设计的设计要点，分析该公园中的植物与山石组景设计的适宜性。

【任务要求】

完成某公园中植物与山石组景设计适宜性的调查报告一份（含现状平面图）。

【材料及工具】

测量仪器、手工绘图工具、绘图纸、绘图软件（AutoCAD）、计算机等。

知识准备

1. 各类园林山体植物景观设计

在园林中，当利用山石与植物组景时，要根据山石本身的特征和周边的具体环境，精心选择植物的种类、形态、高低、大小以及不同植物之间的搭配形式，使山石和植物组景达到最自然、最美的景观效果。柔美丰盛的植物可以衬托山石的硬朗和气势；而山石的辅助点缀又可以让植物显得更加富有神韵，植物与山石相得益彰地配置，能营造出丰富多彩、充满灵韵的景观。

（1）土山

园林中的土山就是主要用土堆筑的山。天际线的塑造成为山体植物景观的首要内容，宜采用高低不一的异龄树，打破平直的林冠线，加上连绵起伏的山峰轮廓，使天际线具有韵律节奏而且更富于变化。在色彩上，适当采用变叶树种，丰富季相变化。乔木、灌木、草本、藤本、竹类均可以在土山上配置，可以配置单纯树种，也可以多树种混合配置。土山设计还应着重于山林空间的营造，往往不考虑山形的具体细节，而是加强植物景观的艺术效果，让人有置身山林的感受，同时借山岭的自然地势划分景区，每个区域突出一两个树种，形成特色景区。应注重保护原有的天然植被，以乡土树种为主，模仿当地气候带的自然植被分布规律进行植物景观设计，体现浓郁的地方特色。

①山顶植物配置　人工堆砌的山体，山峰与山麓高差不大，为突出其山体高度及造型，山脊线附近应植以高大的乔木，山坡、山沟、山麓则应选用较为低矮的植物。山顶植以大片花木或色叶树，可形成较好的远视效果；山顶若筑有亭、阁，其周围可配以花木丛或色叶树，烘托景物并形成坐观的近景。山顶植物配置的适宜树种有白皮松、油松、黑松、马尾松、侧柏、圆柏、毛白杨、青杨、刺槐、臭椿、栾树、火炬树等。

②山坡、山谷植物配置

山坡植物配置　应强调山体的整体性及成片效果。可配以色叶林、花木林、常绿林以及常绿与落叶混交林。植物景观以春季观花，夏季庇荫，秋季观果、观秋叶，冬季观枝干、观绿叶为主，要有明显的季相特征。

山谷植物配置　山谷地形曲折幽深，环境阴湿，适于喜阴湿植物生长，植物配置应与山坡浑然一体，树种应选择耐阴湿者，强调整体效果的同时突出湿地特征。如配置成松云峡、梨花峪、樱桃沟等，观赏价值很高。

③山麓植物配置　园林中山麓外往往是游人汇集的园路和广场，应用植物将山体与园路分开。一般可以低矮小灌木、藤本、地被、山石等作为山体到平地的过渡，并与山坡乔木连接，使游人经山麓上山，犹如步入幽静的山林。如以枝叶繁茂、四季常青的油松林为主，其下配以黄荆等花木，就易形成山野情趣。

（2）石山

石山的植物配置以山石为主，植物为辅助点缀。低山不宜栽高树，小山不宜配大木，以免喧宾夺主。在叠石时应预留配置植物的缝隙、凹穴，在山岗、山顶、峭壁、悬崖的石缝、石洞等浅土层中，常点缀宿根花卉，一、二年生草花及灌木、藤本、草皮等；在山坳、山脚、山沟等深土层上可以少量点缀乔木，而且要求形体低矮、姿态虬曲。在石缝渗水的庇荫处，植以苔藓、蕨类等喜阴湿的植物。石山的植物选择要求植株低矮或匍匐，生长缓慢且抗逆性强，如高山植物、岩生植物等，多以灌木、藤本、宿根和球根花卉以及部分一、二年生花卉为主，同时要求植物的姿态和色彩有较高的观赏价值。

（3）土石山

园林中的山多是山石结合的，此类山体容易堆砌，易栽培植物，最省人工，也最容易表现自然山林野趣。常见有3种类型：大散点类、石包土类、土包石类。

①大散点类　此类山体山石散乱分布，半埋半露于土中，植物与山石的配置因地制宜、相得益彰。山麓植物配置，一般多用灌木、藤本等地被植物接近地表覆盖，适当配置小乔木，目的在于遮挡游人视线，使人看不到山冈的全体，造成幽深莫测的感觉。山腰间植高大乔木，林下植灌木、藤本覆盖地表；山顶多植乔木，适当搭配灌木，使人平视可以看到有一定景深的山林，仰视则浓荫蔽日，俯视则石骨嶙峋、虬根盘结。树种的选择应显示明显的季相特征，常绿树与落叶树保持合适的比例，落叶树比值可稍大于常绿树。

②石包土类　此类山体山石突兀、沟壑纵横，植物穿插于山石之间的土层中。土层深厚处，以乔木为主，林木繁茂；土层稀薄处，以灌木、草皮、藤本植物为主；无土之处，岩石裸露。适当配以亭台，形成峰峦叠嶂、林木苍翠、亭台相映的效果。

③土包石类　此类山体有两种配置方法：一是将山石筑成洞府或以石为地基，外表覆土，做成土包石型的山体，植物配置如同土山；二是四周山坡围土，中央山顶垒石，山坡上植物配置如同土山，但由下至上，逐渐由密到疏。

2. 孤立石植物景观设计

孤立石在园林中常成为空间的焦点，而植物的配置多是为了表现石的形态美，抑或是为了表现石与植物交错共生的整体美。

当重点突出孤立石时，植物要起到衬托的作用。一般大型的孤立石周围不植大乔木，多在石旁配置小乔木，或配置灌木，宿根花卉，一、二年生花卉以及草皮等低矮、色彩鲜艳的植物，如沿阶草、红枫、鸢尾等。通过植物的形态、大小、色彩等与孤立石对比，展现孤立石的魅力。当孤立石局部有瑕疵时，可配置藤本植物进行遮挡，或在石前植小乔木或灌木遮挡。通常选择姿态优美、叶形漂亮或叶色醒目的树种来配置，如松树、南天竹、八角金盘等。

孤立石旁的植物可孤植，与孤立石配置形成一树一石质朴自然的景观；可丛植，与孤立石配置形成立面层次错落、季相丰富的自然群落景观；或运用人工造型植物与置石配置形成人工美与自然美相结合的景观。选择具某种象征意义的花木与孤立石搭配，能让人获得特殊的意境感受。如松柏类与孤立石搭配，显示出一种苍劲有力感，寓意万古长青、坚贞不渝；竹与孤立石相拥，显示出自然飘逸感，寓意虚心有节、坚贞不屈；垂柳与孤立石相依，突显动静结合、刚柔并济的效果；芭蕉与孤立石相伴，能使人产生夜听风雨声的意境。

🍃 任务实施

（1）测量并绘制某城市绿地植物与山石组景设计现状图。

（2）根据山石植物景观设计的设计要点分析该绿地植物与山石组景设计的适宜性，填入表3-4-1。

表3-4-1　山石与植物组景设计

山石类型		树种统计	功能分析	生态性分析	景观效果分析	
					高度搭配	季相景观
土山	山顶					
	山坡、山谷					
	山麓					
石山						
土石山						
孤立石						

巩固训练

以小组为单位,测量并绘制某城市绿地植物与山石组景设计现状图,根据山石植物景观设计的设计要点分析该绿地植物与山石组景设计的适宜性。

考核评价

表 3-4-2 评价表

评价类型	项 目	子项目	组内自评	组间互评	教师点评
过程性评价 (70%)	专业能力 (50%)	对植物与山石组景设计适宜性的分析能力(40%)			
		现状图表现能力(10%)			
	社会能力 (20%)	工作态度(10%)			
		团队合作(10%)			
终结性评价 (30%)	调查报告的准确性(10%)				
	调查报告的规范性(10%)				
	调查报告的完整性(10%)				
评价/评语	班级:	姓名:	第 组	总评分:	
	教师评语:				

项目 4　树木景观设计

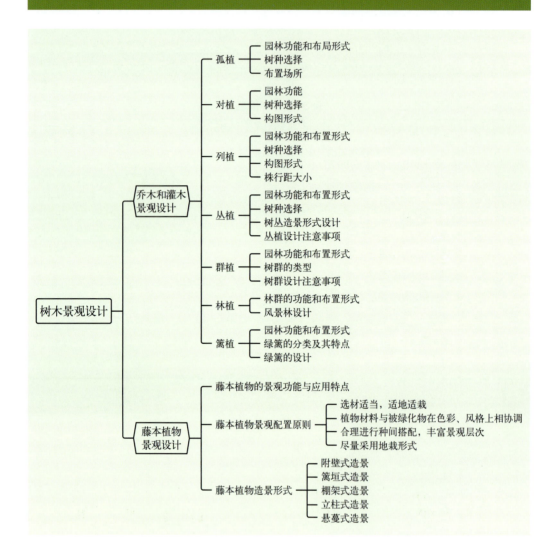

任务4-1　乔木和灌木景观设计

【知识目标】

（1）识记和理解乔木和灌木的孤植、对植、列植、丛植、群植、篱植等基本词汇的含义。

（2）列举乔木和灌木的孤植、对植、列植、丛植、群植、篱植等的设计要点。

【技能目标】

（1）能够应用乔木和灌木景观设计相关理论分析城市绿地中木本植物的配置方式。

（2）能够根据乔木和灌木景观设计要点进行具体项目的树木景观设计和绘图表达。

工作任务

【任务提出】

图 4-1-1 所示为华东地区某城市街头小游园景观设计平面图。根据植物景观设计的原则和基本方法以及小游园的功能要求，选择合适的植物种类和植物配置形式进行小游园的乔木和灌木景观设计。

【任务分析】

根据绿地环境和功能要求选择合适的植物种类进行树木景观的设计，是种植设计师职业能力的基本要求。在了解绿地的周边环境、绿地的服务功能和服务对象的前提下进行植物景观的设计，首先要了解当地常用园林植物的生态习性和观赏特性，掌握乔木和灌木的配置方法和设计要点等内容。

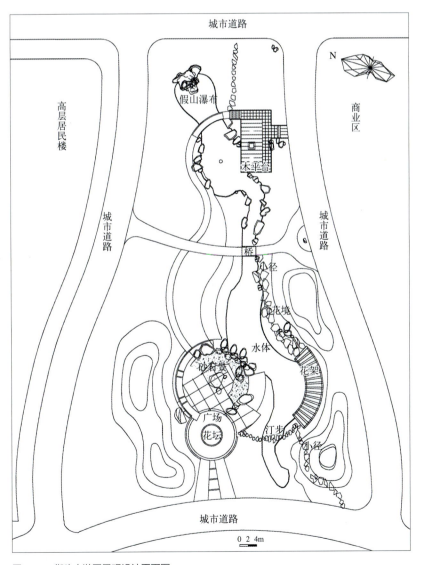

图4-1-1 街头小游园景观设计平面图

【任务要求】

(1) 选择的植物适宜当地室外生存条件,满足其景观和功能要求。

(2) 正确采用树木景观构图基本方法,灵活运用植物景观设计的基本方法,树种选择合适,配置符合规律。

(3) 立意明确,风格独特。

(4) 完成街头小游园树木景观设计平面图,图纸绘制规范。

【材料及工具】

测量仪器、手工绘图工具、绘图纸、绘图软件(AutoCAD)、计算机等。

知识准备

1. 孤植

孤植是乔木或灌木的孤立种植类型。孤植树又称为独赏树、标本树或赏形树。

孤植

(1) 园林功能和布局形式

孤植是中西园林中广为采用的一种自然式种植形式,主要表现树木的个体美。在园林功能上,一是单纯作为构图艺术上的孤植树;二是作为园林中庇荫和构图艺术相结合的孤植树。在设计中多处于绿地平面的构图中心或构图的自然重心上而成为主景,也可起引导视线的作用,并可烘托建筑、假山或水景,具有强烈的标志性、导向性和装饰作用。若选择得当、配置得体,孤植树可起到画龙点睛的作用(图4-1-2、图4-1-3)。孤植一般采取单独栽植的方式,但也有用 2~3 株合栽,组成一个单元,形成整体树冠,这种情况下,合栽的树必须是同一种树。

(2) 树种选择

孤植树作为景观主体、视觉焦点,一定要具有与众不同的观赏效果。适宜作孤植树的树种,一般需树木高大雄伟,树形优美,具有特色,且寿命较长,通常为具有美丽的花、果、树皮或叶色的种类。在选择树种时,可从以下几个方面考虑。

① 树形高大,树冠开展 如槐、悬铃木、银杏、油松、合欢、香樟、榕树、无患子等。

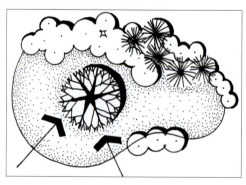

图4-1-2 开敞草坪中的孤植树常为主景

图4-1-3 孤植树在植物丛中作主景树

②姿态优美，寿命长　如雪松、罗汉松、白皮松、金钱松、垂柳、龙爪槐、蒲葵、椰子、海枣等。

③开花繁茂，芳香馥郁　如玉兰、樱花、广玉兰、栾树、桂花、梅、海棠、紫薇、凤凰木等。

④硕果累累　如木瓜、柿、柑橘、柚子、枸骨等。

⑤彩叶树木　如乌桕、枫香、黄栌、银杏、白蜡、五角枫、三角枫、鸡爪槭、白桦、紫叶李等。

为尽快达到孤植树的景观效果，进行绿地植物景观设计时，最好选胸径8cm以上的大树，也可利用原地的成年大树作为孤植树。如果绿地上已有上百年或数十年的大树，必须使整个绿地的构图与这种有利条件结合起来。

选择孤植树除了要考虑造型美观、奇特之外，还应该注意植物的生态习性，不同地区可选择的植物有所不同。

（3）布置场所

孤植树往往是园林局部构图的主景，规划时位置要突出。孤植树种植的地点，要求比较开阔，不仅要保证树冠有足够的空间，而且要有比较合适的观赏视距和观赏点，让人有足够的活动场所和恰当的欣赏位置。一般适宜的观赏视距为大于或等于4倍的树木高度（图4-1-4）。最好还要有天空、水面、草地等自然景物作背景衬托，以突出孤植树在形体、姿态等方面的特色。孤植树的位置可选择以下几处。

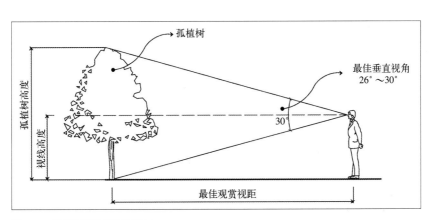

图4-1-4　孤植树观赏视距的确定

①开阔的大草坪或林中空地构图的重心　开阔的大草坪是孤植树定植的最佳地点，但孤植树一般不宜种植在草坪的几何中心，而应偏于一端，安置在构图的自然重心上，与草坪周围的景物取得均衡与呼应的效果（图4-1-5）。也可将2株或3株树紧密种植在一起，如同具有丛生树干的一株树，以增强其雄伟感，满足风景构图的需要。

②开阔的水边或可眺望远景的山顶、山坡　孤植树以明亮的水色作背景，孤植树下斜的枝干自然也成为各种角度的框景（图4-1-6）。孤植树配置在山顶或山岗上，既有良好的观赏效果，又能起到改造地形、丰富天际线的作用。

③桥头、自然园路或河溪转弯处　孤植树可作为自然式园林的诱导树、焦点树,以诱导游人进入另一景区(图4-1-7)。特别在深暗的密林背景下,配以色彩鲜艳的花木、红叶或黄叶树种,格外醒目。

④建筑庭院或广场的构图中心　孤植树可布置在建筑、庭院或广场的构图中心,成为视线焦点。

⑤花坛、树坛的中心　花坛、树坛中的孤植树要求丰满、完整、高大,具有宏伟的气势(图4-1-8)。

孤植树作为园林构图的一部分,必须与周围的环境和景物相协调。开阔空间如开敞宽广的草坪、高地、山岗或水边应选择高大的乔木作为孤植树,并要注意树木的色彩与背景的差异性。狭小的空间如小型林中草坪、较小水面的水滨以及小庭院中应选择体形与线条优美、色彩艳丽的小乔木或花灌木作为主景。

2. 对植

对植是指两株或两丛相同或相似的树,按照一定的轴线关系,做相互对称或均衡配置

图4-1-5　草坪中的孤植树

图4-1-6　以水面为背景的孤植树

图4-1-7　道路转弯处的孤植树起引导作用

图4-1-8　树坛中的孤植树起标志性作用

图4-1-9　厅堂前龙爪槐对植

图4-1-10　入口处整形黄杨对植

的种植方式。

（1）园林功能

对植常用于建筑物前、广场入口、大门两侧、桥头两旁、石阶两侧等，起烘托主景的作用，给人一种庄严、整齐、对称和平衡的感觉，或形成配景、夹景，以增强透视的纵深感。对植的动势向轴线集中。

（2）树种选择

对植多选用树形整齐优美、生长缓慢的树种，以常绿树为主，但很多花色、叶色或姿态优美的树种也适于对植。常用的有松柏类、云杉、桂花、玉兰、广玉兰、香樟、槐、银杏、碧桃、西府海棠、垂丝海棠、龙爪槐等，或者选用可进行整形修剪的树种进行人工造型，以便从形体上取得规整对称的效果，如整形的黄杨、大叶黄杨、石楠、海桐等也常用于对植（图4-1-9、图4-1-10）。

（3）构图形式

①对称栽植　将树种相同、大小相近的乔木或灌木对称配置于中轴线两侧，两树连线与轴线垂直并被轴线等分。这种对植常在规则式种植构图中应用，多用于宫殿、寺庙、纪念性建筑前，体现一种肃穆气氛（图4-1-11）。

②非对称式栽植　树种相同或近似，大小、姿态、数量有差异的两株或两丛植物在主轴线两侧进行不对称均衡栽植。动势向中轴线集中，与中轴线垂直距离是大树近，小树远。非对称式栽植常用于自然式园林入口、桥头、假山登道、园中园入口两侧，既给人以严整的感觉，又有活泼的效果，布置比对称栽植灵活（图4-1-12）。

3. 列植

列植是乔木或灌木按照一定的株距成行栽植的种植形式，有单行、环状、顺行、错行等类型（图4-1-13）。列植形成的景观比较整齐、单纯、气势庞大，韵律感强。如行道树栽植、基础栽植、"树阵"布置，就是其应用形式。

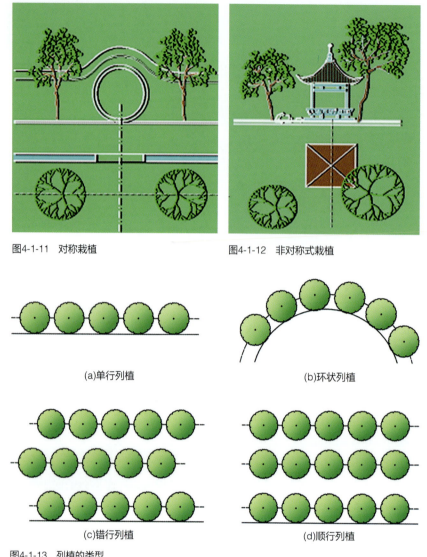

图4-1-11 对称栽植　　　　图4-1-12 非对称式栽植

(a)单行列植　　　　(b)环状列植

(c)错行列植　　　　(d)顺行列植

图4-1-13 列植的类型

（1）园林功能和布置形式

列植在园林中可发挥联系、隔离、屏障等作用，可形成夹景或障景，多用于公路、城市道路、广场、大型建筑周围、防护林带、水边，是规则式园林绿地中应用最多的基本栽植形式（图 4-1-14 至图 4-1-17）。

（2）树种选择

列植宜选用树冠比较整齐、枝叶繁茂的树种，如圆形、卵圆形、椭圆形、塔形等的树冠。道路边的树种要求有较强的抗污染能力，在种植上要保证行车、行人的安全，还要考虑树种生态习性、遮阴功能和景观功能。常用的树种中，大乔木有油松、银杏、槐、白蜡、元宝枫、悬铃木、香樟、合欢、榕树等；小乔木和灌木有丁香、黄杨、西府海棠、木槿、石楠等；绿篱多选用圆柏、侧柏、大叶黄杨、雀舌黄杨、金边黄杨、红叶石楠、小檗、金叶女贞、石楠等分枝性强、耐修剪的树种。

图4-1-14 道路上的列植

图4-1-15 树阵广场

（3）构图形式

列植分为等行等距和等行不等距两种形式。等行等距的种植从平面上看是正方形或正三角形，多用于规则式园林绿地或混合式园林绿地中的规则部分。等行不等距的种植从平面上看种植点呈不等边的三角形或四边形，多用于园林绿地中规则式向自然式的过渡地带，如水边、路边、建筑旁等。

（4）株行距大小

株行距大小依树种的种类、用途和苗木的规格以及所需要的郁闭度而定。一般而言，大乔木的株行距为5～8m，中、小乔木为3～5m；大灌木为2～3m，小灌木为1～2m；绿篱的种植株距一般为30～50cm，行距也为30～50cm。

列植多应用于硬质铺装及地上、地下管线较多的地段，所以在设计时要考虑多方情况，要注

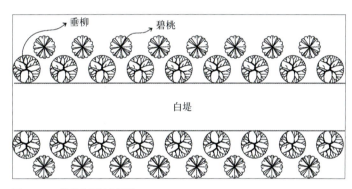

图4-1-16 杭州白堤植物列植

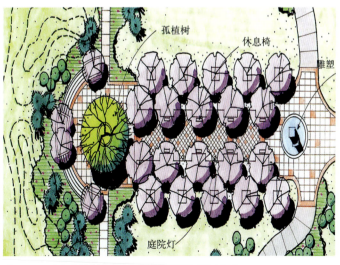

图4-1-17 广场上植物列植

意处理好与其他因素的矛盾。如周围建筑和地下、地上管线等,应适当调整距离,保证设计技术要求的最小距离。

4. 丛植

由 2~3 株至 10~20 株同种或异种的树种做不规则近距离组合种植,其林冠线彼此密接而形成一个整体,这样的栽植方式为丛植。

丛植

(1) 园林功能和布置形式

丛植是自然式园林中最常用的方法之一,它以反映树木的群体美为主,这种群体美又要通过个体之间的有机组合与搭配来体现,彼此之间既有统一的联系,又有各自的形态变化。丛植整体上要密植,局部又要疏密有致。在空间景观构图上,树丛常作局部空间的主景,或配景、障景、隔景等,还兼有分隔空间和遮阴的作用(图 4-1-18、图 4-1-19)。

树丛常布置在大草坪中央、土丘、岛屿等地作主景,或在草坪边缘、水边点缀;也可布置在园林绿地出入口、道路交叉和转弯的部分,诱导游人按设计路线欣赏园林景色;可用在雕像后面,作为背景和陪衬,烘托景观主题;运用写意手法,几株树木丛植,姿态各异,相互趋承,便可形成一个景点或构成一个特定空间。

(2) 树种选择

丛植讲究植物的组合搭配效果,基本原则是"草本花卉配灌木,灌木配乔木,浅色配深色",通过合理搭配形成优美的群体景观。以遮阴为主要目的的树丛常选用乔木,并多用单一树种,如香樟、朴树、榉树、槐,树丛下也可适当配置耐阴花灌木。以观赏为目的的树丛,为了延长观赏期,可以选用几种树种,并注意树丛的季相变化,最好将春季观花、秋季观果的花灌木以及常绿树种配合使用,并可于树丛下配置耐阴地被。例如,在华北地区,"油松–元宝枫–连翘"树丛或"黄栌–丁香–珍珠梅"树丛可布置于山坡,"垂柳–碧桃"树丛则可布置于溪边池畔、水榭附近形成桃红柳绿的景色。

(3) 树丛造景形式设计

①两株配置 两株树必须既有调和,又有对比,使两者成为对立的统一体。因此,两

图 4-1-18 草坪上玉兰树丛

图 4-1-19 水边多种树种的丛植

株配置首先必须有通相，即采用同一种树或外形相似树种；同时，两株树必须有殊相，即在姿态、大小、动势上有差异，使两者构成的整体活泼起来。如明朝画家龚贤所论"二株一丛，必一俯一仰，一猗一直，一向左一向右，一有根一无根，一平头一锐头，二根一高一下"。两株树的栽植距离应该小于两树冠半径之和，以使之成为一个整体（图4-1-20至图4-1-22）。

②三株配置（图4-1-23）

相同树种：3株树的配置分成两组，数量之比是2∶1，体量上有大有小。单株成组的树木在体量上不能为最大，以免造成机械均衡而没有主次之分。

不同树种：如果是两种树，最好同为常绿树，或同为落叶树，或同为乔木，或同为灌木。3株数的配置分成两组，数量之比是2∶1，体量上有大有小，其中大、中者为一种树，距离稍远，最小者为另一种树，与大者靠近。

构图：3株树的平面构图为任意不等边三角形，不能在同一直线上或为等边三角形或等腰三角形。

③四株配置（图4-1-24）

相同树种：4株树木的配置分两组，数量之比为3∶1，切忌2∶2，体量上有大有小，单株成组的树木既不能为最大，也不能为最小。

不同树种：四株配置最多为两种树，并且同为乔木或灌木。4株树木的配置分成两组，数量之比为3∶1，体量上有大有小，树种之比是3∶1，切忌2∶2。单株树种的树木在体量上既不能为最大，也不能为最小，不能单独成组，应在3株的一组中，并位于整个构图的重心附近，不宜偏置一侧。

构图：4株树的平面构图为任意不等

图4-1-20 两株树丛植平面图和立面图

图4-1-21 两株树丛植大小的差异

图4-1-22 两株树丛植动势的呼应

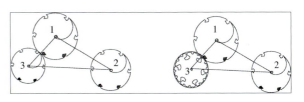

图4-1-23 3株树丛构图与分组形式

注：数字表示植株大小，1号树最大，2号树次之，以此类推。下同。

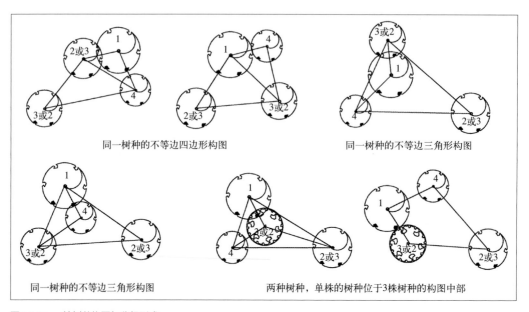

图4-1-24　4株树丛构图与分组形式

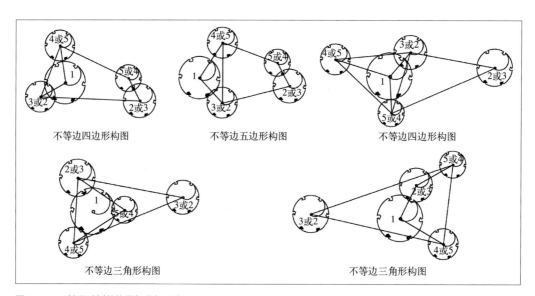

图4-1-25　5株同种树丛构图与分组形式

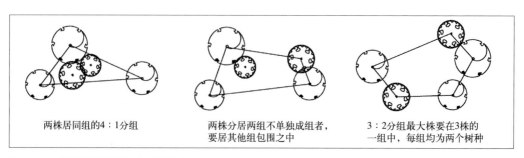

图4-1-26　5株不同种树丛构图与分组形式

边三角形和不等边四边形，遵循非对称均衡原则，忌 4 株成一条直线或成正方形、菱形、梯形。

④五株配置（图 4-1-25、图 4-1-26）

相同树种：5 株树木的配置分两组，数量之比为 4 : 1 或 3 : 2，体量上有大有小。数量之比为 4 : 1 时，单株成组的树木在体量上既不能为最大，也不能为最小。数量之比是 3 : 2 时，体量最大一株必须在 3 株的一组中。

不同树种：5 株配置最多为两种树，并且同为乔木或灌木。5 株树木的配置分成两组，数量之比为 4 : 1 或 3 : 2，每株树的姿态、大小、株距都有一定的差异。如果数量之比是 4 : 1，单株树种的树木在体量上既不能为最大，也不能为最小，不能单独成组，应在 4 株的一组中。如果数量之比为 3 : 2，两种树种应分散在两组中，体量大的一株应该在 3 株的一组中。

构图：5 株树的平面构图为任意不等边三角形、不等边四边形或不等边五边形，忌 5 株排成一条直线或成正五边形。

⑤六株及以上配置（图 4-1-27） 实际上就是两株、3 株、4 株、5 株几个基本形式的相互合理组合。6 株树木的配置，数量之比 4 : 2 或 5 : 1；7 株树木的配置，数量之比 4 : 3 或 5 : 2；8 株树木的配置，数量之比 5 : 3 或 6 : 2；9 株树木的配置，数量之比 6 : 3 或 7 : 2 或 5 : 4。6～9 株树木的配置，其树种数量最好不要超过两种。10 株以上树木配置，其树种数量最好不要超过 3 种。

（4）丛植设计注意事项

• 树丛应有一个基本的树种，树丛的主体部分、从属部分和搭配部分清晰可辨（图 4-1-28）。

• 同一树种组成的树丛，植物在外形和姿态方面应有所差异，既要有主次之分，又要相互呼应。不同树种组成的树丛，树木形象的差异不能过于悬殊，但又要避免过于雷同。树丛的立面在大小、高低、层次、疏密和色彩方面均应有一定的变化。

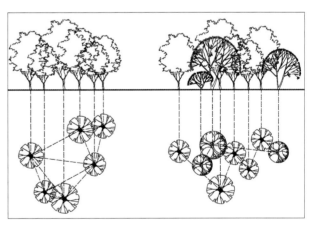

图4-1-27 6株以上树种树丛构图与分组形式

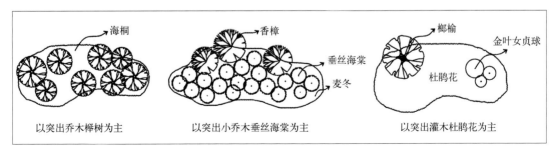

图4-1-28 树丛配置主体突出

- 种植点在平面构图上要达到非对称均衡，并且树丛的周围应给观赏者留出合适的观赏点和足够的观赏空间。一般树丛前要留出 3～4 倍的观赏视距，在主要观赏面甚至要留出 10 倍以上树高的观赏视距。
- 树丛可以作为主景，也可作为背景或配景。作为主景时的要求同孤植树一样，树丛也要选择合适的背景。如果树丛作为背景或者配景，则应选择花色、叶色等不鲜明的植物，避免喧宾夺主。
- 丛植应根据景观的需要选择植物的规格和树丛体量。在开阔的草坪上，如果想要创造亲近、温馨的感觉，可布置高大的树丛；而如果想增加景深，则可以布置矮小的灌木。

5. 群植

由二三十株至数百株的乔木、灌木成群配置时称为群植，其群体称树群。树群可由单一树种组成，亦可由数个树种组成。

群植和林植

（1）园林功能和布置形式

树群所表现的主要为群体美，观赏功能与树丛相似，在园林中可作背景用，在自然风景区中亦可作主景（图 4-1-29、图 4-1-30）。树群的组合方式一般采用郁闭式、成层的组合，树群内部通常不允许游人进入，因此不利于作庇荫休息之用，但树群的北面，树冠开展的林缘部分，仍可作庇荫之用。

树群应布置在有足够面积的开阔的场地上，如靠近林缘的大草坪、宽广的林中空地、水中的小岛上、宽广水面的水滨、小山的山坡、土丘上等，其观赏视距至少为树高的 4 倍。

（2）树群的类型

① 单纯树群　由一种树木组成，为丰富其景观效果，树下可用耐阴地被如玉簪、萱草、麦冬、常春藤、蝴蝶花等。

② 混交树群　具有多重结构，层次性明显，水平与垂直郁闭度均较高，为树群的主要形式。可分为 5 层（乔木、亚乔木、大灌木、小灌木、草本）或 3 层（乔木、灌木、草本）。与纯林相比，混交林的景观效果较为丰富，并且可以避免病虫害的传播。

③ 带状树群　当树群平面投影的长度大于 4∶1 时，称为带状树群（图 4-1-31），在园林中多用于组织空间。既可是单纯树群，又可是混交树群。

图 4-1-29　池杉树群秋景

图 4-1-30　棕榈树群表现热带风光

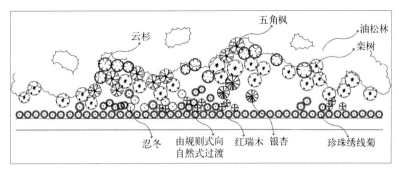

图4-1-31 带状树群

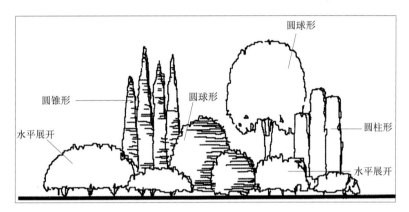

图4-1-32 不同树形植物的组合

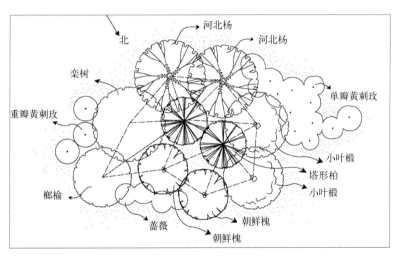

图4-1-33 北京陶然亭标本园群植实例

（3）树群设计注意事项

①品种数量 树木种类不宜太多，有1～2种骨干树种，并有一定数量的乔木和灌木作为陪衬。种类不宜超过10种，否则会显得凌乱。

②树群栽植标高 应高于草坪、道路、广场，以利于排水。

③群植属多层结构，水平郁闭度大，林内不宜游人休息，因此不应该在树群里安排园路。

④树种的选择和搭配　应选择高大、外形美观的乔木构成整个树群的骨架，以枝叶密集的植物作为陪衬，选择枝条平展的植物作为过渡或者边缘栽植，以形成连续、流畅的林冠线和林缘线。乔木层树种树冠姿态要特别丰富，亚乔木层选用开花繁茂或叶色艳丽的树种，灌木一般以花木为主，草本植物则以宿根花卉为主。通过不同树形的组合，可以形成生动活泼、对比强烈、鲜明突出的效果（图 4-1-32）。图 4-1-33 是北京陶然亭标本园，图 4-1-33 以高耸挺拔的塔柏为组团的中心，配以枝条开展的河北杨、栾树、朝鲜槐等落叶乔木，外围栽植低矮的花灌木黄刺玫、蔷薇等，整个组团高低错落、层次分明，在考虑植物造型搭配的同时，也兼顾了景观的季相变化。

另外，设计树群的时候，还应该根据生态学原理，模拟自然群落的垂直分层现象配置植物，以获得相对稳定的植物群落。第一层的乔木应为喜光树种，第二层的亚乔木应为半耐阴树种，乔木之下或北面的灌木、草本应耐阴或为阴生植物。

⑤布置方法　群植多用于自然式园林中，植物栽植应有疏有密，不宜成行、成列或等距栽植。林冠线、林缘线要有高低起伏和婉转迂回的变化。树群外围配置的灌木、花卉都应成丛分布，交叉错综，有断有续。树群的某些边缘可以配置一两个树丛及几株孤植树。

6. 林植

成片、成块地大量栽植乔木、灌木称为林植，构成的林地或森林景观称为风景林或树林。这是将森林学、造林学的概念和技术措施按照园林的要求引入自然风景区和城市绿化建设中的配置方式。

（1）林群的功能和布置形式

风景林的作用是：保护和改善环境，维持环境生态平衡；满足人们休息、游览与审美要求；适应对外开放和发展旅游事业的需要；生产某些林副产品。在园林中可充当主景或背景，起着空间联系、隔离或填充作用。此种配置方式多用于风景区、森林公园、疗养院、大型公园的安静区及卫生防护林等。

（2）风景林设计

风景林设计中，应注意林冠线的变化、疏林与密林的变化、林中树木的选择与搭配、群体内及群体与环境间的关系，以及按照园林休憩、游览的要求留有一定大小的林间空地等，特别要注意密度变化对景观的影响（图 4-1-34）。

①密林　水平郁闭度在 0.7～1.0，阳光很少透入林中，土壤湿度很大。地被植物含水量高，经不起踩踏，容易弄脏衣物，不便游人活动。密林又有单纯密林和混交密林之分。

单纯密林　是由一个树种组成的，没有丰富的季相变化（图 4-1-35）。单纯密林应选用富有观赏价值且生长强健的地方树种，简洁、壮观，适于

图 4-1-34　风景林林缘的处理

远景观赏。在种植时,可以用异龄树种,结合利用起伏地形的变化,同样可以使林冠产生变化。林内外线还可以配置同一树种的树群、树丛或孤植树,增强林缘线的曲折变化。

混交密林 是一个具有多层结构的植物群落,不同植物类型形成不同的层次,其季相变化比较丰富。供游人欣赏的林缘部分,其垂直成层构图要十分突出,但也不能全部塞满,影响游人欣赏林下特有的幽邃深远之美(图4-1-36)。密林可以有自然道路通过,但沿路两旁垂直郁闭度不可太大,必要时可以留出空旷的草坪,或利用林间溪流等水体种植水生花卉,也可以附设一些简单构筑物,以供游人做短暂的休息或躲避风雨之用。

混交密林种植,大面积的可采用片状混交,小面积的多采用点状混交。要注意常绿树与落叶树、乔木与灌木的配合比例,还有植物对生态因子的要求等。混交密林中一般常绿树占40%~80%,落叶树占20%~60%,花灌木占5%~10%。

单纯密林和混交密林在艺术效果上各有特点,前者简洁壮观,后者华丽多彩,两者相互衬托,特点突出,因此不能偏废。从生物学的特性看,混交密林比单纯密林好,园林中纯林不宜太多。

②疏林 水平郁闭度在0.4~0.6,常与草地结合,故又称草地疏林,是园林中应用最多的一种形式。疏林中的树种应具有较高的观赏价值,树冠应开展,树荫要疏朗,生长要强健,花和叶的色彩要丰富,树干要好看,常绿树与落叶树搭配要合适。树木的种植要三五成群,游人经过时不会弄脏衣服,尽可能让游人在草坪上活动。

草地疏林 在游客量不大、游人进入活动不会踩死草坪草的情况下设置。草地疏林设计中,疏林株行距应在10~20m,不小于成年树树冠直径,其间也可设林中空地。树种选择要求以落叶树为主,树荫疏朗的伞形冠较为理想,所用草种应含水量少、组织坚固、耐旱。

花地疏林 在游客量大、不进入内部活动的情况下设置。此种疏林要求乔木间距大些,以利于林下花卉植物生长。林下花卉可单一品种,也可多品种进行混交造景。花地疏林内应设自然式道路,以便游人进入游览。道路密度以10%~15%为宜,沿路可设石椅、石凳、

图4-1-35 单纯密林　　图4-1-36 混交密林

花架或休息亭等，道路交叉口可设置花丛。

疏林广场　在游客量大、需要进入疏林活动的情况下设置。林下多为铺装广场。

7. 篱植

凡是由灌木或小乔木以近距离的株行距密植，栽成单行或双行，其结构紧密的规则种植形式，称为绿篱或绿墙。绿篱的使用广泛而悠久，如我国古代就有"以篱代墙"的做法；欧洲几何式园林也大量地使用绿篱构成图案或者进行空间的分割。现代园林中，绿篱被赋予了新的含义和功能，使用也较过去更为广泛。

篱植

（1）篱植的功能和布置形式

①防护与界定　绿篱的防护和界定功能是绿篱最基本的功能，一般采用刺篱、高篱或在篱内设置铁丝的围篱形式，一般不用整形，但观赏要求较高或进出口附近仍然应用整形式。绿篱可用作组织游览路线，不能通行的地段如观赏草坪、基础种植区、规则种植区等

图4-1-37　海桐和绣线菊组成的绿篱具有空间界定功能

图4-1-38　珊瑚树绿篱具有屏障视线和分隔作用

图4-1-39　珊瑚绿篱将活动空间与其他区域分割

图4-1-40　珊瑚绿篱将规则式空间与自然式空间分割

用绿篱加以围护、界定，通行部分则留出路线（图4-1-37、图4-1-38）。

②分割空间和屏障视线　园林的空间有限，往往又需要安排多种活动用地，为减少互相干涉，常用绿篱或绿墙进行分区和屏障视线。这种绿篱最好用常绿树组成高于视线的绿墙。如把综合性公园中的儿童游乐区、露天剧场、体育运动区与安静休息区分割开来，这样可减少相互干扰（图4-1-39）。在混合式绿地中的局部规则式空间，也可用绿墙隔离，使风格对比强烈的两种布局形式彼此分开（图4-1-40）。

③作为花境、喷泉、雕像的背景　园林中常将常绿树修剪成各种形式的绿墙，作为喷泉和雕像的背景，其高度一般要高于主景，色彩上以选用没有反光的暗绿色树种为宜。作为花境背景的绿篱，一般为常绿的高篱和中篱（图4-1-41）。

④美化挡土墙或建筑物墙体　在各种绿地中，为避免挡土墙和建筑物墙体的枯燥，常在其前方栽植绿篱，避免硬质的墙面影响园林景观。一般用中篱或矮篱，可以是一种植物，也可以是两种以上植物组成高低不同的色块（图4-1-42）。

⑤作图案造景　园林中常用修剪成各种形式的绿篱作图案造景，如欧洲风格的模纹花

图4-1-41　绿篱作花境背景

图4-1-42　绿篱美化建筑物墙体

图4-1-43　绿篱的图案造景

图4-1-44　绿篱的综合运用

坛、修剪整形的仿建筑图形式的各种造景等（图4-1-43）。在城市绿地的大草坪和坡地上，可以利用不同观叶木本植物组成具有气势、尺度大、效果好的纹样。要注意纹样宽度不要过大，要利于修剪操作，留出工作小道。北京常用模纹植物为金叶女贞、紫叶小檗和小叶黄杨，上海常用模纹植物有'金森'女贞、红花檵木、金边黄杨、红叶石楠等（图4-1-44）。

（2）绿篱的分类及其特点

按照高度，绿篱可以分为矮篱、中篱、高篱、绿墙几种类型（图4-1-45、表4-1-1）。

根据观赏特性和功能不同，绿篱可分为常绿篱、落叶篱、彩叶篱、花篱、果篱、刺篱、蔓篱、编篱（表4-1-2）。

（3）绿篱的设计

①造型形式

整形式绿篱 即把绿篱修剪为具有几何形体的绿篱，其断面常剪成正方形、长方形、梯形、圆顶形、城垛、斜坡形等。整形式绿篱修剪的次数因树种生长情况及地点不同而异（图4-1-46）。

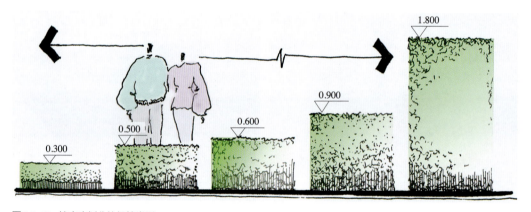

图4-1-45　按高度划分的绿篱类型

表 4-1-1　按高度划分的绿篱类型及植物选择

分类	功能	植物特性	可供选择的植物材料
矮篱 （<0.5m）	构成地界，形成植物模纹，花坛、花境镶边	植株低矮，观赏价值高或色彩艳丽，或香气浓郁，或具有季相变化	小叶黄杨、六月雪、紫叶小檗、夏鹃、龟甲冬青、雀舌黄杨、'金山'绣线菊、'金焰'绣线菊、'金森'女贞等
中篱 （0.5～1.2m）	分割空间（但视线仍然通透），防护、围合，建筑基础种植	枝叶密实，观赏效果较好	金叶女贞、小蜡、海桐、火棘、枸骨、红叶石楠、洒金桃叶珊瑚、变叶木、胡颓子等
高篱 （1.2～1.6m）	划分空间，遮挡视线，构成背景	植株较高，群体结构紧密，质感强	法国冬青、大叶女贞、圆柏、榆树、锦鸡儿等
绿墙 （>1.6m）	替代实体墙用于空间围合，多用于绿地的防范、屏障视线、分隔空间等	植株高大，群体结构紧密，质感强	龙柏、法国冬青、女贞、山茶、石楠、侧柏、圆柏、榆树等

表 4-1-2 按观赏特性和功能划分的绿篱类型及植物选择

分 类	功 能	植物特性	可供选择的植物材料
常绿篱	阻挡视线，空间分割，防风	枝叶密集、生长速度较慢、有一定耐阴性的常绿植物	侧柏、圆柏、龙柏、大叶黄杨、翠柏、冬青、珊瑚树、蚊母、小叶黄杨、海桐、月桂、茶梅、杜鹃花等
落叶篱	分割空间、围合、建筑基础种植	春季萌芽较早或萌芽力较强的植物	榆树、丝绵木、小檗、紫穗槐、沙棘、胡颓子
花篱	观花，空间分割、围合，建筑基础种植	多数开花灌木、小乔木或者花卉材料，最好兼有芳香或药用价值	绣线菊、锦带花、金丝桃、迎春花、黄馨、栀子花、九里香、月季、贴梗海棠、棣棠、溲疏、锦带花等
彩叶篱	观叶，空间分割、围合，建筑基础种植	以彩叶植物为主，主要为红叶、黄叶、紫叶和斑叶植物	金叶女贞、紫叶小檗、金边黄杨、红叶石楠、'金森'女贞、'金山'绣线菊、'金叶'小檗
果篱	观果，吸引鸟雀，空间分割、阻挡视线等	植物果形、果色美观，最好经冬不落，并可以作为某些动物的食物	枸杞、冬青、枸骨、火棘、枳、忍冬、沙棘、荚蒾、紫杉等
刺篱	避免人、动物的穿越，强制隔离，防范	植物带有钩、刺等	玫瑰、月季、黄刺玫、山皂荚、枸骨、山花椒等
蔓篱	防范和划分空间	攀缘植物，需事先设置供攀附的竹篱、木栅栏或铁丝网等	金银花、凌霄、山荞麦、蔷薇、茑萝等
编篱	防范和划分空间	枝条韧性较大的灌木	杞柳、枸杞、紫穗槐、雪柳等

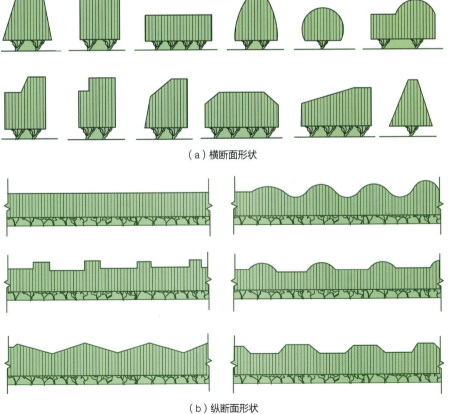

(a) 横断面形状

(b) 纵断面形状

图 4-1-46 整形式绿篱修剪形式

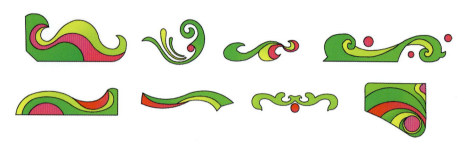

图4-1-47 宽窄不一的绿篱与花卉配置常用造型

不整形绿篱 仅做一般修剪,保持一定的高度,下部枝叶不加修剪,使绿篱半自然生长,不塑造几何形体。

编篱 把绿篱植物的枝条编结起来的绿篱。编篱通常由枝条韧性较大的灌木组成,将这些植物的枝条幼嫩时编结成一定的网状或格栅状等形状。编篱既可编制成规则式,也可编成自然式。常用的树种有杞柳、枸杞、紫穗槐、雪柳等。

②配置方法

不同植物组合 需要在配置上实现多种植物组合,在一条绿篱上应用多种植物。如采用几种不同的树种(针叶树种、大叶树种、小叶树种)各作为绿篱的一段。

宽度不一 在一条由同一树种或不同树种组成的绿篱上,有宽有窄,宽窄度不一样。一段宽(如60~70cm)、一段窄(如30~40cm),宽窄相间,看过去像一条曲线,增加美感。宽窄不一的绿篱常与花卉一起配置,丰富景观的色彩,增加景观的韵律美。常用造型如图4-1-47所示。

高矮相间 在一条绿篱中,一段高(如1m)、一段矮(如50cm),这样高高低低,像城墙的垛口,显得很别致。

不同造型相结合 在一条绿篱上按照不同植物的长势制作不同的造型。例如,一段剪成平顶的植物(如黄杨)夹着一株修剪成圆形或椭圆形的植物(如侧柏);一段修剪成矩形的福建茶接一丛稍高一些、修剪成大圆形的小叶黄杨。在一条绿篱上有方形、圆形、椭圆形以及三角形,立面上高低错落,非常活泼、多姿。

不同颜色相间组合 一条绿篱由红叶植物、黄叶植物、绿叶植物或者深浅不同的绿色植物相间组成,使绿篱更加多彩、艳丽(图4-1-48)。例如,用一段金叶女贞、一段龙柏、一段红花檵木或红叶石楠相间组成的绿篱。

③种植密度 根据使用的目的、树种、苗木规格和种植地带的宽度及周边环境而定。绿篱种植一般采用单行式或双行式,中国园林中一般为了见效快而采用品字形

图4-1-48 由小蜡、龙柏、红花檵木组成的绿篱

表 4-1-3　不同类型绿篱种植密度

类　型		高（cm）	宽（cm）	株距（cm）
矮篱	单行	15～50	15～40	15～30
中篱	单行	50～120	40～70	30～50
	双行	50～120	50～100	行距25～50
高篱	单行	120～160	50～80	50～75
	双行	120～160	80～100	行距40～60
绿墙	双行	>160	150～200	行距50～100

的双行式。不同类型绿篱的株行距见表 4-1-3 所列。

④图纸绘制　绿篱平面图可以单独绘出，也可以在种植设计图中绘制。绘出平面图、立面图，或绘出横断面图和纵断面图，并在图中标注尺寸（图 4-1-49）。

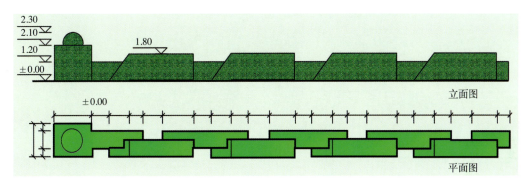

图4-1-49　绿篱设计图示意

任务实施

1. 选择适宜的园林植物

综合分析绿化地的气候、土壤、地形等环境因子及园林植物景观的需要，利用植物景观设计基本方法和树木景观的配置形式，创作宜人的植物景观，满足游人游憩和赏景的需要。选择树种时，乔木、灌木和常绿、落叶树相互搭配，层次和季相要有变化，可以考虑的园景树有：黑松、香樟、日本五针松、榉树、银杏、鸡爪槭、合欢、垂柳、日本早樱、栾树、玉兰、刚竹、蜡梅、桂花、垂丝海棠、紫薇、木槿、华盛顿棕榈、加纳利海枣、八角金盘、山茶、春鹃、金丝桃、石楠、紫叶李、梅、桃等。

2. 确定配置技术方案

在选择好园景树树种的基础上，选择恰当的植物配置形式，确定其配置方案，绘出树木景观设计平面图。图 4-1-50 所示街头小游园的树木景观配置形式为混合式，采用孤植、列植、丛植、群植、篱植等方式。

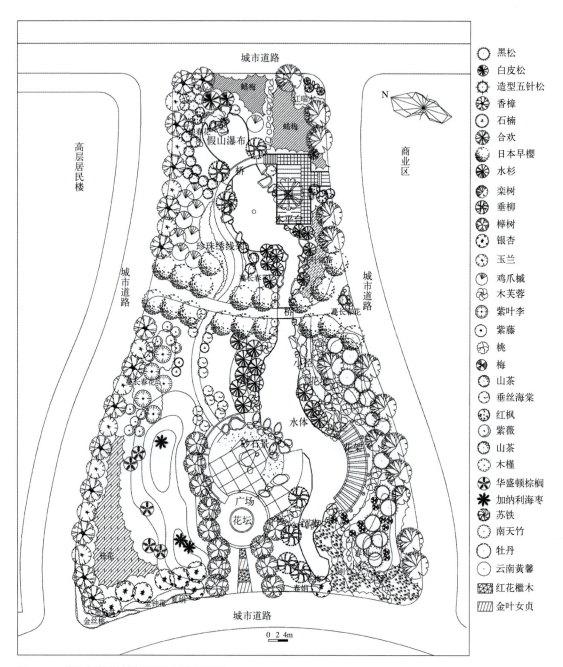

图4-1-50　街头小游园的树木景观初步设计平面图

巩固训练

图4-1-51所示为华东地区某城市街头小游园的景观设计平面图。根据对该项目的理解，利用植物景观设计的基本方法和植物配置形式进行小游园树木景观初步设计，完成小游园的树木景观初步设计平面图。

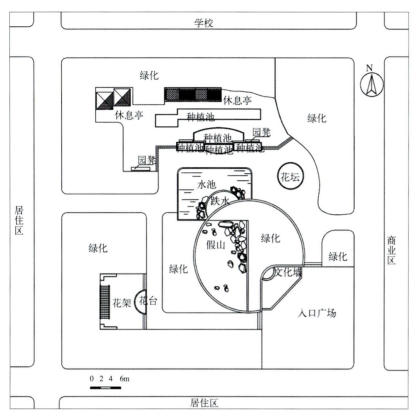

图4-1-51 街头小游园的景观设计平面图

考核评价

表 4-1-4 评价表

评价类型	项目	子项目	组内自评	组间互评	教师点评
过程性评价（70%）	专业能力（50%）	植物种类选择（10%）			
		植物配置设计（30%）			
		方案表现能力（10%）			
	社会能力（20%）	工作态度（10%）			
		团队合作（10%）			
终结性评价（30%）	作品的创新性（10%）				
	作品的规范性（10%）				
	作品的完整性（10%）				
评价/评语	班级：	姓名：	第　组	总评分：	
	教师评语：				

任务4-2 藤本植物景观设计

【知识目标】

(1) 熟悉藤本植物造景特点。

(2) 掌握藤本植物造景原则。

(3) 归纳木质藤本植物的造景形式。

【技能目标】

(1) 能够应用藤本植物的相关理论分析城市绿地中植物景观的适宜性。

(2) 能够根据藤本植物造景的要点进行具体项目的藤本植物景观设计和绘图表达。

工作任务

【任务提出】

调查当地公园绿地中常用藤本植物种类和应用形式,观察藤本植物的生长环境及生长状况,完成调查表格。

【任务分析】

灵活运用藤本植物进行垂直绿化是进行植物景观设计的基本能力。通过调查和资料查询掌握藤本植物的种类和观赏特性,根据设计要求选择攀缘植物,营造攀缘植物的特色景观。

【任务要求】

(1) 就近选择公园绿地对木质藤本植物的种类和景观形式进行调查,可分组、分片进行。

(2) 设计调查表格,要求包括藤本植物名称、生长习性、主要观赏特性和应用形式等。

(3) 每个小组利用照片记录藤本植物观赏特性体现以及在园林景观中的应用等。

(4) 完成调查表格,提交收集到的攀缘植物种类及应用形式等相关资料。

【材料及工具】

照相机、测量工具、调查表格、笔记本和笔等。

知识准备

1. 藤本植物的景观功能与应用特点

自古以来,木质藤本植物一直是我国造园中常用的植物材料,著名的古籍《山海经》和《尔雅》中就有栽培紫藤的描述。花亭、花廊和垂花门等均由藤本植物布置而成,蔷薇架、木香亭、藤萝架等更是古典园林常见的造景形式。木质藤本不仅能提高城市及绿地拥挤空间的绿化面积和绿量,调节和改善生态环境,还可以美化建筑、护坡、作园林小品,拓展园林空间,而且可以增加植物景观层次的变化,增强城市及园林建筑的艺术效果,使之与环境更加协调统一,生动活泼。

利用木质藤本植物进行垂直绿化具有占地少、见效快、绿量大的优点，如人工栽植的紫藤，在长江流域一年可长到 3～8m，在北方也可长到 3m 以上。

2. 藤本植物景观配置原则

（1）选材适当，适地适栽

木质藤本植物种类繁多，在应用时应充分利用当地乡土树种，适地适树。应满足功能要求、生态要求、景观要求，根据不同绿化形式正确选用植物材料。缠绕类木质藤本如紫藤、南蛇藤、中华猕猴桃等适用于栏杆、棚架；吸附类如爬山虎、扶芳藤、络石等适用于墙面、山石等；蔓生类如蔷薇、爬蔓月季、木香、叶子花等适用于栏杆、篱垣等。

（2）植物材料与被绿化物在色彩、风格上相协调

如红砖墙不宜选用秋叶变红的攀缘植物，而灰色、白色墙面则可选用秋叶红艳的攀缘植物。

（3）合理进行种间搭配，丰富景观层次

考虑到单一种类观赏特性的缺陷，在木质藤本植物的植物造景中，应尽可能利用不同种类之间的搭配以延长观赏期，创造出四季景观。如爬山虎、络石或常春藤合栽，络石或常春藤作为常绿植物生于爬山虎下，既满足了其喜阴的生态特性，在冬季又可弥补爬山虎落叶后景观萧条的不足。

（4）尽量采用地栽形式

一般种植带宽度 50～100cm，土层厚 50cm，根系距墙 15cm。棚架栽植时，一般株距 1～2m，根据棚架的形式和宽度可单边列植或双边错行列植。墙垣绿化栽植时，种植带宽大于 45cm，长大于 60cm，栽植株距一般为 2～4m。为尽快实现绿化效果，种植间距根据植物的特性可适当调整。

3. 藤本植物造景形式

（1）附壁式造景

附壁式为常见的垂直绿化形式，依附物为建筑物或土坡等的立面，如各种建筑物的墙面、挡土墙、假山置石等（图 4-2-1、图 4-2-2）。附壁式造景能利用藤本植物打破墙面呆板的线条，减少夏季太阳光的强烈反射，柔化建筑物的外观。附壁式造景所用植物以吸附类藤本植物为主，北方常用爬山虎、凌霄等，近年来常绿的扶芳藤、木香等作为北方地区垂直绿化材料亦颇被看好。南方多用量天尺、油麻藤等来表现南国风情。建筑物的正面绿化时，还应注意植物与门窗的距离，并在植物生长过程中通过修剪调整攀缘方向，防止枝叶覆盖门窗。

用藤本植物攀附假山、山石，能使山石生辉，更富自然情趣，使山石景观效果倍增。在山地风景区新开公路两侧或高速公路两侧的裸岩石壁，可选择适应性强、耐旱、耐热的种类，如金银花、五叶地锦等。例如，沪宁高速公路江苏段两侧石壁即大量应用爬山虎和五叶地锦绿化，形成绿色坡面，既有观赏价值，又能起到固土护坡、防止水土流失的作用。

图4-2-1 藤本月季的附壁式造景

图4-2-2 爬山虎的附壁式造景

图4-2-3 蔷薇的篱垣式造景

图4-2-4 红花忍冬的篱垣式造景

（2）篱垣式造景

篱垣式造景主要用于篱架、矮墙、护栏、铁丝网、栏杆的绿化，既具有围墙或屏障的功能，又具有观赏和分隔的功能（图4-2-3、图4-2-4）。

篱垣的高度有限，几乎所有的藤本植物都可用于此类绿化，但在具体应用时应根据不同的篱垣类型选择适宜的植物材料。竹篱、铁丝网、围栏、小型栏杆的绿化以茎柔、叶小的木本种类为宜，如铁线莲、络石、金银花等。栅栏绿化若为透景之用，种植植物以疏透为宜，并选择枝叶细小、观赏价值高的种类，如络石、铁线莲等。如果栅栏起分隔空间或遮挡视线之用，则应选择枝叶茂密的木本种类，包括花朵繁茂、艳丽的种类，将栅栏完全遮挡，形成绿篱或花篱，如胶州卫矛、凌霄、蔷薇等。普通的矮墙、石栏杆、钢架等，可选植物更多，如缠绕类的金银花、探春花，具卷须的炮仗花，以及具吸盘或气生根的爬山虎等。蔓生类藤本植物如蔷薇、藤本月季、云实等应用于墙垣的绿化也极为适宜。在矮墙的内侧种植蔷薇、软枝黄蝉等观花类，细长的枝蔓由墙头伸出，可形成"春色满院关不住"的意境。

图4-2-5 凌霄的棚架式造景　　　　　　　　图4-2-6 紫藤的棚架式造景

（3）棚架式造景

棚架式造景是园林中应用最广泛的藤本植物造景方式，广泛应用于各种类型的绿地中（图 4-2-5、图 4-2-6）。棚架式造景可单独使用，成为局部空间的主景，也可作为室内到花园的类似建筑形式的过渡物，均具有园林小品的装饰性特点，并具有遮阴的实用目的。棚架式造景的依附物为花架、长廊等具有一定立体形态的土木构架，此种形式多用于入口等活动较多的场所。棚架的形式不拘，可根据地形、空间和功能而定，"随形而弯，依势而曲"，但应与周围的环境在形体、色彩、风格上相协调。

棚架式藤本植物一般选择卷须类和缠绕类，木本的如紫藤、中华猕猴桃、五味子、炮仗花等。部分枝蔓细长的蔓生种类同样也是棚架式造景的适宜材料，如叶子花、木香、蔷薇等，但前期应当注意设立支架，人工绑缚以帮助其攀缘。若用攀缘植物覆盖长廊的顶部及侧方，以形成绿廊或花廊、花洞，宜选用生长旺盛、分枝力强、叶幕浓密而且花果秀美的种类，目前最常用的种类在北方为紫藤，在南方为炮仗花。

（4）立柱式造景

随着城市建设的发展，立柱式绿化已经成为垂直绿化的重要内容之一。立柱式造景的依附物主要为电线杆、高架路立柱、立交桥立柱等（图4-2-7）。从一般意义上讲，吸附式的藤本植物最适于立柱式造景，不少缠绕类植物也可应用。但由于立柱所处的位置大多交通繁忙，废气、粉尘污染严重，立地条件差，因此应选用适应性强、抗污染并耐阴的种类。其中，五叶地锦的应用最为普遍，除此之外，还可选用南蛇藤、络石、金银花、小叶扶芳藤等耐阴种类。一般电线杆及灯柱的绿化可选用观赏价值高的种类，如凌霄、络石等。对于水泥电线杆，为防止因日照使温度升高而烫伤植物的幼枝、幼叶，可在电线杆的不同高度固定几个铁杆，外附以钢丝网，以利于植物生长，此外，每年应适当修剪，以防止植物攀缘到电线上。公园中一些枯树若能加以绿化，也可给人以"枯木逢春"的感觉，如可在千年古柏上分别用以凌霄、紫藤等绿化，景观各异，平添无限生机。

（5）悬蔓式造景

这是攀缘植物的反向利用，利用种植容器种植藤蔓或软枝植物，不让其沿牵引物向上，

图4-2-7 五叶地锦的立柱式造景

图4-2-8 五叶地锦的悬蔓式造景

而是凌空悬挂,形成别具一格的植物景观(图4-2-8)。如为墙面进行绿化,可在墙顶做一个种植槽,种植小型的蔓生植物,如探春花、蔓长春花等,让细长的枝蔓披散而下,与墙面向上生长的吸附类植物配合,相得益彰。或在阳台上摆放几盆蔓生植物,让其自然垂下,不仅起到遮阴作用,微风徐过之时,枝叶翩翩起舞,别有一份风韵。在楼顶四周可修建种植槽,栽种迎春花、连翘、蔷薇等拱垂植物,使它们向下悬垂或覆盖楼顶。

任务实施

(1)以小组为单位,根据任务要求,设计调查表格,确定调查内容(表4-2-1)。

表4-2-1 藤本植物调查表

调查地点:　　　　　调查日期:　　　　　调查人员:

序号	名称	类型	应用	观赏特性	生长环境、状况	照片
		如常绿缠绕类	如棚架式	如观花,花色紫色,花期4~5月	主要记录光照条件、生长是否良好或有无病虫害等	

(2)收集资料,完善植物调查表。

根据所调查到的植物,在图书馆或网上查阅详细资料,如生长环境的要求、观赏特性的具体描述、应用形式等。

巩固训练

查找资料,整理出适用于华北、华中、华东、华西、华南等地区的藤本植物25种,完成调查表格。

考核评价

表 4-2-2　评价表

评价类型	项　目	子项目	组内自评	组间互评	教师点评
过程性评价（80%）	专业能力（60%）	植物种类和规格、观赏特性描述（30%）			
		植物生长习性和生长环境调查（20%）			
		调查设计能力（10%）			
	社会能力（20%）	工作态度（10%）			
		团队合作（10%）			
终结性评价（20%）	报告的完整性（10%）				
	报告的规范性（10%）				
评价/评语	班级：	姓名：	第　　　组	总评分：	
	教师评语：				

项目 5　花卉景观设计

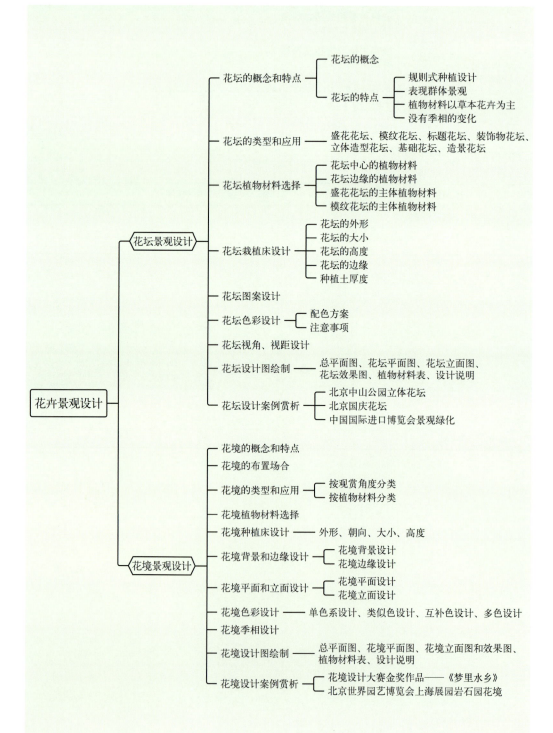

任务5-1　花坛景观设计

【知识目标】

（1）识记和理解花坛的含义，掌握花坛植物材料的选择要求。

（2）熟悉当地常见的花坛植物材料的观赏特点和生态习性。

（3）掌握花坛设计要点和设计图纸绘制方法。

【技能目标】

（1）能够根据所学花坛景观应用知识评析具体场景中的花坛景观。

（2）能够根据具体场景进行花坛景观的设计和绘图表达。

工作任务

【任务提出】

在图4-1-50的基础上对街头小游园圆形广场中央直径为5m的圆形花坛进行设计（图5-1-1）。

【任务分析】

根据绿地环境和功能要求选择合适的花卉种类进行花坛景观设计是种植设计师职业能力的基本要求。首先了解花坛的周边环境和服务对象，确定花坛类型，然后熟悉当地常用花卉种类、生态习性和观赏特性，确定花坛设计方案，完成花坛材料的选择、配置和设计图的绘制。

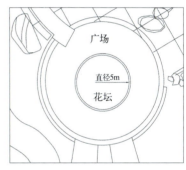

图5-1-1　花坛总平面图

【任务要求】

（1）植物的选择适宜当地室外生存条件，满足其景观和功能要求。

（2）花坛立意明确，风格独特，图纸绘制规范。

（3）完成花坛设计方案。花坛图案设计、色彩设计或造型设计有特色，适合场景环境。

（4）完成街头小游园花坛景观设计图。

【材料及工具】

测量仪器、手工绘图工具、绘图纸、绘图软件（AutoCAD）、计算机等。

知识准备

1. 花坛的概念和特点

花坛是最具有感染力和视觉冲击力的花卉布置方式之一，在城市园林中广泛应用。

1）花坛的概念

花坛最初的含义是：在具有几何形轮廓的种植床内，种植各种不

认识花坛

同色彩的花卉，运用花卉的群体效果来体现图案纹样，或观赏花卉盛开时绚丽景观的一种花卉应用形式。随着时代的发展和科技的进步，花坛景观有了更丰富的内容，也被赋予了许多新的含义：花坛是在具有一定几何形状的种植床内，种植以草花为主的各种观赏植物，运用植物的群体效果来体现图案纹样、立体造型或绚丽景观色彩的一种花卉应用形式。花坛在短期内能够创造出绚丽而富有生机的景观，给人以强大的视觉冲击力和感染力，在城市绿化中有重要的作用。花坛主要有美化环境、基础装饰、组织交通、渲染气氛、标志宣传的作用。

2）花坛的特点

（1）规则式种植设计

花坛具有一定几何形状的种植床，属于规则式种植设计，多用于规则式园林构图中。从平面构图上看，花坛的外形轮廓为规则的几何图形或几何图形的组合；从立面构图上看，同一纹样内的植物高度一致。

（2）表现群体景观

花坛主要表现花卉群体组成的平面图案、纹样、立体造型，或华丽的色块效果，不表现个体花卉的色彩美和形态美。

（3）植物材料以草本花卉为主

构成花坛的材料主要是草本花卉，如一、二年生花卉，球根花卉以及宿根花卉，而木本花卉应用较少。

（4）没有季相的变化

花坛主要用时令性的草本花卉为材料，为保证花坛的景观效果，花卉材料需随季节更换。气候温暖地区也可用终年具有观赏价值且生长缓慢、耐修剪的多年生草本观叶植物或木本观叶植物。

2. 花坛的类型和应用

花坛按照空间位置、观赏季节、布局方式、主题，可分为不同的类型（表 5-1-1），各花坛类型之间或交叉或归属或包含。多数情况下，同一花坛依据不同标准可归属为多种类型。例如，盛花花坛中有平面花坛和立体花坛之分，立体花坛则有盛花花坛或模纹花坛的不同。

表 5-1-1 花坛的类型

划分标准	花坛的类型
空间位置	平面花坛、斜面花坛、立体花坛、台阶花坛、高台花坛、下沉花坛
观赏季节	春季花坛、夏季花坛、秋季花坛、冬季花坛
布局方式	独立花坛、花坛群、连续花坛群
花坛主题	盛花花坛、模纹花坛、标题花坛、装饰物花坛、立体造型花坛、基础花坛、造景花坛

以下按照表现主题分类介绍。

1）盛花花坛

盛花花坛主要由观花草本花卉组成，组成的绚丽色彩为表现主题，而花坛的图案纹样居次要地位。花坛的图案宜简洁，重点为色彩搭配。根据花坛平面长轴和短轴的比例不同，可将盛花花坛分为：

花丛花坛　不论花坛种植床的外形轮廓是何种形状，只要其纵轴和横轴的长度之比为1：（1～3），称为花丛花坛（图5-1-2）。花丛花坛的表面可以是平面，也可以是中央高、四周低的梯面或球面。多作主景，布置在大门口、公园、小游园、广场中央、交叉路口等处。

带状花坛　花坛的短轴大于1m，且长轴和短轴之比超过3～4时称为带状花坛，简称花带（图5-1-3）。多作主景，布置在街道两侧、公园主干道中央。有时作配景布置在建筑墙垣、广场或草地边缘等处。

图5-1-2　花丛花坛

图5-1-3　带状花坛

花缘　花坛的宽度通常不超过1m，长轴与短轴之比在4倍以上的狭长带状花坛（图5-1-4）。作配景，常作草地、道路、广场的镶边装饰或基础栽植。

2）模纹花坛

模纹花坛主要由各种不同色彩的观叶植物或花叶兼美的植物组成，以华丽复杂的图案纹样为表现主题，而花坛的色彩居次要地位。依花坛内部纹样和景观效果不同，可将模纹花坛分为：

毛毡花坛　应用各种低矮的观叶植物或花叶兼美的植物，组成精美复杂的装饰图案。花坛表面常修剪成平整的平面或曲面，整个花坛好像一块华丽的地毯（图5-1-5）。五色草因植株低矮，茎叶细密，生长缓慢，是组成毛毡花坛的理想材料。

浮雕花坛　与毛毡花坛相似，区别是花坛材料通过修剪或栽植高度不同在花坛表面形成凸凹分明的浮雕效果（图5-1-6）。

彩结花坛　植物材料按照一定的纹样种植，模拟绸带编成的彩结式样，图案线条粗细

图5-1-4　花缘

图5-1-5　毛毡花坛

图5-1-6　浮雕花坛

相等，条纹间用草坪或彩色砂石铺填，也可种植色彩一致、高度相同的时令花卉。

3）标题花坛

用观花或观叶植物组成具有明确主题思想的图案，如文字、肖像、象征性图案、标志物等。一般设置成斜面或立面以便观赏，通常用模纹花坛的形式表达。

4）装饰物花坛

用观花或观叶花卉配置成具有一定实用目的的花坛，如日历花坛、时钟花坛（图5-1-7）、日晷花坛，一般设置成斜面。通常用模纹花坛的形式表达。

5）立体造型花坛

用枝叶细密矮小的植物栽植在一定结构的立体造型骨架上，塑造出各种形态的造型。常见的造型有花篮、花瓶、花球、花柱、花拱、建筑、动物、人物等（图5-1-8）。一般用模纹花坛的形式表达。

图5-1-7 装饰物花坛

图5-1-8 立体造型花坛

图5-1-9 造景花坛

6）基础花坛

在建筑物的墙基、喷泉、水池、雕塑、山石、树基等周围设置的花坛。目的是美化装饰主体，让主体更加突出，富有生机。

7）造景花坛

利用各种植物材料，采用园林造景的手法，配置出有一定主题立意的较大型的园林花坛景观（图5-1-9）。园林造景中的元素如建筑、水景、山石、树木等被设计成花坛景观的组成部分，有时作为花坛的背景。一般体量较大，在环境中作主景。

3. 花坛植物材料选择

花坛所用花材以一、二年生花卉为主，兼顾球根花卉和宿根花卉及木本植物。常见的花卉种类见表5-1-2所列。

（1）花坛中心的植物材料

花丛花坛的中心常用株型高大、姿态规整、花叶美丽的具有较高观赏价值的花卉作中心材料，如江边刺葵、苏铁、棕榈、棕竹、橡皮树等观叶植物，叶子花、桂花、杜鹃花等观花植物，石榴、金橘等观果植物。

（2）花坛边缘的植物材料

要求植株低矮、株丛紧密、开花繁茂或枝叶美丽的花卉，盆栽材料以悬垂或蔓性更佳，因其可以遮挡容器。如垂盆草、天门冬等悬垂植物，香雪球、矮牵牛、三色堇等低矮植物。

（3）盛花花坛的主体植物材料

盛花花坛一般由观花的草本植物组成，主要为一、二年生花卉或球根花卉，开花繁茂的多年生花卉及部分观叶植物也可以使用。具体要求：高矮一致，株丛紧密、整齐；开花繁茂、整齐，花色艳丽；在花朵盛开时，枝叶最好全部为花朵所掩盖，见花不见叶；花期一致，花期较长，至少保持一个季节的观赏期。如矮牵牛、鸡冠花、雏菊、百日菊、万寿菊、孔雀草、翠菊、非洲凤仙、夏堇、鼠尾草、一串红、金盏菊、鸡冠花、三色堇等。

（4）模纹花坛的主体植物材料

以观叶植物为主，兼顾一些花叶兼美的植物和观花植物。具体要求：植株低矮，5～10cm为好；生长缓慢，多年生植物较好，也可以是一、二年生花卉；枝叶细小、繁茂，株丛紧密，萌蘖性强，耐修剪。如五色草、四季海棠、香雪球、大花马齿苋、彩叶草、非洲凤仙、紫叶小檗、金叶女贞、小叶黄杨、福建茶、六月雪等。

表 5-1-2　花坛常用植物材料

中文名	学 名	株高（cm）	花色或叶色							观赏期（月份）
			紫红	红	粉	白	黄	橙	蓝紫	紫堇	
藿香蓟	*Ageratum conyzoides*	30～60							✓		4～10
五色草	*Alternanthera bettzickiana*	根据修剪控制									观叶
红草五色苋	*Alternanthera amoena*	根据修剪控制									观叶
金鱼草	*Antirrhinum majus*	15～25（矮）；45～60（中）；90～120（高）	✓	✓	✓	✓	✓				5～7；10
荷兰菊	*Aster novi-belgii*	50							✓		8～10
四季海棠	*Begonia cucullata* var. *hookeri*	20～25			✓	✓					5～10
雏菊	*Bellis perennis*	10～15（～20）		✓	✓	✓					4～6
红叶甜菜	*Beta vulgaris* var. *cicla*	40									观叶
羽衣甘蓝	*Brassica oleracea* var. *acephala*	30～40									观叶
金盏菊	*Calendula officinalis*	30～40					✓	✓			4～6
翠菊	*Callistephus chinensis*	10～30（矮）	✓	✓	✓	✓			✓		5～10
大花美人蕉	*Canna × generalis*	100～150		✓			✓				8～10
美人蕉	*Canna indica*	100～130		✓			✓				8～10
长春花	*Catharanthus roseus*	30～60		✓	✓	✓					5～10
鸡冠花	*Celosia cristata*	15～30（矮）；80～120（高）	✓	✓		✓	✓				8～10

（续）

中文名	学名	株高（cm）	花色或叶色							观赏期（月份）
			紫红	红	粉	白	黄	橙	蓝紫	紫堇	
桂竹香	*Cheiranthus cheiri*	30～60	✓	✓	✓						4～6
矢车菊	*Centaurea cyanus*	60～80	✓	✓	✓	✓			✓	✓	5～6
彩叶草	*Coleus scutellarioides*	50～80									观叶
大丽花	*Dahlia pinnata*	20～40（矮）；60～150（高）	✓	✓	✓	✓	✓	✓	✓		8～10
须苞石竹	*Dianthus barbatus*	40～50	✓	✓	✓						5～6
石竹	*Dianthus chinensis*	30～50			✓	✓					5～9
菊花	*Chrysanthemum × morifolium*	30～50（矮）；60～150（高）	✓	✓	✓	✓	✓				5～8；10～12
毛地黄	*Digitalis purpurea*	60～120	✓		✓	✓					6～8
银边翠	*Euphorbia marginata*	50～80				✓					7～10
一品红	*Euphorbia pulcherrima*	60～70		✓	✓	✓					11～3
千日红	*Gomphrena globosa*	20（矮）；40～60（高）	✓							✓	6～10
蜡菊	*Xerochrysum bracteatum*	40～90		✓	✓	✓	✓				7～9
风信子	*Hyacinthus orientalis*	15～25	✓	✓	✓	✓			✓		5～6
凤仙花	*Impatiens balsamina*	20（矮）；60～80；150（高）		✓	✓	✓					6～10
苏丹凤仙	*Impatiens walleriana*	15～20（矮）；30～60		✓	✓	✓					四季
何氏凤仙	*Impatiens holstii*	50～100	✓	✓	✓	✓			✓		四季
血苋	*Iresine herbstii*	根据修剪控制									观叶
地肤	*Kochia scoparia*	100～150，根据修剪控制									观叶
香雪球	*Lobularia maritima*	15～30				✓					6～10
紫罗兰	*Matthiola incana*	40～60	✓	✓		✓					4～5
葡萄风信子	*Muscari botryoides*	15～20							✓		3～5
黄水仙	*Narcissus pseudonarcissus*	35～40					✓				3～4
水仙	*Narcissus tazetta* var. *chinensis*	30～40				✓					1～2
天竺葵	*Pelargonium hortorum*	30～60	✓	✓	✓	✓					5～6；9～10
矮牵牛	*Petunia × hybrida*	30～40			✓	✓		✓		✓	4～5；6～8
大花马齿苋	*Portulaca grandiflora*	15～20	✓	✓	✓	✓	✓				6～10
一串红	*Salvia splendens*	30～60		✓							9～10；5～6

（续）

中文名	学名	株高（cm）	紫红	红	粉	白	黄	橙	蓝紫	紫堇	观赏期（月份）
一串紫	*Salvia splendens* var. *atropurpura*	30～50							✓	✓	8～10
高雪轮	*Silene armeria*	30～60		✓		✓					5～6
矮雪轮	*Silene pendula*	30			✓	✓					5～6
孔雀草	*Tagetes patula*	20～40					✓	✓			7～10
万寿菊	*Tagetes erecta*	25～30（矮）；40～60（中）					✓	✓			7～10
夏堇	*Torenia fournieri*	30				✓			✓		6～10
郁金香	*Tulipa gesneriana*	20～40	✓	✓	✓	✓	✓	✓	✓		4～5
美女樱	*Glandularia* × *hybrida*	30～40	✓	✓	✓	✓			✓		5～10
三色堇	*Viola tricolor*	10～25	✓			✓	✓			✓	4～5
百日菊	*Zinnia elegans*	15～30（矮）；50～90（高）	✓	✓	✓	✓	✓				6～10

4. 花坛栽植床设计

（1）花坛的外形

花坛的外部轮廓与建筑物边线、相邻的道路和广场的形状协调一致，在细节上可有一些变化；交通量大的广场、路口，为保证其功能作用，花坛外形可与广场不一致（图5-1-10）。

图5-1-10 花坛的外形轮廓

（2）花坛的大小

花坛的大小需与设置花坛的广场、出入口及周围建筑的大小、高低成比例。花坛的面积一般不超过广场面积的 1/3，且不小于广场面积的 1/5。若场地过大，可将其分割为几个小型花坛，使其相互配合形成花坛群。一般模纹花坛及纹样精细的盛花花坛面积宜小些，面积越大，纹样的变形越大。在交通环岛及人流量大的地方花坛面积也宜小。独立花坛，一般图案复杂的短轴宜小于 10m，图案简单的短轴不超过 20m。

（3）花坛的高度

花坛的高度应在人的视平线以下，使人能够看清花坛的内部和全貌。以表现平面图案为主的花坛，一般其主体高度不宜超过人的视平线，内部最高不超过 1.5m；立体花坛可高些，一般 2～3m。为了避免游人践踏，使土壤排水良好并使花坛外形轮廓明显突出，花坛种植床应略高于地面，以高出地面 7～10cm 为宜。为了减小花坛图案纹样的变形并有利于排水，花坛中心可高些，一般设 4%～10% 的排水坡度。

（4）花坛的边缘

花坛边缘的处理有两种方式：有边缘石和无边缘石。有边缘石的种植床周围用石头、砖或木质材料围起来，使花坛有明显的轮廓，防止践踏和泥土流失污染地面。通常边缘石高 10～15cm，不超过 30cm，宽 10～30cm，兼有座凳功能的边缘石常宽些。临时花坛的边缘常用花坛边缘预制件，如木栅栏、竹栅栏、铁管焊接材料等。无边缘石的花坛边缘选择使用镶边植物。

（5）种植土厚度

一年生花卉种植土厚度为 15～20cm，多年生花卉和灌木种植土厚度为 35～40cm。

5. 花坛图案设计

花坛内部图案是花坛设计的关键。盛花花坛内部图案应主次分明、简洁美观，突出大色块的效果；模纹花坛内部纹样应精致复杂、清晰美观，突出图案的精美华丽（图 5-1-11）。可借鉴参考以下图案：民族手工艺品、壁画、浮雕上的图案；云卷、花瓣纹、星角类等图案；现代风格的套环类、几何图形的组合；文字；象征性图案或标志；花篮、花瓶、建筑、动物、植物、乐器等形象或人的肖像。

注意问题：国旗、国徽、会徽等设计要严格符合比例，不可随意改动；纹样的宽度不能过细，通常由五色草组成的模纹花坛纹样最细处不能小于 5cm，其他花卉组成的纹样最细处不小于 10cm，才能保证纹样清晰；纹样风格应与周围环境协调一致。

6. 花坛色彩设计

花坛的色彩是用花色和叶色实现的，色彩搭配要求主次分明，鲜艳或明丽（图 5-1-12）。

（1）配色方案

①对比色应用　对比色相配，效果醒目，是花坛纹样表现的主要配色手法。一般以一种色彩显示花坛的纹样，用其对比色填充在纹样内。浅色调对比效果较好，柔和而不失鲜明，鲜明而不失强烈。如堇紫色的三色堇与黄色的三色堇、藿香蓟 + 黄早菊、荷兰菊 + 黄早菊等。

图5-1-11 花坛内部图案纹样

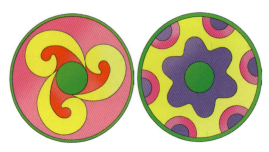

图5-1-12 花坛色彩设计

②类似色应用 类似色搭配,色彩不鲜明时可加白色以调剂。暖色调花卉搭配色彩鲜艳,热烈而庄重,在大型花坛中常用(图5-1-13)。如红+黄或红+白+黄(孔雀草+一串红、金盏菊或黄三色堇+白雏菊或白三色堇+红色美女樱)。冷色调的搭配使人有清凉之感(图5-1-14)。

③同色调应用 使用不同明度和饱和度的同一色调的植物,如深浅不同的红色。这种配色不常用,适用于小面积的花坛及花坛组,起装饰作用,不作主景。

(2)注意事项

①一个花坛配色不宜太多 一般花坛2~3种颜色,大型花坛4~5种颜色。配色多而复杂,难以表现群体的花色效果,并显得杂乱无章。忌在一个花坛中配色太多,没有主次,即使立意和构图再好,因色彩变化太多,没有焦点或焦点太多,也会失去应有的效果。这点在盛花花坛设计时更要注意,目前盛花花坛的流行趋势是追求大色块对视觉的冲击力。

②注意颜色对人的视觉和心理的影响 同一色调或近似色调的花卉种在一起,易给人以柔和愉快的感觉。例如,万寿菊和孔雀草都是橙黄色,种在一起给人鲜明活泼的印象。

图5-1-13 暖色调花坛

图5-1-14 冷色调花坛

暖色调通常会给人以面积上的扩张感,而冷色调会产生视觉收缩的效果。明度越高,面积显得越大;明度越低,面积显得越小。在花坛配色时要注意合理利用视觉差。

花坛平面图设计

③花卉色彩不同于调色板上的色彩,需要在实践中仔细观察才能正确应用 同为红色的花卉,如天竺葵、一串红、一品红等,在明度上有差别,分别与黄早菊搭配,效果不同。一品红红色较稳重,一串红较鲜艳,而天竺葵较艳丽,后两种花卉直接与黄早菊搭配,有明快的效果,而一品红与黄早菊中加入白色的花卉才会有较好的效果。

7. 花坛视角、视距设计

距离驻足点 1.5～4.5m 范围内,观赏效果最佳,花坛图案清晰不变形。当观赏视距超过 4.5m 时,花坛表面应倾斜,倾角 ≥ 30° 时花坛的图案清晰,倾角达到 60° 时效果最佳,既方便观赏,又便于养护管理。

8. 花坛设计图绘制

一套完整的花坛设计图一般包括总平面图、花坛平面图、花坛立面图、花坛效果图、植物材料表、设计说明等(图 5-1-15)。

(1)总平面图

依环境面积大小选用 1∶500～1∶100 的比例绘制。标出花坛建筑物的边界、道路分布、广场平面轮廓、绿地边界、花坛所在位置及外形轮廓。

(a)花坛立面图　　　　　　　　　　　(b)花坛效果图

植物材料表

序号	中文名	株高(cm)	蓬径(cm)	花色	数量	备注
1	繁星花	10～15	15～20	大红	820株	49株/m²
2	孔雀草	10～15	15～20	黄色	1200株	49株/m²
3	白卵石			白色	3m²	直径3～5cm

注:每种花坛花卉图案中的用苗量计算方法为 $A=1m^2$ 所栽株数 × 该花卉在花坛中所占面积。由于考虑到栽植和运输中的损耗,每一种花卉加 10% 的损耗量,所以表格中每种花卉的数量(即实际购苗量)$=A+A\times 10\%$。

每一种花卉的色泽、大小、高度一致,栽种时先里后外,先上后下。株行距以花株冠幅相接、不露出地面为准,栽好后充分灌水一次。

共需花卉 2200 株,白卵石 3m²,材料价格预算约 9000 元。

设计说明

花坛采用对称式设计,由爱心、圆、波浪图案组成。5 个心形一致指向中心,象征着民心始终向着党和国家。中心圆连接着 5 个心形,散发着光芒,整体上又形成了一个大圆,寓意党和人民不可分割。大圆被激浪托起,表达了团结和谐才能克服困难的精神。花坛以红黄系的喜庆颜色布置,烘托出"迎国庆"的热烈气氛。

(c)花坛平面图

图5-1-15　花坛设计图纸

（2）花坛平面图

较大的花坛常以 1∶50 的比例绘制，精细的模纹花坛以 1∶30～1∶20 的比例绘制。用流畅光滑的线条绘制图案的轮廓线，在绘出的花坛图案上用阿拉伯数字或者其他符号按一定顺序依次编号，且编号与植物材料表相对应。图案可按照设计的花色标绘色彩。

（3）花坛立面图

对称花坛画出主立面图，斜面花坛画侧立面图，不对称花坛需有不同立面设计图。一般以 1∶50～1∶20 的比例绘制。

（4）花坛效果图

一般只需画出主观赏面的效果图，也可以画出其他观赏角度的效果图。

（5）植物材料表

罗列整个花坛所需植物材料，包括植物中文名、学名、株高、花期、花色、用量及备注。备注中可写材料的轮替计划等内容。

花坛用料量计算如下：

$$花卉用苗量 = \frac{栽植面积}{株距 \times 行距} = \frac{1m^2}{株距 \times 行距} \times 所占花坛面积$$

$$= 1m^2 所栽株数 \times 所占花坛面积$$

花坛材料用量要留出 5%～15% 的损耗量，主要用于运输和栽植过程的损耗以及栽植后养护的补栽。

（6）设计说明

简述创作意图（主题、构思）及图中难以表达的内容。语言简练，不要过多的修饰修辞，避免华而不实。另外，花坛对材料的要求，用苗量的计算，起苗、定植的要求，施工详图轮替计划，以及花坛建成后的养护管理要求等，可以单独作为一个文件。

9. 花坛设计案例赏析

（1）北京中山公园立体花坛

立体花坛设计的灵感来自中国传统吉祥图案"连年有余"，立体部分表现了鱼戏莲叶间的场景。花坛高 4.5m，宽 14m（立体部分宽 10m），设计时采用两条鱼左右对称的造型，同时利用荷叶、荷花在两边产生变化。由于场地限制了花坛的进深，因此在花坛内采用多层次造型，在小尺度内增加立体感。鱼身微微隆起，鱼鳍向外伸出，下方白色浪花位于鱼身前，左侧荷叶、莲蓬位于鱼身后，中间荷花分 3 层表现。立体部分四周用 200 盆大丽花和 6 盆叶子花丰富花坛色彩，烘托喜庆热烈的节日氛围（图 5-1-16 至图 5-1-18）。

（2）北京国庆花坛

北京天安门广场地区花卉布置始于 1984 年，1986 年首次摆放立体花坛。国庆花坛凭借新颖独特的设计与祥和美好的寓意，成为每年国庆节期间天安门广场上一道亮丽的风景。

中华人民共和国成立 70 周年之际，北京市以长安街及其沿线为主轴，以"普天同庆、共筑中国梦"为主题，在天安门广场、长安街沿线布置多处立体花坛，营造热烈、祥和、喜庆的节日氛围。其中，天安门广场国庆花坛沿用了大型花篮造型。花坛以喜庆的花果篮为主景，篮内摆放富有吉祥寓意的桃子、石榴、柿子、苹果等果实造型，以及牡丹、玉兰、月季、兰花等花卉造型，体现"百花齐放，百果飘香"，寓意中华人民共和国成立 70 周年以来，党和国家在各个领域取得的辉煌成就；底部花坛采用飘带图案，与两侧气势恢宏的"红飘带"相呼应，寓意全国各族人民载歌载舞、普天同庆，祝福祖国繁荣富强、人民幸福安康。整个花坛

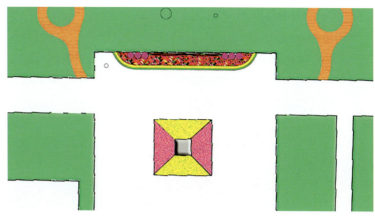

图5-1-16 "连年有鱼"花坛平面图

图5-1-17 "连年有鱼"花坛效果图

顶高 18m，花篮篮体高 16m，篮盘直径 12m，花坛底部直径 45m。在篮体南侧书写"祝福祖国，1949—2019"字样，在篮体北侧书写"普天同庆，1949—2019"字样。同时花坛还布设了夜景照明装置，晚间灯光照射在花篮篮体上，将呈现美轮美奂的光影效果（图5-1-19）。

图5-1-18 "连年有鱼"花坛实景

(3) 中国国际进口博览会景观绿化

2020年第三届中国国际进口博览会场馆绿化装饰以"海纳百川,共享未来"为主题,寓意上海作为主办城市的激流勇进和大气包容。在国家会展中心南广场,绿化自上而下构建"云山—梯田花海—河流—现代城市花园"4个空间脉络,360°显示中国锦绣缤纷的自然之美,体现传统与现代的对话。绿化布置主要包括特色装饰柱、现代城市花园、景观

图5-1-19　2019年北京天安门广场立体花坛实景图

图5-1-20　2020年第三届中国国际进口博览会场馆花卉景观

水池、梯田花海、中央步道、旗阵、台阶种植及吉祥物等。花卉植物以呼应主题的蓝紫色草花（维多利亚鼠尾草、蓝紫色角堇等）和体现金秋的金黄色草花（向日葵、孔雀草、百日菊等）为主。另外，结合少量蓝色调的再生玻璃等非植物材料，体现可持续的环保理念（图 5-1-20）。

任务实施

1. 确定花坛主题

根据花坛的位置和功能，确定花坛的设计主题为"花开盛世"。

2. 选择适宜的花卉

综合分析绿化地的气候、土壤、地形等环境因子，选择花期较长、颜色艳丽、株形丰满整齐的苏铁、一串红、林荫鼠尾草、四季海棠、非洲凤仙、金叶甘薯等作为花坛植物材料。

3. 确定设计方案

在选择好植物材料的基础上，确定设计方案，分别绘出方案一盛花花坛平面图和效果图（图 5-1-21、图 5-1-22）、方案二模纹花坛平面图（图 5-1-23），最后完成植物材料表和设计说明。

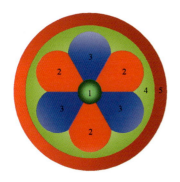

1. 苏铁　2. 一串红　3. 林荫鼠尾草
4. 金叶甘薯　5. 四季海棠

图5-1-21　盛花花坛平面图

图5-1-22　盛花花坛效果图

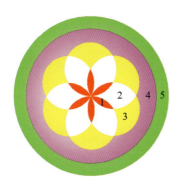

1. 非洲凤仙（红）　2. 非洲凤仙（白）
3. 小菊　4. 非洲凤仙（粉）　5. 金叶甘薯

图5-1-23　模纹花坛平面图

巩固训练

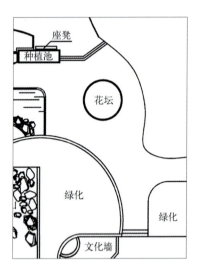

在图 5-1-24 中有一个半径为 5m 的圆形花坛，以"迎国庆、颂和谐"为主题，利用花坛设计相关知识完成该项目中花坛设计方案，上交图纸包含花坛平面图、花坛效果图、花坛植物材料表和设计说明 4 项。

图5-1-24　华东地区某城市街头小游园景观设计花坛总平面

考核评价

表 5-1-3　评价表

| 组名： | 作品名： | 姓名： | 学号： |

考核指标	标　准	分值（分）	得分（分）
设计理念	充分体现生态环保、低碳节约的设计理念（花材经济实惠、辅材环保低碳、手法生态自然、投资造价合理）	15	
	尚能体现生态环保、低碳节约的设计理念（花材较经济实惠、辅材较环保低碳、手法较生态自然、投资造价较合理）	10	
	体现生态环保、低碳节约的设计理念薄弱（花材价格昂贵、辅材机械生硬、手法单调呆板、投资造价过于奢侈）	5	
设计主题	紧扣设计大主题（"迎国庆、颂和谐"），主题明确、创意新颖、特色明显	20	
	紧扣设计大主题（"迎国庆、颂和谐"），主题较明确、创意较新颖、特色较明显	15	
	违背设计大主题（"迎国庆、颂和谐"），主题较明确、创意一般、特色不明显	5	
设计图案	图案简洁大气、线条流畅舒展、比例得体和谐、花卉品种数量合适（2~3种）	30	
	图案较简洁大气、线条较流畅舒展、比例较得体和谐、花卉品种数量较合适（4种）	20	
	图案过于繁杂、线条不流畅舒展、比例夸张失调、花卉品种数量过多（5种以上）	5	
设计色彩	花色对比强烈、花朵鲜艳亮丽、花卉品种协调统一	15	
	花色对比较强烈、花朵较鲜艳亮丽、花卉品种较协调统一	10	
	花色对比不强烈、花朵不够鲜艳亮丽、花卉品种差异较大	5	
设计图纸	图纸表达规范、图纸数量齐全（4项）、内容表述清晰	20	
	图纸表达较规范、图纸数量较齐全（缺1项）、内容表述清晰	10	
	图纸表达不规范、图纸数量不全（缺2项及以上）、内容表述不清晰	5	
合　计		100	
教师评语			

任务5-2　花境景观设计

【知识目标】

（1）识记和理解花境的含义和特点。

（2）掌握花境植物材料的选择要求。

（3）熟悉当地常见的花境植物材料的观赏特点和生态习性。

（4）掌握花境设计要点和设计图纸绘制方法。

【技能目标】

（1）能够根据所学花境景观应用知识评析具体场景中的花境景观。

（2）能够根据具体场景进行花境景观的设计和绘图表达。

工作任务

【任务提出】

在华东地区某大学的道路和教学楼之间有一块狭长绿地，为美化校园环境，在草坪上设计一个宽2.5m、长10m的花境，花境的设计区域和周边环境如图5-2-1所示。

【任务分析】

选择合适的花卉种类进行花境设计是种植设计师职业能力的基本要求。应首先了解花境的周边环境和服务对象，确定花境类型，然后选择花境植物材料进行花境景观设计。

【任务要求】

（1）确定花境设计立意，选择花境类型。

（2）确定花境的设计范围和花境的外形。

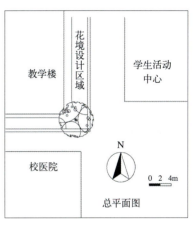

图5-2-1　花境总平面图

（3）选择满足其景观和功能要求的花境材料，优先选用花叶俱美的新优植物。

（4）完成花境平面设计、花境立面设计、花境效果图设计。

（5）制作植物材料表，编写花境设计说明。

（6）完成一套花境设计图纸，制图符合规范。

【材料及工具】

测量仪器、手工绘图工具、绘图纸、绘图软件（AutoCAD）、计算机等。

知识准备

1. 花境的概念和特点

（1）花境的概念

花境是以宿根花卉为主，结合花灌木及一、二年生花卉等观花、观叶植物，以自然带

上海植物园花境

全国花境设计
大赛十佳花境

图5-2-2 花境

状或斑块的形式混合种植于林缘、路缘、草坪、庭院、墙垣等处,通过艺术提炼而达到色彩、季相、立面效果自然和谐的植物造景形式(图5-2-2)。

花境源自欧洲,是一种从规则式构图到自然式构图过渡的中间形式,是一种半自然式的带状花卉种植形式,其平面轮廓与带状花坛相似,种植床的两边是平行的直线,或有几何轨迹可循的曲线,主要表现植物的自然美和群体美。花境的应用不仅符合现代人对回归自然的追求,也符合生态城市建设对植物多样性的要求,还能达到节约资源、提高经济效益的目的。

(2)花境的特点

①表现手法自然 花境营造的是"虽由人作,宛自天开""源于自然,高于自然"的植物景观。运用园林美学等造型艺术手法,模拟野生林地边缘植物自然生长状态,平面上不同花卉混交,五彩斑斓,立面上高低错落,表现花卉群丛平面和立面的自然美。

②植物材料丰富 植物材料以宿根花卉为主,可搭配小灌木,球根花卉,一、二年生草花以及观赏草等。有的花境选用的植物多达40～50种。

③有固定种植床 种植床的边缘是连续不断的平行直线或是有几何轨迹可循的曲线,是沿长轴方向演进的带状连续构图。

④有季相变化 除了某些单一植物花境外,大多数花境都是运用较多的植物种类,四季有景,三季有花,每个季节有代表性的3～4种植物开花,营造季节变换的景观。

⑤半自然式种植设计 花境是一种半自然的植物配置形式,体现植物的自然美与群体美。

2. 花境的布置场合

花境在园林中设置在庭院及林荫路旁、水边、绿篱或树丛前、草丛上、建筑物墙基前等,起到丰富植物多样性、增加自然景观、分隔空间与组织游览路线的作用(图5-2-3、

图 5-2-4）。它是一种半自然式的植物造景方式，极适合用于园林中建筑、道路、绿篱等人工构筑物与自然环境之间，起到由人工到自然的过渡作用。

花境在园林造景中既可作主景，也可为配景。

3. 花境的类型和应用

花境的形式多种多样，可以根据观赏角度、植物材料、生长环境以及功能等分成不同的类型，在此主要讲述按观赏角度及按植物材料的分类。

（1）按观赏角度分类

①单面观赏花境　是传统的花境形式，多靠近道路设置，常以建筑物、矮墙、树丛、绿篱为背景，植物材料整体上前低后高，供一面观赏（图 5-2-5）。

②双面观赏花境　可供两面或多面观赏的花境。多设置在道路和广场的中央，如隔离带、广场或草坪中央等，没有背景，植物种植总体上中间高，两边或四周低。

③对应式花境　在园路两侧、广场或草坪的周围、建筑的四周，配置左右两列或周边互相拟对称的花境（图 5-2-6）。

（2）按植物材料分类

①宿根花卉花境　全部由可露地过冬、越夏的适应性较强的耐寒、耐热宿根花卉组成，

图5-2-3　草坪边缘花境

图5-2-4　路缘花境

图5-2-5　单面观赏花境

图5-2-6　道路两侧对应式花境

如鸢尾、萱草、芍药、玉簪、千屈菜等。宿根花卉种类繁多，色彩丰富；适应性强，养护简单，一次种植，可以连续多年开花；栽培容易，维护成本低，是花境设计师的优秀素材。

②球根花卉花境　花境内栽植的花卉为球根花卉，如百合、石蒜、大丽菊、水仙、风信子、郁金香、美人蕉等。球根花卉具有丰富的色彩和多样的株形，花期在春季或初夏，可以弥补宿根花卉和灌木景观上的不足。但是由于花期较短或相对集中、花后休眠或景观效果差等原因，设计花境时可以选择多个种类或不同品种来延长观赏期。

③观赏草花境　观赏草包括禾本科、莎草科、灯心草科、香蒲科等一些具有观赏性的植物。它们具有生态适应性强、抗寒性强、抗旱性强、抗病虫能力强、不用修剪等特点，适合花境应用。观赏草的品种繁多，叶色丰富，花序多样，从粗犷野趣到优雅正气，株型从高大到低矮小巧，应用起来可以组合出多种形式。观赏草花境景观自然、朴实，富有野趣，别具特色，且管理粗放，近年来，以其独特的美越来越得到人们的青睐（图5-2-7）。

④灌木花境　以观花、观叶、观果的灌木为材料搭配组成，如红叶石楠、金叶女贞、牡丹、南天竹、绣球、杜鹃花、金丝桃等。具有开花繁盛、色彩鲜艳、花色丰富、成景快、寿命长、栽培容易、抗逆性强、养护简单等特点。

⑤一、二年生花卉花境　一、二年生花卉种类繁多，从播种到开花所需时间短，花期集中、观赏效果佳，但花卉寿命短，在花境应用中需按季节更换或年年播种，管理投资较大，故在花境设计中选择管理粗放、能自播繁殖的种类为佳，如大花飞燕草、波斯菊、黑心菊、紫茉莉、大花马齿苋等。

⑥专类花境　由同一类花卉为主配置的花境。花卉在花期、株形、花色等方面有丰富的变化。如由叶形、色彩及株形等不同的蕨类植物组成的花境，由鸢尾属的不同种类和品种组成的花境，由芳香植物组成的花境等。

⑦混合花境　是景观最为丰富的一类花境，它主要是指由宿根花卉，一、二年生花卉，观赏草以及灌木等组成的花境，是园林中最常见的花境类型。混合花境一般是以常绿乔木和灌木为基本结构，结合多年生花卉及一、二年生花卉组成一个植物群落（图5-2-8）。混合花境的持续时间长，植物的叶色、花色等在不同的时期有明显的季相变化，呈现出不同的景观效果。

图5-2-7　观赏草花境

图5-2-8　混合花境

4. 花境植物材料选择

花境中植物丰富，以宿根花卉为主，兼配灌木，一、二年生及球根花卉；观赏期应持续数月，植物高低错落，富于季相、色彩变化；植物一次种植，景观保持3～5年。

（1）花境植物应具备的基本条件

①应适应当地环境、气候条件　以乡土植物为主。

②抗性强、低养护　花境植物材料应能露地越冬，不易感染病虫害，每年不需要大面积更换。以在当地能露地越冬的宿根花卉为主，兼顾一些小灌木和球根花卉及一、二年生花卉。

③观赏期长　植物的观赏期（花期、绿期）较长，花谢后叶丛美丽。

④景观价值高　株高、株形、花序形态等变化丰富，花序有水平和竖线条的区别。每种植物能表现花境中的竖线条景观或水平线条景观（丛状景观）或独特花头景观。

⑤植株高度有变化　花境注重植物的高低错落，所以在高度上有一定要求，基本控制在0.2～2m。

⑥色彩丰富，质地有别。

⑦花期具有连续性和季相变化　花卉在生长期次第开放，形成优美的群落景观。

花境植物选择

新优植物介绍1

新优植物介绍2

（2）花境常用植物材料

花境常用草本花卉见表5-2-1、表5-2-2所列。常用于花境的花灌木北方有牡丹、绣线菊、锦带花、大叶黄杨、金叶女贞、寿星桃、金叶莸、醉鱼草、棣棠、珍珠梅等，南方有南天竹、绣球、变叶木、红背桂、十大功劳、龙舌兰、杜鹃花、朱蕉等。

表5-2-1　江南花境常用花卉种类

序号	中文名	学名	科属	花期	株高(cm)	花色
1	蓍	*Achillea millefolium*	菊科蓍属	夏、秋（6～8月）	30～80	粉、白、黄
2	金钱蒲	*Acorus gramineus*	天南星科菖蒲属	春（3～5月）	20～50	观叶
3	多花筋骨草	*Ajuga multiflora*	唇形科筋骨草属	春（4～6月）	20～40	蓝紫
4	宽叶韭	*Allium hookeri*	石蒜科葱属	夏、秋（7～11月）	40～60	白
5	银蒿	*Artemisia austriaca*	菊科蒿属		40～60	观叶，银白
6	蜘蛛抱蛋	*Aspidistra elatior*	百合科蜘蛛抱蛋属	春（5～6月）	20～50	观叶，绿
7	射干	*Balamcanda chinensis*	鸢尾科射干属	春、夏（6～8月）	30～90	橙
8	四季海棠	*Begonia cucullata* var. *hookeri*	秋海棠科秋海棠属	四季（3～12月）	15～30	红、粉

(续)

序号	中文名	学名	科属	花期	株高(cm)	花色
9	岩白菜	*Bergenia purpurascens*	虎耳草科岩白菜属	春、夏、秋（5～10月）	20～30	粉、近白色
10	风铃草	*Campanula medium*	桔梗科风铃草属	春、夏（5～9月）	40～80	紫红、粉红、蓝紫
11	'花叶'美人蕉	*Canna generalis* 'Varigata'	美人蕉科美人蕉属	夏（6～7月）	50～100	黄、橙、红
12	美人蕉	*Canna indica*	美人蕉科美人蕉属	夏、秋（6～11月）	80～150	黄、红
13	紫叶美人蕉	*Canna warscewiezii*	美人蕉科美人蕉属	夏、秋（6～10月）	150～200	黄
14	黄花美人蕉	*Canna indica* var. *lava*	美人蕉科美人蕉属	常年	50～100	黄
15	黄金菊	*Euryops pectinatus*	菊科梳黄菊属	春、夏、秋（5～11月）	30～50	黄
16	大蓟	*Cirsium japonicum*	菊科蓟属	夏、秋（6～9月）	30～50	紫、红
17	林荫鼠尾草	*Salvia nemorosa*	唇形科鼠尾草属	春、夏（5～7月）	25～30	蓝紫
18	大花金鸡菊	*Coreopsis grandiflora*	菊科金鸡菊属	夏、秋（6～10月）	30～70	金黄
19	大花飞燕草（翠雀）	*Delphinium grandiflorum*	毛茛科翠雀花属	春（4～5月）	70～120	紫、黄、白
20	羽瓣石竹	*Dianthus plumarius*	石竹科石竹属	春（5～6月）	8～10	粉红
21	松果菊	*Echinacea purpurea*	菊科紫松果菊属	夏（6～7月）	60～150	紫
22	大吴风草	*Farfugium japonicum*	菊科大吴风草属	夏（7～10月）	30～70	黄
23	宿根天人菊	*Gaillardia aristata*	菊科天人菊属	夏（7～8月）	20～40	黄、橙
24	山桃草	*Gaura lindheimeri*	柳叶菜科山桃草属	春、夏（5～9月）	100	白、粉
25	染料木	*Genista tinctoria*	豆科染料木属	观叶	30～50	观叶
26	'花叶'活血丹	*Glechoma hederacea* 'Variegsata'	唇形科活血丹属	观叶	<20	观叶
27	姜花	*Hedychium coronarium*	姜科姜花属	夏、秋（5～11月）	40～70	白
28	大苞萱草	*Hemerocallis middendorffii*	百合科萱草属	夏（7～8）	40～60	橙红
29	玉簪	*Hosta plantaginea*	百合科玉簪属	夏（7～9月）	60～80	白
30	紫萼	*Hosta ventricosa*	百合科玉簪属	夏（8～10月）	60～80	粉紫
31	'花叶'鱼腥草	*Houttuynia cordata* 'Chameleon'	三白草科蕺菜属	夏（6～8月）	30～40	观叶
32	风信子	*Hyacinthus orientalis*	百合科风信子属	春（3～5月）	20～50	蓝紫、粉红
33	德国鸢尾	*Iris germanica*	鸢尾科鸢尾属	春（4～5月）	60～100	白、紫、黄
34	蝴蝶花	*Iris japonica*	鸢尾科鸢尾属	春（4～5月）	20～40	白、紫

（续）

序号	中文名	学名	科属	花期	株高(cm)	花色
35	玉蝉花	Iris ensata	鸢尾科鸢尾属	春、夏（5～6月）	40～80	白、红紫
36	马蔺	Iris lactea	鸢尾科鸢尾属	春（4～5月）	10～60	蓝紫
37	黄菖蒲	Iris pseudacorus	鸢尾科鸢尾属	春（4～5月）	60～70	黄，有紫斑点
38	溪荪	Iris sanguinea	鸢尾科鸢尾属	春（3～5月）	50～100	白、紫
39	鸢尾	Iris tectorum	鸢尾科鸢尾属	春（3～5月）	50～100	蓝紫
40	灯心草	Juncus effusus	灯心草科灯心草属	春（3～4月）	40～100	观叶
41	火炬花	Kniphofia uvaria	百合科火把莲属	夏（6～7月）	80～120	橙红
42	兔尾草	Lagurus ovatus	禾本科兔尾草属	春	20～30	白
43	野芝麻	Lamium barbatum	唇形科野芝麻属	春、夏（3～6月）	30～40	白、黄
44	大滨菊	Leucanthemum maximum	菊科滨菊属	春（3～5月）	60～100	白
45	'花叶'大吴风草	Farfugium japonicum 'Aureo-maculatum'	菊科大吴风草属	夏、秋（7～10月）	30～70	花叶
46	'金边'阔叶山麦冬	Liriope muscari 'Variegata'	百合科山麦冬属	夏（6～8月）	20～50	金叶
47	长梗山麦冬	Liriope longipedicellata	百合科山麦冬属	观叶	20～40	观叶，绿
48	半边莲	Lobelia chinensis	桔梗科半边莲属	春（4～5月）	6～15	红、黄、橙、玫瑰红
49	多叶羽扇豆	Lupinus polyphyllus	豆科羽扇豆属	春（5～6月）	90～120	黄、紫、红
50	过路黄	Lysimachia christinae	报春花科珍珠菜属	春、夏（5～7月）	10～15	观叶，黄
51	'花叶'薄荷	Mentha rotundifolia 'Variegata'	唇形科薄荷属	夏（7～8月）	30	绿叶有白斑
52	美国薄荷	Monarda didyma	唇形科美国薄荷属	夏（7～9月）	30～100	粉紫
53	芭蕉	Musa basjoo	芭蕉科芭蕉属	夏、秋	250～400	紫、红褐
54	地涌金莲	Musella lasiocarpa	芭蕉科地涌金莲属	一年多次	60	黄
55	洋水仙	Narcissus pseudonarcissus	石蒜科水仙属	春（3～5月）	20～50	白、黄
56	卷耳	Cerastium arvense	唇形科荆芥属	春、夏（5～8月）	10～20	白
57	肾蕨	Nephrolepis cordifolia	骨碎补科肾蕨属	观叶	10～20	观叶
58	波士顿蕨	Nephrolepis exaltata	骨碎补科肾蕨属	观叶	10～20	观叶
59	美丽月见草	Oenothera speciosa	柳叶菜科月见草属	春、夏、秋（4～10月）	60～80	粉红
60	红花酢浆草	Oxalis corymbosa	酢浆草科酢浆草属	春、夏、秋（4～11月）	32	红
61	'紫叶'酢浆草	Oxalis triangularis 'Urpurea'	酢浆草科酢浆草属	夏（6～8月）	15～30	紫
62	钓钟柳	Penstemon campanulatus	玄参科钓钟柳属	春、夏（5～6月）	60	紫红、粉等

（续）

序号	中文名	学 名	科属	花期	株高(cm)	花色
63	矮蒲苇	Cortaderia selloana 'Pumila'	禾本科蒲苇属	秋（9～11月）	120	观花，银白色
64	天蓝绣球	Phlox paniculata	花葱科天蓝绣球属	夏、秋（6～9月）	20～50	白、粉、紫、红
65	花毛茛	Ranunculus asiaticus	毛茛科毛茛属	春（4～5月）	20～40	红、黄
66	黑心金光菊	Rudbeckia hirta	菊科金光菊属	夏（6～8月）	20～50	橙黄至橙红
67	金光菊	Rudbeckia laciniata	菊科金光菊属	秋（9～11月）	50～100	黄
68	虎耳草	Saxifraga stolonifera	虎耳草科虎耳草属	春（4～8月）	15～45	白
69	佛甲草	Sedum lineare	景天科佛甲草属	春（3～5月）	<20	观叶，鲜黄
70	长药八宝	Hylotelephium spectabile	景天科八宝属	夏（6～8月）	30～50	黄
71	银叶菊	Senecio cineraria	菊科千里光属	夏（6～9月）	50～80	银白
72	绵毛水苏	Stachys byzantina	唇形科水苏属	春、夏（5～7月）	25～80	观叶，银白
73	紫露草	Tradescantia ohiensis	鸭跖草科紫露草属	春、夏（6～8月）	50～70	蓝紫

表 5-2-2　北京地区花境常用植物

序号	中文名	学 名	株高（cm）	花期	花色
1	大花金鸡菊	Coreopsis grandiflora	40～60	5～9月	金黄
2	穗花婆婆纳	Veronica spicata	60	7～9月	蓝
3	小天蓝绣球	Phlox drummondii	50～70	6～9月	粉、红
4	宿根天人菊	Gaillardia aristata	20～40	6～10月	黄、紫
5	大滨菊	Leucanthemum maximum	60～80	6～9月	白
6	美国薄荷	Monarda didyma	30～80	7～9月	粉、紫
7	萱草	Hemerocallis fulva	50～80	6～9月	黄、橙
8	铃兰	Convallaria majalis	20～30	4月下旬至5月上旬	白
9	荷包牡丹	Lamprocapnos spectabilis	30～50	4月下旬至5月上旬	粉白
10	耧斗菜	Aquilegia vulgaris	60	4月下旬至7月上旬	混色
11	鸢尾	Iris spp.	50～70	4月下旬至6月上旬	蓝、白
12	'不朽'白鸢尾	Iris germanica 'Immortality'	70	4月，8～11月	白
13	钓钟柳	Penstemon campanulatus	60～80	5月	红
14	须苞石竹	Dianthus barbatus	20～30	5～6月	红
15	荆芥	Nepeta cataria	30～50	5～9月	蓝
16	月见草	Oenothera biennis	20	6～9月	明黄
17	火炬花	Kniphofia uvaria	60～120	6～9月	橙黄

（续）

序号	中文名	学名	株高（cm）	花期	花色
18	蛇鞭菊	*Liatris spicata*	40～70	7～8月	白、粉紫
19	落新妇	*Astilbe chinensis*	40～60	7～9月	粉、乳白
20	堆心菊	*Helenium mudiflorum*	90～150	7～9月	黄
21	'钹星'堆心菊	*Helenium* 'Cymbal Star'	100	8月	红
22	假龙头花	*Physostegia virginiana*	40～60	7～10月	粉红、淡紫
23	荷兰菊	*Aster novi-belgii*	30～80	9月	粉、紫
24	春黄菊	*Anthemis tinctoria*	30～60	6～9月	黄
25	红花钓钟柳	*Penstemon barbatus*	150	7月	红
26	超级鼠尾草	*Salvia superba*	60	6～8月	蓝紫
27	大火草	*Anemone tomentosa*	100	8月	浅粉
28	肥皂草	*Saponaria officinalis*	30～60	5～9月	粉
29	山桃草	*Gaura lindheimeri*	85	7～10月	粉
30	紫露草	*Tradescantia ohiensis*	20～30	5～10月	白、淡紫
31	'粗壮'景天	*Sedum* 'Robustum'	70	8月中、下旬	红
32	蓍	*Achillea millefolium*	40～50	6～9月	红、黄、粉、白
33	'红毯'白景天	*Sedum album* 'Coral Carpet'	10	6～8月	粉
34	玉簪	*Hosta* spp.	40～50	7～8月	白、藕荷
35	'贵族'玉簪	*Hosta* 'Patrician'	25	8～9月	淡紫
36	'雪杯'玉簪	*Hosta* 'Snow Cap'	60	7～8月	淡紫
37	'糖与奶油'玉簪	*Hosta* 'Suger and Cream'	65	7～9月	淡紫
38	'如此甜'玉簪	*Hosta* 'So sweet'	45	8月	白
39	黑心金光菊	*Rudbeckia hirta*	50	6～8月	金黄
40	翠雀	*Delphinium grandiflorum*	35～65	4月下旬至6月上旬	蓝紫
41	多叶羽扇豆	*Lupinus polyphyllus*	90～120	5～6月	蓝紫
42	凤尾丝兰	*Yucca gloriosa*	70～120	10～11月	白

5. 花境种植床设计

（1）外形

种植床是带状的，两边是平行或近于平行的直线或曲线。单面观花境的后边缘线多采用直线，前边缘线为直线或自由曲线。双面观花境的前、后边缘基本平行，为直线或曲线。

（2）朝向

对应式花境的长轴沿南北方向延伸，保证对应的两个花境光照均匀、生长势相近，容易取得近似的景观效果。其他类型的花境可自由择向。

（3）大小

花境的大小取决于环境空间的大小，通常花境长轴的长度不限。可以把过长的种植床分成几段，每段长度不超过20m，段与段之间可留出1～3m的间歇地段，设置座椅、雕塑等。

花境的短轴长度：花境短轴宽度宜适当，过窄难以体现群落景观，过宽则超出视觉范围而造成浪费，也不便于养护管理。具体为：单面观混合花境4～5m，单面观宿根花境2～3m，双面观宿根花境4～6m；在面积较小的庭院中一般为1～1.5m，不超过庭院宽的1/4。

花境不宜距离建筑物过近，一般要离开建筑物40～50cm，较宽的单面观赏花境的种植床与背景之间可留出70～80cm的过道，以便于通风、养护（图5-2-9）。

（4）高度

根据土壤的条件和立地环境可设计成平床或高床，保持2%～4%排水坡度。在土壤排水良好的地段或种植于草坪边缘的花境宜用平床。排水差的土壤，挡土墙前的花境可做成30～40cm高的高床。

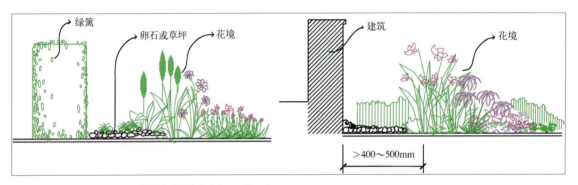

图5-2-9　花境与绿篱或者建筑物应该有一定的距离

6. 花境背景和边缘设计

（1）花境背景设计

背景是花境的重要组成部分之一，单面观赏花境需要背景。较理想的背景是绿色的自然景观，如树墙、绿篱、林缘，因为绿色最能衬托花境优美的外貌和丰富的色彩效果。建筑物的墙基及各种栅栏作背景时以绿色或白色为佳，如果背景的颜色不理想，可在背景前种植高大的绿色观叶植物或藤本植物，形成绿色的屏障，再设置花境。

（2）花境边缘设计

花境的边缘对花境的轮廓起到确定、装饰或保护作用。饰边不仅围合花境，起到边界的作用，还能阻隔植物根系的蔓延。高床可用自然的石头、砖块、木桩等垒砌而成，平床多用低矮植物镶边，以高度不超过20cm为宜。若花境前为园路，则可用草坪带镶边，宽度至少30cm。

7. 花境平面和立面设计

(1) 花境平面设计

花丛是构成花境的基本单位，平面上采用不同植物呈斑驳块状混植，每个斑块为一个单种的花丛。斑块大小不同、数量不同，各斑块间有疏有密、有大有小，富有自然野趣。根据人们观赏距离远近的需求，确定斑块面积的大小。一般供人们远距离观赏的花境，植物的斑块种植面积一般可相对较大，如高速公路入口的花境、大型公共绿地上的草坪花境等；而供人们近距离观赏的花境，植物斑块的种植面积则一般相对较小，如庭院花境。花境内应由主花材形成基调，次花材作为配调，由各种花卉共同形成季相景观，每季以2～5种花卉为主；其他花卉为辅，用来丰富色彩。为使开花植物分布均匀，又不因种类过多造成杂乱，可把主花材植物分为数丛种在花境不同位置。对于过长的花境，可分段处理，种植床内的植物可采取段内变化、段间重复的手法，表现植物布置的韵律和节奏。每段花境的植物种类一般10种以上，有时可达到40～50种。平面斑块上标上序号（图5-2-10），每个序号代表一种植物，该序号应与植物材料表中的序号对应起来。也可以将植物名称直接标注在斑块上（图5-2-11）。

(2) 花境立面设计

在花境设计过程中充分利用植物的株形、株高、花形、质地等观赏特性，创造出层次分明、高低错落、富于变化的立面景观（图5-2-12）。

花境植物依种类不同，高度变化很大。但花境高度一般不超过人的视线。总体上是前低后高，在细部可有变化，整个花境要有适当的高低穿插和掩映，才显得自然。

花境在立面设计上最好有水平形、竖直形、独特形3类株形和花序特征的植物。水平形花序植物形成水平方向的色块，如金鸡菊、美女樱等。直立形花序植物开花时形成明显的竖线条，如鼠尾草、火炬花、大花飞燕草等，这些植物可以打破水平线，增加竖向层次。独特形花序植物开花时兼有水平和竖向效果，如射干、鸢尾、百合等。

立面设计除了从景观角度出发外，还应充分考虑植物的生长与生活习性，如植物的光

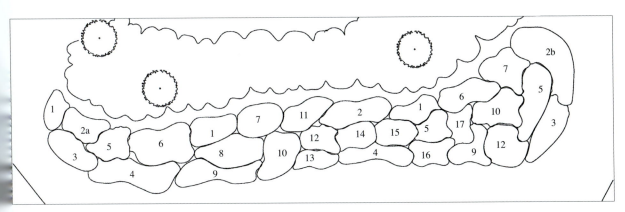

图5-2-10 标注序号的花境平面设计图
注：图中的每一个数字表示一个植物种类，同一种植物不同颜色用a和b区分。

照需求，需要强光的花卉周边要配置低矮的花卉，相反，耐阴的植物周围要配置高大的植物遮光。

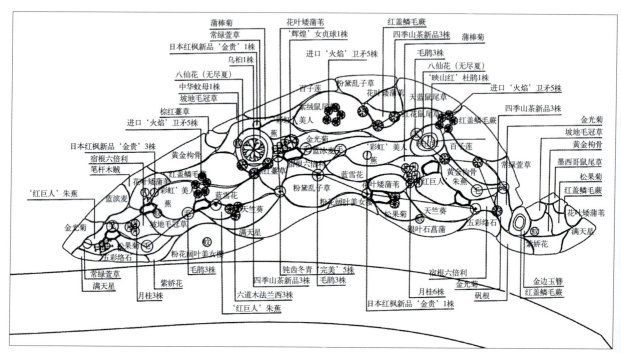

图5-2-11 标注植物的花境平面设计图

图5-2-12 不同株型和花序的植物组成高低错落、富有变化的立面景观

8. 花境色彩设计

花境的色彩主要用花色、叶色、果色、枝干色来体现。在花境总体色彩设计时可巧妙利用色彩的心理感觉和象征意义来营造丰富的景观。合理利用冷色与暖色，如冷色有退后和远离的感觉，布置在花镜的后部，视觉上有加大花境深度的效果，从而增加空间感，特别在狭小的空间可利用；夏季以冷色为主，如蓝紫色，给人带来凉意，春、秋用暖色给人温暖感；在安静的休息处适宜用冷色，若要增加热烈的气氛，则用暖色（图5-2-13、图5-2-14）。常用的配色方法有以下几种。

单色系设计　这种配色不常用，只为强调某一环境的某种色调或特殊需要时才使用。

类似色设计　这种配色法主要在强调季节的色彩特征时使用，如早春的鹅黄色、秋天的金黄色。

互补色设计　多用于花境局部配色，使色彩鲜明、艳丽。花境与周围环境的色调，宜用互补色设计。如在红墙体前的花境，可选用花色浅淡的植物配置；在灰色墙体前的花境，可选用大红或橙黄色植物。

多色设计　花境常用的配色方法。使花境五彩缤纷，具有鲜艳、热烈的气氛。

设计中应根据花境的规模来搭配色彩，避免因色彩过多而产生杂乱感。注意：忌在较小的面积上使用较多的色彩；色彩设计不是独立存在的，必须与周围环境色彩相协调，与季节相吻合；为保证植物花期的连续性和景观效果的完整性，应使开花植物均匀散布在整个花境中，避免局部配色好、整体观赏效果差。

花境色彩设计

9. 花境季相设计

理想的花境应四季可赏，即使是在寒冷地区，也应做到三季有景。花境的季相是通过种植设计实现的，利用花期、花色、叶色及各季节的代表性植物来创造季相景观。一般春、夏、秋每季有3～4种主基调花开放。

植物的花期和色彩是表现季相的主要因素，花境中开花植物应连续不断，以保证各季的观赏效果。在季相构图中应该将各种植物的花期依月份或春、夏、秋等时间顺序标注出

图5-2-13　暖色调花境

图5-2-14　冷色调花境

来，检查花期的连续性，并且注意各季节中开花植物的分布情况，使花境成为一个连续开花的群体。

10. 花境设计图绘制

完整的花境设计图包括总平面图、花境平面图、花境立面图和效果图、植物材料表、设计说明等（图5-2-15、图5-2-16）。

（1）总平面图

标出花境周围环境，如建筑、道路、绿地及花境所在的位置。依环境面积大小选用1∶500～1∶100的比例绘制。

图5-2-15　花境平面图和立面图

图5-2-16　不同风格的花境效果图

（2）花境平面图

用平滑的曲线勾勒出花境边缘线及植物团块的外轮廓，在植物团块上注明植物编号或直接注明植物名称及株数。也可绘制出各个季节或主要季节的色彩分布图。根据花境的大小可选用 1∶50～1∶20 的比例绘制。

（3）花境立面图和效果图

花境立面图和效果图可直观地表现花境预期效果。立面图主要展示花境中植物团块的高低层次以及团块搭配效果；效果图以人的观赏视觉展现花境预期景观（图 5-2-17）。

图5-2-17　上海世贸皇家艾美酒店花境从图纸到实景

（4）植物材料表

罗列整个花境所需植物材料，包括植物中文名、学名、株高、花期、花色、用量及备注。

（5）设计说明

简述创作意图及管理要求等，并对图中难以表达的内容做出说明。

花境效果图绘制过程

11. 花境设计案例赏析

（1）花境设计大赛金奖作品——《梦里水乡》

2020年6月，以"花开崇明、境色满源"为主题的"源怡杯"首届花境设计大赛在上海崇明智慧生态花卉园举行。设计师何向东的作品《梦里水乡》获得金奖（图5-2-18至图5-2-21）。

《梦里水乡》花境作品借鉴苏州园林"小中见大""曲径通幽"的造景手法，通过内置步道，将作品划分为若干个植物组团，以开花宿根花卉、观赏草为主，配以适量花灌木，营建草长莺飞、灵动秀丽的江南水乡景色，帮助人们寻找儿时的记忆与快乐。

四季有景可赏：春季，万物复苏，樱花、海棠、梅、榆叶梅、紫荆、毛鹃及珍珠绣线菊等花灌木争芳斗艳；夏季，欧洲荚蒾、穗花牡荆、紫薇、金丝桃及美人蕉等相继花开；秋季，香甜的桂花、鲜艳的羽毛枫以及墨西哥鼠尾草等，让人从视觉到嗅觉都能够得到一种满足感；冬季，红瑞木、蜡梅、山茶、结香以及含苞待放的红梅便成了主角。

（2）北京世界园艺博览会上海展园岩石园花境

北京世界园艺博览会上海展园以"祥云"为主题，通过景观园艺手段表达"祥云献瑞，雨润万物"的愿景，表达了对祖国的祝福和对美好生活的向往。全园分为云阶、云影、云裳、云岗、云巢、云坞六大分区。在展示园艺成就的同时，也展示了上海独特的海派园林文化和地方特色。云裳源自"云想衣裳花想容"的诗句，主要展示的是岩石园花境。以蓝、白两种颜色的主题花境作前景，形成开敞大气的花海景观。沿石板路的两侧配合景石布置岩生花园、香草园，松柏科植物形成绿色背景衬托各类观赏草，形成蓝灰色系的专类园

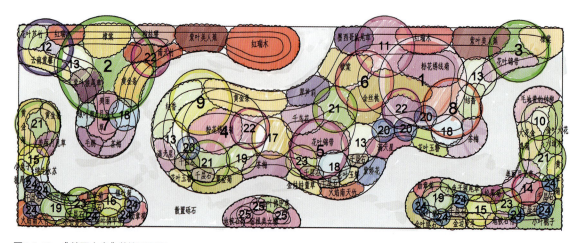

图5-2-18 《梦里水乡》花境平面图

项目 5 花卉景观设计　155

作品名称：《梦里水乡》
设计人员：何向东

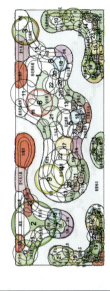

（b）季相图（夏季）

夏季，很多植物都放慢了生殖生长的速度，而加快了营养生长的步伐。此时的花草树木大多郁郁葱葱，但是开花的却并不是很多。能在夏季花开百日的紫薇、枝繁叶茂，便成了万绿丛中的那一抹红，实力变身为景区的焦点。它那些艳而不俗、多而不乱的花序，仿佛是在跟我们诉说一个关于热爱生活的故事。

作品名称：《梦里水乡》
设计人员：何向东

（d）季相图（冬季）

冬季，大部分的植物都进入了休眠期，或落或枯。然而此时，背景线上的红端木正好可以大展风采。其艳丽的枝干，与前景线上及路旁的那些常绿的植物前后呼应，形成框景。利用格式塔心理学的闭合原理。最大限度地保持了景观的完整性与饱满度，此时花香四溢的蜡梅，以及含苞待放的红梅，便成了这个画框中的一对主角。

序号	图例	名称
1	①	染井吉野樱
2	②	金桂
3	③	美人茶
4	④	丛生紫薇
5	⑤	垂丝海棠
6	⑥	骨里红梅
7	⑦	榆叶梅
8	⑧	羽毛枫
9	⑨	素心蜡梅
10	⑩	欧洲荚蒾
11	⑪	紫荆
12	⑫	穗花牡荆
13	⑬	珍珠绣线菊
14	⑭	贴梗海棠
15	⑮	'黄金'女贞球
16	⑯	黄金枸骨球
17	⑰	'金森'女贞球
18	⑱	银香香球
19	⑲	含笑球
20	⑳	'无尽夏'绣球
21	㉑	矮蒲苇
22	㉒	粉黛乱子草
23	㉓	细叶芒
24	㉔	百子莲
25	㉕	'诺维'月季

序号	图例	名称
1	①	染井吉野樱
2	②	金桂
3	③	美人茶
4	④	丛生紫薇
5	⑤	垂丝海棠
6	⑥	骨里红梅
7	⑦	榆叶梅
8	⑧	羽毛枫
9	⑨	素心蜡梅
10	⑩	欧洲荚蒾
11	⑪	紫荆
12	⑫	穗花牡荆
13	⑬	珍珠绣线菊
14	⑭	贴梗海棠
15	⑮	'黄金'女贞球
16	⑯	黄金枸骨球
17	⑰	'金森'女贞球
18	⑱	银香香球
19	⑲	含笑球
20	⑳	'无尽夏'绣球
21	㉑	矮蒲苇
22	㉒	粉黛乱子草
23	㉓	细叶芒
24	㉔	百子莲
25	㉕	'诺维'月季

作品名称：《梦里水乡》
设计人员：何向东

（a）季相图（春季）

春季，万物复苏，几乎所有的花草，都像是被从梦中唤醒，而后开始欢快地进发激情。这其中，自然要数樱花、海棠、梅花、榆叶梅以及紫荆等最为活跃。它们看似相互比拼，争先斗艳，实则却是相互配合，共同演绎，用美丽来诠释美好。

作品名称：《梦里水乡》
设计人员：何向东

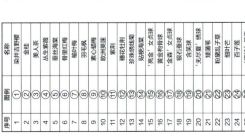

（c）季相图（秋季）

秋季，很多植物都已经过了盛花期，开始逐渐进入休眠。香甜桂花与鲜艳的羽毛枫，便成了这里的主角。让人从视觉到嗅觉，都能够感到惬意与满足。此时的花境，呈现出的是一种整体的和谐，传递给人的是一种安静的感受。

序号	图例	名称
1	①	染井吉野樱
2	②	金桂
3	③	美人茶
4	④	丛生紫薇
5	⑤	垂丝海棠
6	⑥	骨里红梅
7	⑦	榆叶梅
8	⑧	羽毛枫
9	⑨	素心蜡梅
10	⑩	欧洲荚蒾
11	⑪	紫荆
12	⑫	穗花牡荆
13	⑬	珍珠绣线菊
14	⑭	贴梗海棠
15	⑮	'黄金'女贞球
16	⑯	黄金枸骨球
17	⑰	'金森'女贞球
18	⑱	银香香球
19	⑲	含笑球
20	⑳	'无尽夏'绣球
21	㉑	矮蒲苇
22	㉒	粉黛乱子草
23	㉓	细叶芒
24	㉔	百子莲
25	㉕	'诺维'月季

序号	图例	名称
1	①	染井吉野樱
2	②	金桂
3	③	美人茶
4	④	丛生紫薇
5	⑤	垂丝海棠
6	⑥	骨里红梅
7	⑦	榆叶梅
8	⑧	羽毛枫
9	⑨	素心蜡梅
10	⑩	欧洲荚蒾
11	⑪	紫荆
12	⑫	穗花牡荆
13	⑬	珍珠绣线菊
14	⑭	贴梗海棠
15	⑮	'黄金'女贞球
16	⑯	黄金枸骨球
17	⑰	'金森'女贞球
18	⑱	银香香球
19	⑲	含笑球
20	⑳	'无尽夏'绣球
21	㉑	矮蒲苇
22	㉒	粉黛乱子草
23	㉓	细叶芒
24	㉔	百子莲
25	㉕	'诺维'月季

图5-2-19　《梦里水乡》花境季相设计图

图5-2-20 《梦里水乡》花境效果图

图5-2-21 《梦里水乡》花境实景图

图5-2-22 北京世界园艺博览会上海展园

（图5-2-22）。

岩石园花境采用自然式布局，植物与岩石有机结合。较大的岩石旁选用矮生的松柏类植物和观赏价值较高的花灌木搭配；宿根花卉以植株矮小、结构紧密的垫状、丛生状或蔓生型草本植物为主；一年生花卉选择株美叶秀、花朵大或小而繁密的植物；选用不同类型的观赏草在岩石缝隙点缀。整个花境以蓝白色调为主色调，主要运用的植物有柳杉、'金冠'香柏、黄金花柏、小丑火棘、中华景天、'小兔子'狼尾草、朝雾草、蓝羊茅、花叶蒲苇、绵毛水苏、细茎针茅、'金叶'佛甲草、露薇花、银莲花、大花葱以及各种鼠尾草等。整个岩石园花境运用了 42 种植物，形成特色鲜明的岩石植物景观。设计图纸如图 5-2-23 至图 5-2-28 所示。

岩石园花境植物材料

🌿 任务实施

1. 确定花境的设计主题

根据环境和设计要求，确定花境的设计主题。花境主题要鲜明、构思新颖、富有内涵。设计师围绕主题进行花境植物选择和花境平面图设计。

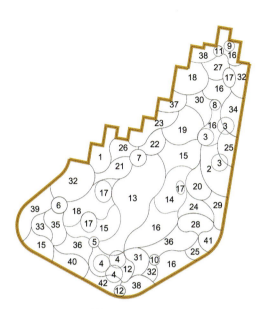

图5-2-23 岩石园花境平面图

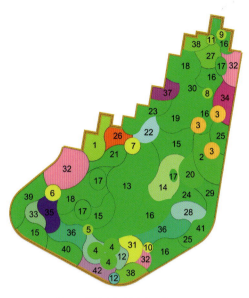

图5-2-24 岩石园花境季相图（春季）

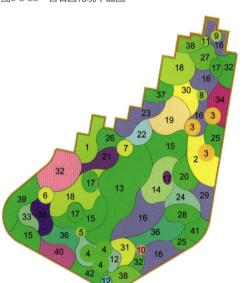

图5-2-25 岩石园花境季相图（夏季）

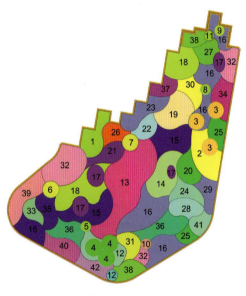

图5-2-26 岩石园花境季相图（秋季）

图5-2-27 岩石园花境效果图

图5-2-28 岩石园花境实景图

2. 选择适宜的花境材料

综合分析绿地的气候、土壤、地形等环境因子，选用花境植物材料。花境植物以宿根花卉为主，搭配灌木和一、二年生花卉，优先选择花叶兼美的新优植物品种。不同株形和花序的植物高低错落搭配，表现出花境植物材料的个体美和植物组合的群落美。

花境植物材料表

3. 确定设计方案

在选择好植物材料的基础上，确定设计方案，分别绘出总平面图、花境平面图、花境立面图、花境效果图（图 5-2-29 至图 5-2-31），最后完成植物材料表和设计说明。

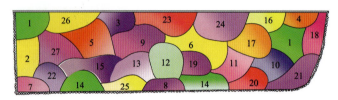

图5-2-29　花境平面图

春立面图

夏立面图

秋立面图

图5-2-30　花境立面图

图5-2-31　花境效果图

巩固训练

在完成任务 4-1 中街头小游园树木景观设计的基础上，在小游园道路两旁的草地上选取区域进行花境的设计（图 5-2-32）。花境大小为宽 3m、长 10m，花境的外形自行设计，完成花境平面图、花境季相图、花境效果图、植物材料表、设计说明。

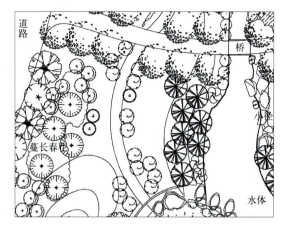

图5-2-32　花境环境图

考核评价

表 5-2-3　评价表

组名：	作品名：	姓名：	学号：

考核指标	考核点说明	分值（分）	得分（分）
设计理念	主题鲜明、构思新颖、富有内涵	10	
花境平面图	线条流畅、标识规范；植物种植位置标注正确；图纸整体协调美观	30	
花境季相图	春、夏、秋三季季相图完整；季相之间区分清晰、连接合理；图纸整体协调美观	15	
花境效果图	至少一幅能表达最佳观赏季节的全景鸟瞰图或局部立面效果图	15	
植物材料表	植物名称、花色（叶色）、观赏期、规格、数量、备注	10	
设计说明	主题新颖，植物种类选择恰当，通过植物合理的搭配和艺术手法的运用表现主题	10	
图面布局	各种图纸在总体方案中布局合理、美观；方案汇报表述简洁、清晰、重点突出	10	
合计		100	
教师评语			

项目 6　草坪和观赏草景观设计

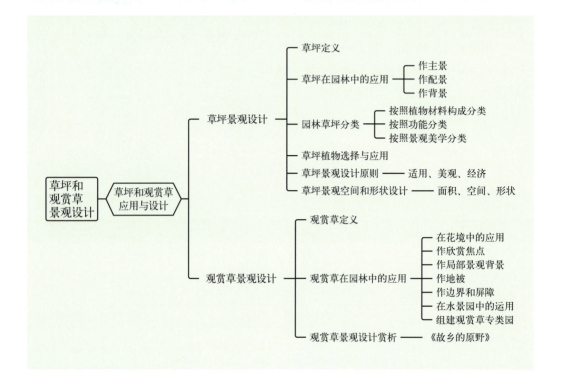

任务6-1　草坪和观赏草应用与设计

【知识目标】

（1）识记和理解草坪的应用特点及草坪的分类。

（2）理解草坪草和观赏草的代表种类和观赏特性。

【技能目标】

（1）能够应用草坪及观赏草的景观特点对园林景观进行评价。

（2）能够根据草坪和观赏草景观的设计要点进行具体项目的草坪和观赏草设计及图纸表达。

工作任务

【任务提出】

根据草坪和观赏草植物景观设计要求完成任务4-1中街头小游园草坪及观赏草景观的设计。

【任务分析】

首先应在了解项目性质、周边环境条件及其他景观要素构成的基础上，对草坪景观的功能进行整体分析和定位，再通过对当地常用草坪种类及各自景观和功能特性的调查和研究，运用草坪景观设计的方法及设计要点等内容，合理布局和规划小游园内的草坪和观赏草景观。

【任务要求】

（1）草种的选择应符合当地的立地条件，并同时满足其景观和功能要求。

（2）正确分析草坪和观赏草在小游园不同景观空间中的应用特点，做到功能明确、布局合理。

（3）图纸绘制规范。

（4）完成街头小游园草坪和观赏草景观设计平面图一幅。

【材料及工具】

测量仪器、手工绘图工具、绘图纸、绘图软件（AutoCAD）、计算机等。

知识准备

1. 草坪景观设计

1）草坪定义

草坪的定义有狭义与广义之分。狭义的草坪仅指草坪草植物群体着生的场所，主要由覆盖地表的地上枝叶层、地下根系层以及根系生长的表土层3个部分构成。广义的草坪则指草坪草与土壤以及在这个环境中生长繁殖的形形色色的生物共同构成的生态系统，它代表着一个高水平的生态有机体，包括草坪草及生长环境两个部分。它具有防风固沙、涵养水源、净化空气、绿化国土、水土保持和保护生物多样性等作用。

在1979年出版的《辞海》中，"草坪"被注释为"草坪亦称草地，是园林中用人工铺植草皮或播种草籽培养形成的整片绿色地面，是风景园林的重要组成部分之一，同时也是休憩、娱乐的场所"。由此可以知道，园林草坪是指人工建植、管理的具有使用功能和改善生态环境作用的草本植被空间，通常是指以禾本科草或其他质地纤细的植被覆盖，并以大量的根或匍匐茎充满土壤表层的地被，是由草坪草的地上部分、根系和土层以及周边生物区系构成的整体。

2）草坪在园林中的应用

园林草坪或由人工建植并进行定期修剪等养护管理而形成，或由人工改造的天然草构成，具有较强的人为干预性。它是园林中以人工手法来实现自然与都市生活融合的重要表现途径之一。园林草坪不仅具有观赏特性，同时也具有人为参与特性，它是开展许多户外活动的绝佳场所。在园林空间布局中，草坪既可以作为主要景观和场地，营造丰富的空间美感，同时也可以作为其他景观不可或缺的搭配或背景，为园林空间增添或清新或浓厚的自然氛围。

（1）作主景

①营造开敞的空间效果　在场地空间较为宽敞的地方，草坪草自身轻柔的形态与群体形成的壮阔景象联系在一起，可以形成视觉上的交错对比、异景同构，展现出多姿多彩的自然美。

②缓解局促的空间氛围　在一些较小的空间中，为了最大化利用空间，往往要奉行"少即是多"的设计原则。在中国古典园林中，草坪成为缓解空间氛围局促的最好选择，以达到简洁、明快、节约成本的效果。

③打造丰富的空间质感　草坪整体上给人们的印象是芳草萋萋、一碧连天——在质地、密度、色泽方面都非常均匀一致，但不同的草坪草种类在不同的景观环境中可以呈现出多种不同的空间质感。如野牛草质地粗野；细叶结缕草形成的草坪则低矮平整，茎叶纤细美观。

（2）作配景

草坪作为配景在园林中出现是园林草坪应用的主要形式，这与草坪自身低矮、整齐、色相柔和、质地均一等特点相关，再加上其开阔而具有张力的景观特征，可以对园林中的建筑、小品、水体、高大植物、园路等要素起到良好的对比、调和、衬托的作用和效果，使置于其中的主要景观要素更加明显地突现在人们的视野之中。

①草坪与地形　地形的营造是园林空间设计的重要手法之一。当草坪与地形要素搭配时，二者往往从视觉上是合二为一的——草坪紧紧地覆盖地面，随地形的起伏变化而表现出不同的种植形态。在这种情况下，体现地形的多变、空间的丰富仍然是园林设计的主旨，而草坪则是地形变化的外在表现和展示，其主要作用是赋予地形以明确的园林景观形式（图6-1-1）。

②草坪与水体　园林中的水体有动、静之分。平静的水面可以映照出天空和周围的景物，而草坪作为质地均一、色调柔和的配景，则犹如优雅的画框，使园林如画境，人如在画中游。流动的水面则往往是人们观赏游憩的焦点，在绿茵静雅的草坪的衬托和对比之下，尤显灵动之气，在动静之间将人们引入自然和谐、妙趣横生之境（图6-1-2）。

③草坪与建筑　草坪由于成坪快、效果明显，常常被用作调节建筑与环境的重要素材之一。草坪中的建筑往往可以丰富景观构图，所以二者之间的关系可以描述为：建筑使草坪更加生动，草坪使建筑更加艺术。

④草坪与乔木、灌木等其他植物　草坪与乔木、灌木等其他植物搭配，可以形成具有向心、递进、多点等多种景观层次的艺术效果。在草坪上，乔木与灌木等其他植物的配置形式主要有3种：孤植、群植（或丛植）和列植（图6-1-3、图6-1-4）。

⑤草坪与小品　与草坪搭配的园林小品主要有山石、座椅、雕塑等，主要应用于公园、广场、居住小区和庭院的绿化美化当中，它们往往可以成为园林局部景观的主景。在草坪上布置园林小品，会给人留下丰富的欣赏和想象空间，看似随意又不失情趣，同时利用草坪色泽均匀和整体平坦的特点，能够增强小品的艺术特色，更好地衬托出小品的色彩和造型的美感。

⑥草坪与道路　线性的道路具有功能上的引导性和可达性，所以在与草坪搭配构成景

图6-1-1 草坪与地形

图6-1-2 草坪与水体

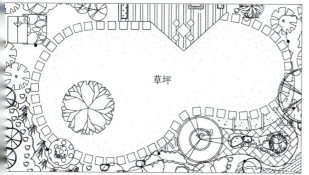

图6-1-3 草坪上孤植

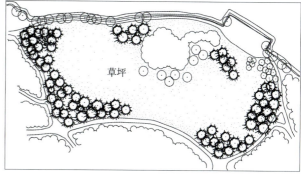

图6-1-4 草坪上群植

观时自然而然成为园林中的主景。园林道路有不同的等级，与草坪配合的道路一般为小型的游步道，宽度为 1～2m，主要供少量游人漫步游览，可以引导游人深入到园林的各个角落观赏景物。游步道在园林草坪上的应用主要有两种形式：一种是道路以独立的形态布置在草坪上；另一种是草坪与预制块、石板、石块等材料共同形成道路，也称为嵌草路。独立的道路往往可以与草坪通过色彩和形态上的对比来增强视觉效果，远观宛如优美的彩带穿插在绿毯之上，清新、朴素又富有雅致的情调。而嵌草路则是路与草的交融，道路在草丛中若隐若现，使园林呈现出更加幽深、自然的野趣。

（3）作背景

草坪作主景和配景都是相对于另一种景物而言，此时草坪参与景观组合。而草坪作背景，则好像一块天然的画布，在上面可以将道路、建筑、小品、水景进行丰富多彩的组合，在草坪之上构成一幅幅生机盎然、多姿多彩的自然风景画面。

3）园林草坪分类

园林草坪依据不同的划分标准，可以划分为不同的类型。

（1）按照植物材料构成分类

按照植物材料的构成可以将草坪分为纯一草坪、混播草坪、缀花草坪、疏林草坪（表 6-1-1）。

表 6-1-1 按照植物材料构成划分园林草坪的类型及其植物选择

类 型	功 能	应用位置	草种选择	实 例
纯一草坪（由一种草坪草种或品种建成的草坪）	形成高度均一的草坪色彩和质感	应用在对均一性要求较高的区域，如高尔夫球场的发球台、球洞区	南方：细叶结缕草、地毯草、狗牙根、高羊茅等。北方：草地早熟禾、匍匐剪股颖、白车轴草、野牛草等	
混播草坪（由两种或两种以上草坪草种混合建植的草坪）	提高成坪速度和草坪的稳定性，以延长草坪绿期和使用年限	体育运动场地和护岸、护坡	高羊茅、狗牙根、黑麦草、早熟禾、白车轴草等	
缀花草坪（以草为背景，间以观花地被植物的草坪）	提高草坪的观赏和游憩价值	公园、大型绿地、医院、疗养院、机关、学校等	小冠花、百脉根等（以多年生矮小禾草或拟禾草为主，混有少量草本花卉）	
疏林草坪（在草坪上建植少量的树木）	增加景观层次，提高绿量，提供开阔的林下活动场所	群众性集体活动的场所	根据地区不同、功能不同选择稍耐阴品种	

（2）按照功能分类

草坪按照功能可以分为观赏草坪、游憩草坪、运动场草坪、交通安全草坪以及固土护坡草坪（表6-1-2）。

表6-1-2　按照功能划分园林草坪的类型及其植物选择

类型	功能	应用位置	草种选择	实例
观赏草坪（专供人们欣赏景色的草坪）	用于广场内草坛，雕像、喷泉、纪念物四周，道路旁、分车道等处的装饰和陪衬	公园、广场、居住区，纪念物、雕塑、喷泉等处的周围	羊胡子草、异穗薹草、朝鲜芝草、燕麦草、紫羊茅、细叶结缕草、葡匐委陵菜等	
游憩草坪（供人们游乐、休憩和活动的草坪）	供人们入内休息、散步，进行小型活动、体育运动或游戏玩耍	大型绿地、医院、疗养院、机关、学校等	野牛草、结缕草、中华结缕草、狗牙根、假俭草、细叶结缕草等	
运动场草坪（专供体育比赛和运动的草坪）	为人们开展体育锻炼或比赛提供户外场地	足球场、网球场、高尔夫球场等	结缕草，细叶结缕草、狗牙根、假俭草等耐践踏草种	
交通安全草坪（保证航空和地面交通安全的草坪）	开阔视野、降低安全隐患，美化环境，降低地表温度，减少噪声，沉降灰尘	道路交叉口、停车场和机场等	野牛草、结缕草、细叶结缕草、狗牙根等	
固土护坡草坪（既具有固土护坡作用又能美化环境的草坪）	用以防止水土被冲刷，防止尘土飞扬	堤坝、驳岸和陡坡	结缕草、假俭草、无芒雀麦、狗牙根等	

(3) 按照景观美学分类

草坪按照景观美学可以分为自然式草坪和规则式草坪（表 6-1-3）。

表 6-1-3 按照景观美学划分园林草坪的类型及其植物选择

类 型	功 能	应用位置	草种选择	实 例
自然式草坪（外形轮廓曲直自然，较少经过人工修剪的草坪）	充分利用自然地形，或模拟自然地形的起伏，造成或开阔或闭锁的原野草地风光	公园、广场、居住区、纪念物、雕塑、喷泉等处的周围	按实际景观需求选择草种	
规则式草坪（外形为整齐的几何轮廓的草坪）	供人观赏，隔离空间，衬托环境	常与规则式园林布局相配合，设置在规则的空间中，如作花坛及道路的边缘装饰，有时也铺植在纪念塔、亭榭或其他建筑物周围	按实际景观需求选择草种	

4) 草坪植物选择与应用

草坪草大部分都是禾本科和莎草科植物，其中禾本科草坪草最多（表 6-1-4）。此外，构成草坪的还有少量其他单子叶植物（如薹草）和双子叶植物（如白车轴草和马蹄金）。草坪植物的选择应遵循以下原则：植株低矮，优良草坪草株高在 30cm 以下；绿叶期较长；生长迅速、繁殖容易、管理粗放；适应性强；依据特定要求选择具有抗逆性、一定观赏价值和经济价值的草种。

表 6-1-4 常见禾本科草坪草种

属	种
羊茅属	匍匐紫羊茅、紫羊茅、羊茅、硬羊茅、高羊茅
早熟禾属	草地早熟禾、加拿大早熟禾、普通早熟禾、一年生早熟禾
黑麦草属	多年生黑麦草、一年生黑麦草
雀麦属	无芒雀麦
剪股颖属	匍茎剪股颖、细弱剪股颖、普通剪股颖、小糠草
狗牙根属	狗牙根、布拉德雷氏狗牙根、杂交狗牙根
野牛草属	野牛草
垂穗草属	格兰马草、垂穗草

（续）

属	种
结缕草属	结缕草、沟叶结缕草、细叶结缕草、中华结缕草、大穗结缕草
地毯草属	地毯草、近缘地毯草
雀稗属	美洲雀稗
狼尾草属	狼尾草
蜈蚣草属	假俭草

5）草坪景观设计原则

无论是乔、灌、草结合的多层次草坪景观，还是以单独展现草坪美为主题的园林景观，都应该从人们的行为、心理需求出发，以"适用、美观、经济"三大原则为前提进行设计。

（1）适用（科学性）

首先注意根据植物的生长习性合理搭配草坪植物，即根据不同的立地条件和不同的功能需求，选择生长习性适合的草坪植物，必要时还需做到合理混合搭配草种，这样才能使草坪植物生长良好，发挥其良好的生态效益和景观特色。其次，注意草坪与其他园林景观要素的协调关系，科学合理地将不同的要素融合在园林景观中。再次，注意草坪植物各种功能的有机配合。

（2）美观（艺术性）

草坪是园林的重要组成部分，既是基调，也是主景，因此，在草坪景观设计中要特别注意其艺术性的展现。草坪景观的艺术性要与园林环境相协调，在自然式园林景观中应采用自然地形与草坪搭配，营造时而开阔时而幽闭的空间环境；而在规则式园林景观中，草坪的边界往往要随着规则式的布局要求，形成整齐美观、轮廓鲜明的特征。草坪的构图艺术应遵循"变化统一、调和对比、节奏韵律、均衡稳定、尺度比例"的原则。

（3）经济（经济性）

草坪景观的经济性可以从投入和产出两个方面来考虑。一是要注意在草坪植物选择上优先采用乡土草种，降低草坪建植的投入成本，减少草坪草发生病害和死亡等风险带来的二次投入；二是要在发挥草坪的园林景观功能的同时，尽量使其产生一定的经济价值（如食用、药用，作为染料、淀粉和纤维等工业原料）。

6）草坪景观空间和形状设计

设计草坪景观时，在综合考虑景观观赏、实用功能及环境条件等多方面因素的基础上，要充分把握其空间和形状上的要求，力求符合景观尺度和实用性要求。

（1）面积

草坪的建植具有以下缺点：前期投入的资本较大；养护成本相对昂贵；生态效益相比较其他树种相差许多；由于物种构成单一，需要大量使用杀虫剂等，容易造成二次污染；

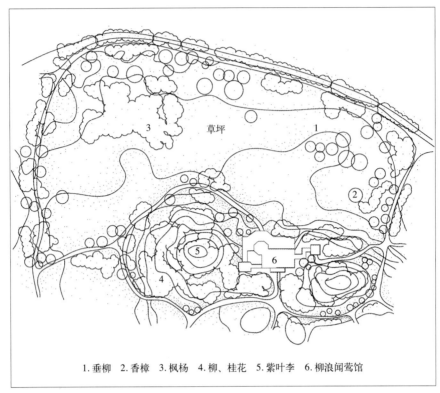

1. 垂柳　2. 香樟　3. 枫杨　4. 柳、桂花　5. 紫叶李　6. 柳浪闻莺馆

图6-1-5　杭州柳浪闻莺大草坪平面图

就景观效果而言，草坪是平面化的，无法形成优美的立体景观。所以尽管草坪景观视野开阔、气势宏大，但通常情况下不提倡大面积使用，多采取草坪与其他植物搭配建植的方式，在满足功能、景观等需要的前提下尽量减少草坪的面积。

（2）空间

从空间构成角度，草坪景观不应一味地开阔，要与周围的建筑、树丛、地形等结合，形成一定的空间感和领地感，即达到"高""阔""深""整"的效果。例如，杭州柳浪闻莺大草坪的面积为35 000m^2，草坪的宽度为130m，以柳浪闻莺馆为主景，结合起伏的地坪配置有高大的枫杨林，树丛与草坪的高宽比为1∶10，视野开阔，但不失空间感（图6-1-5）。

乔木、灌木、花丛在地面上的垂直投影轮廓即林缘线。林缘线往往是虚、实空间（树丛为实、草坪为虚）的分界线，也是绿地中明、暗空间的分界线。林缘线直接影响空间、视线及景深，对于自然式组团，林缘线应做到曲折流畅——曲折的林缘线能够形成丰富的层次和变化的景深。草坪与其他植物形成的自然式植物景观的林缘线有半封闭和全封闭两种。图6-1-6（a）为半封闭林缘线，树丛在面向道路一侧开敞，一片开敞的草坪成为树丛的展示舞台，在 A 点有足够的观赏视距去欣赏这一景观，而站在草坪中央（B 点位置），则三面封闭、一面开敞，形成一个半封闭的空间。图6-1-6（b）为封闭林缘线，树丛围合出一个封闭空间，如果栽植的是分枝点较低的常绿灌木或高灌木，空间封闭性强，通达性弱；而栽植分枝点较高的植物，会产生较好的光影效果，也可保证一定的通透性。

（a）半封闭林缘线　　　　　　　　　　　　（b）封闭林缘线

图6-1-6　草坪与其他植物形成的林缘线

（3）形状

草坪的平面形状可以根据景观视觉效果的需求进行设计。为了获得自然的景观效果，方便草坪的修剪，草坪的边界应该尽量简单而圆滑，尽量避免复杂的尖角。通常在建筑物的拐角、规则式铺装的转角处可以栽植地被植物、灌木等，以消除尖角产生的不利影响（图 6-1-7）。

2. 观赏草景观设计

1）观赏草定义

图6-1-7　草坪边界处理示意图

观赏草（ornamental grass）是一类形态美丽、色彩丰富、以茎秆和叶丛为主要观赏部位的草本植物的统称，其最高的美学价值就在于其自然优雅、潇洒飘逸、极富自然野趣，具备赏心悦目的观赏特性，加上其对生长环境有极广泛的适应性，易于种植，近年来逐渐受到人们的喜爱。

2）观赏草种类和景观特点

观赏草最初专指禾本科中一些具有观赏价值的植物。如今，除了园林景观中具有观赏价值的禾本科植物外，莎草科、灯心草科、花蔺科、天南星科、蓼科及香蒲科等一些具有观赏价值的植物也在观赏草之列（表 6-1-5）。

根据株高，观赏草可分为矮型、中高型、高型。矮型常用于花境或道路镶边，中高型常以丛植方式配置，高型常密植且用以分割空间或用作背景。

表 6-1-5　观赏草的分类及其景观特点

科　名	种　类	景观特点
禾本科	芦竹 Arundo donax	秆高，花丛大，叶翠绿茂密
	花叶芦竹 Arundo donax var. versicolor	叶片上有黄白色宽狭不等条纹
禾本科	凌风草 Briza media	花序紫色，金字塔形，小穗似铃铛
	单蕊拂子茅 Calamagrostis emodensis	穗状花序，芦苇状，穗尖略呈紫色
	蒲苇 Cortaderia selloana	银白色羽状穗
	细叶芒 Miscanthus sinensis	叶直立、纤细，顶端呈弓形，花序黄棕色
	狼尾草 Pennisetum alopecuroides	株形喷泉状，质感细腻，观叶、观花效果佳
	粉黛乱子草 Muhlenbergia capillaris	顶生云雾状粉色花絮，成片种植可呈现出粉色云雾海洋的壮观景色
灯心草科	小花灯心草 Juncus articulatus	花序几呈伞形分枝，苞片常带紫红色，花被片黄绿色，后变褐色
	红钩灯心草 Uncinia rubra	叶光滑，呈深红褐色，花暗褐色
莎草科	棕叶薹草 Carex kucyniakii	一年四季叶片均呈铜褐色
	金叶薹草 Carex elata 'Evergold'	叶纤细，具黄色、淡绿色纵向条纹
香蒲科	长苞香蒲 Typha domingensis	黄色的花冠随着花朵盛放会转为红色
	宽叶香蒲 Typha latifolia	雌花序绿褐色至红褐色，老熟时变灰白色

3）观赏草在园林中的应用

观赏草在形态、开花习性以及生长要求方面具有多样性，这为它们融入设计提供了丰富的可能性（图 6-1-8）。

（1）在花境中的应用

观赏草的叶具有细致的质地和细长弯曲的生长特征，与笔直生长或具有明显体量及开

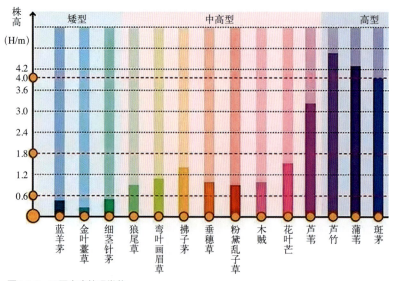

济宁凤凰台植物园草甸

图6-1-8　不同高度的观赏草

图6-1-9 花境中观赏草的应用

图6-1-10 观赏草花境

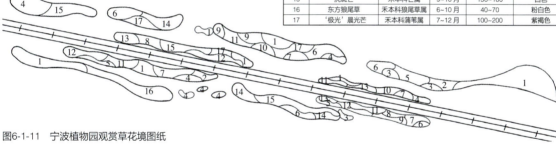

观赏草花境清单

编号	植物名称	科属	花期	株高（cm）	花色
1	'重金属'柳枝稷	禾本科黍属	6~10月	100~200	紫色
2	玲珑芒	禾本科芒属	7~12月	100~200	紫褐色
3	香根（梗）菊	菊科酒神菊属	8~11月	50~120	紫褐色
4	花叶蒲苇	禾本科蒲苇属	9~1月	50~120	银白色
5	柠檬香茅	禾本科香茅属	8~11月	90~200	银白色
6	细叶芒	禾本科芒属	5~11月	90~200	银白色
7	粉黛乱子草	禾本科乱子草属	9~11月	30~90	粉红色或紫红色
8	'小兔子'狼尾草	禾本科狼尾草属	10~11月	15~30	黄色
9	小盼草	禾本科裂冠草属	10~12月	30~50	淡红色
10	蓝冰麦	禾本科拟高粱属	8~2月	50~80	棕色
11	'紫梦'狼尾草	禾本科狼尾草属	8~10月	60~150	紫褐色
12	'红舞者'画眉草	禾本科画眉草属	8~11月	20~60	暗绿色或带紫黑色
13	金叶薹草	莎草科薹属	4~5月	20	紫褐色
14	矮蒲苇	禾本科蒲苇属	9~10月	120	白色
15	虎斑芒	禾本科芒属	9~11月	150~180	白色
16	东方狼尾草	禾本科狼尾草属	6~10月	40~70	粉白色
17	'极光'晨光芒	禾本科芒属	7~12月	100~200	紫褐色

图6-1-11 宁波植物园观赏草花境图纸

大花的多年生植物形成鲜明对比。观赏草与多年生开花植物相结合的花境比完全由开花植物组成的传统花境更具柔和、自然的效果（图6-1-9）。不同类型的观赏草组成观赏草专类花境则极富野趣。如图6-1-10、图6-1-11所示为宁波植物园观赏草花境实景和图纸。

（2）作欣赏焦点

单独一束观赏草可以布置在入口、道路的尽头、庭院或阳台的角落处，成为观赏的焦点。在这种情况下，高度通常是选择观赏草要考虑的主要因素。例如，1.2~1.8m高的矮蒲苇、芒草等就格外突出，尤其在室外，阳光下和微风中能充分展示其娇嫩的花序和羽状果穗（图6-1-12）。

（3）作局部景观背景

从一株到两三株或数百株，甚至是上千株植物，大面积种植观赏草，是创造独特观景背景的另一种种植方式。在大规模的园林景观中，可以运用多组体型较大的观赏草来替代灌木丛或小树林作为雕塑、花境等的背景。

图6-1-12 芒草作为观赏焦点

图6-1-13 观赏草作为地被

（4）作地被

保持草坪最佳状态一般需要耗费大量的时间和人力进行施肥、浇水、控制病虫害。保持地被植物最佳状态一般也需要耗费大量的时间和人力，而观赏草很少或不需要剪草，却可以提供类似的绿色景致。一些观赏草类植物的质地很好，可以创造出完整统一、如地毯一般的草地景观；有些种类终年常绿，如沿阶草属植物；其他种类可能会在冬季或夏季停止生长，但会随生命周期带来外观的季相变化。近年流行的网红草粉黛乱子草，花开时节，粉紫色花序如发丝一般，远看如粉紫色的云雾，大片梦幻粉色花海如梦如幻（图6-1-13）。

（5）作边界和屏障

观赏草作为边界和屏障，相比传统的绿篱具有很多优势：一般比绿篱生长、成型更迅速；在冬季寒冷地区，观赏草不会因冰雪的堆积造成永久的伤害；被风吹动时发出的沙沙声能有效消除交通和附近的噪声；观赏草没有密集繁茂的枝叶，不会给人及动物的通行带来不便，但若要用作天然屏障，芒属植物和蒲苇叶片都很锋利，可以非常有效地遏制人们穿越。可以说，种植观赏草是确定边界、营造空间、隐藏不雅景观、创造户外休憩环境的一种理想解决方案（图6-1-14）。

（6）在水景园中的运用

平静的水面给人很强的水平感，选择直立的观赏草，如灯心草，可形成强烈对比，并给人整齐的感觉；选择弧形、扇形的观赏草，则能产生更自然的效果。同时，观赏草在水面形成倒影，在适当的光线下，镜子般的水面使雅致的花和轻轻摇摆的叶产生优美的倒影。

（7）组建观赏草专类园

可利用不同种类的观赏草组建以观赏草为观赏主题的专类园，如世界上最著名的植物园——邱园内就有以观赏草为主题的专类园；在澳大利亚皇家植物园中同样也有观赏草专类园。不仅是国外有观赏草专类园，在国内也有多个观赏草专类园，如南京中山植物园的禾草园，上海辰山植物园的禾草园。其中，上海辰山植物园的禾草园占地面积逾 2 万 m^2，以旱溪、湿地、混合花境等应用形式，重点收集和展示了禾本科、莎草科、灯心草科、香蒲科等观赏草资源 160 余种（含品种），是一处集观赏草资源展示、景观应用、驯化研究、科普教育、休闲观光于一体的多功能、多效益专类园（图 6-1-15）。

图6-1-14　观赏草分割园林空间　　　　　图6-1-15　上海辰山植物园的禾草园秋季景观

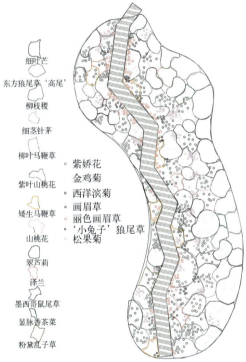

设计师讲解《故乡的原野》

花境施工过程

图6-1-16　《故乡的原野》设计图和实景图

4）观赏草景观设计赏析——《故乡的原野》

《故乡的原野》为上海市花木公司在上海崇明港沿镇智慧生态园内设计的一处草甸式混合花境。作品以故乡的广袤原野作为设计灵感。通过富有自然野趣的观赏草及宿根花卉类混植，以白、粉、紫色系作为主色调，营造出一个自然氛围的草甸式混合花境（图6-1-16）。

任务实施

1. 选择适宜的草坪草和观赏草

在本案例中，综合分析绿化地的气候、土壤、地形等环境因子及园林植物景观的需要，适当布置草坪和观赏草景观，满足游人游憩和赏景的需要。小游园绿地中可供游人游憩的草坪宜选择生长缓慢、养护管理水平低、密度适中（以抵抗轻度的践踏）的草坪草种类（如矮生百慕大），到冬季快来临时追播冷季型的黑麦草，以保持草坪四季常绿。整个小游园中树木和花卉以外的空隙处，用草坪满铺，形成园林景观的背景，烘托树木、花卉、建筑、水体、道路景观。在水边、路边或道路的转弯处布置观赏草，以丰富植物景观。选择的观赏草种类主要是细叶芒草、矮蒲苇、花叶芦竹、粉黛乱子草、狼尾草。

2. 确定配置技术方案

在选择好草坪草和观赏草种类的基础上，确定其配置方案，最终完成小游园植物景观的初步设计平面图（图 6-1-17）。

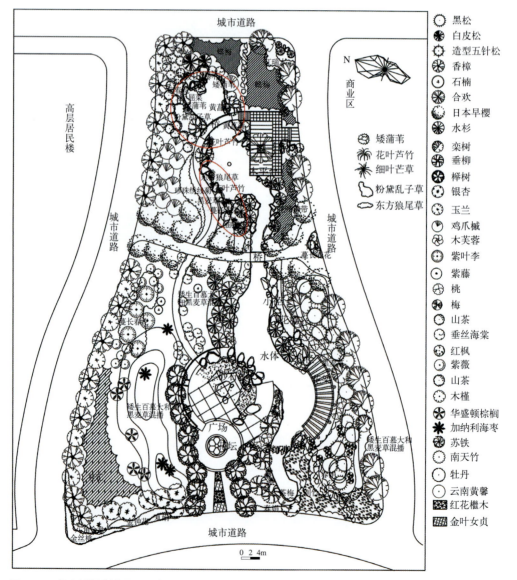

图6-1-17　街头小游园植物景观设计平面图

巩固训练

图 4-1-51 所示为华东地区某城市街头小游园景观设计平面图,在任务 4-1 巩固训练的基础上,进行该小游园草坪和观赏草景观设计,完成小游园的植物景观设计平面图。

考核评价

表 6-1-6 评价表

评价类型	项目	子项目	组内自评	组间互评	教师点评
过程性评价（70%）	专业能力（50%）	植物选配能力（40%）			
		方案表现能力（10%）			
	社会能力（20%）	工作态度（10%）			
		团队合作（10%）			
终结性评价（30%）	作品的创新性（10%）				
	作品的规范性（10%）				
	作品的完整性（10%）				
评价/评语	班级： 姓名： 第 组 总评分： 教师评语：				

项目 7　生态绿墙景观设计

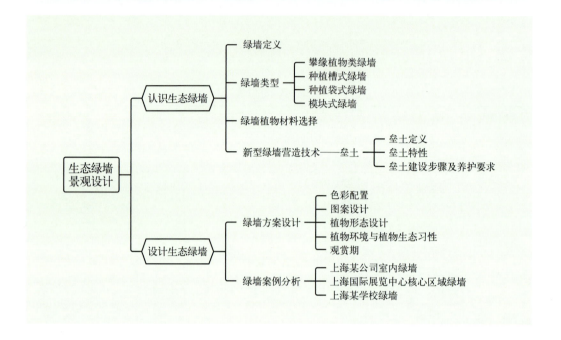

任务7-1　认识生态绿墙

【知识目标】

（1）识记和理解绿墙的定义与特点。

（2）列举绿墙常见类型与对应的核心工艺技术要点。

（3）收集整理常见室内外绿墙景观营造应用的植物材料。

（4）了解绿墙最新营造技术。

【技能目标】

（1）能够运用相关理论知识对某城市绿墙景观从使用类型、植物品种、应用效果、长效维护等方面进行调研。

（2）能够绘制某城市绿墙植物景观立面图。

工作任务

【任务提出】

选择某一街头绿墙，根据周围环境及绿墙的功能，从营造类型、植物品种、应用效果、长效维护等方面进行信息收集与整理。

【任务分析】

首先需要明确该绿墙的周边环境、服务功能和服务对象,以及绿墙在该绿地中的空间功能与生态功能,在此基础上进行信息收集与分析(包括营造类型、植物品种、长效维护等方面)。

【任务要求】

(1)该任务必须现场教学,要求学生带全必备工具。

(2)现场调查和讨论必须以小组为单位进行,禁止个人单独行动。

(3)在重点景点或区域应该拍照,并结合文字描述进行记录。

(4)外出现场教学必须做到安全第一,文明第二。不允许出现随意攀折花木、踩踏草坪的行为。

(5)绘出该绿墙景观效果图。

(6)每人交一份有实景照片和绿墙立面图的分析报告。

【材料及工具】

照相机、笔记本、笔、测高仪、皮尺、围尺。

知识准备

1. 绿墙定义

广义上的绿墙(green wall)指的是垂直于或者接近垂直于水平面的各类建筑物的内外墙面上,或与地面垂直的其他各类墙面上进行的绿化。狭义的绿墙(living wall)指在建筑墙面上安装骨架,将植物种植在种植槽、种植块或者种植毯内并安装在骨架上进行的绿化,这种形式更加灵活,既可用于室外,也可用于室内。绿墙可以减弱城市热岛效应,提高建筑的美学功能,起到一定的空气净化作用,增加生物多样性,营造自然的动物栖息地。表 7-1-1 展示了绿墙的发展历程。

表 7-1-1 绿墙的发展历程

时 间	发展进程
公元前 3 世纪至公元 17 世纪	遍及地中海地区,葡萄藤蔓爬满花园棚架,还爬上了别墅的墙壁
20 世纪 20 年代	英国和北美地区兴起花园城市运动,出现了绿廊及自攀附的绿色植物
1978 年	首次有文章称法国植物学家帕特里克·布朗为垂直花园的创始人
1988 年	出现支撑外墙绿化的不锈钢钢索设施
20 世纪 90 年代早期	金属缆索绳网系统、嵌板栅格模块系统出现在北美市场
1993 年	嵌板栅格模块系统在加利福尼亚环球影城首次应用
1994 年	生物过滤系统首次安装在加拿大多伦多城市生活大厦的室内绿墙上
2002 年	瑞士苏黎世建造多功能 MFO 公园,该建筑绿墙上生长了 1300 多种植物
2005 年	绿墙设计风靡全球,盛行东南亚

2. 绿墙类型

（1）攀缘植物类绿墙

攀缘植物类绿墙是一种比较传统的绿墙形式。这种绿化形式比较单一，可以沿着建筑墙角种植带吸盘的植物，如爬山虎、五叶地锦、扶芳藤等，使其吸附于墙面，也可人工在墙面安装条状或网状支撑物，让攀缘植物能够借助支撑物绿化墙面。一般攀爬高度应大于2.0m，但攀缘植物的生长速度有限，发挥生态效益需要较长时间。

（2）种植槽式绿墙

种植槽式绿墙是较为早期的绿墙形式。建造时，先在距离墙面几厘米或者直接贴着墙面安装金属骨架，然后安装滴灌或者其他灌溉系统，最后将种好植物的种植槽固定在金属骨架上（图7-1-1）。它的优点是保水性好，但基建和管理费用较高，植物生长过程中容易暴露出支撑构架。这种形式目前在墙面绿化中使用较多，2019年中国国际进口博览会的墙面绿化主要以种植槽式绿化为主。

（3）种植袋式绿墙

种植袋式绿墙系统由种植袋、灌溉系统、防水膜、无纺布构成，不需要建造金属骨架。在做好防水处理的墙面上直接铺设软性植物生长载体，如毛毡、椰丝纤维、无纺布等，植物可以连带基质直接装入种植袋，实现墙面绿化（图7-1-2）。灌溉系统主要采用渗灌和滴灌。该系统支撑结构质量轻，成本低，施工方便，自由的固定方式为绿墙图案带来更大的自由度和艺术感，从而更能表现出整个设计的线条感和层次感。

图7-1-1　种植槽式绿墙（2019年中国国际进口博览会）

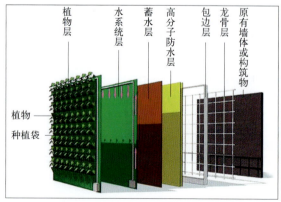

图7-1-2　种植袋式绿墙结构示意图

（4）模块式绿墙

模块式绿墙是在方形、菱形、圆形等单体模块上种植植物，待植物长好后，通过合理搭接或绑缚固定在墙体表面的不锈钢或木质等骨架上，形成各种形状和景观效果的绿化墙面。单体模块由结构系统、种植系统和灌溉系统构成（图7-1-3）。这种绿化形式结构系统简单，施工速度快，植物更换方便，适用于大面积高难度的墙面绿化。但模块需确保结构稳定、安装牢固，有时还需要工程师进行严格的荷载计算，成本和施工要求较高。

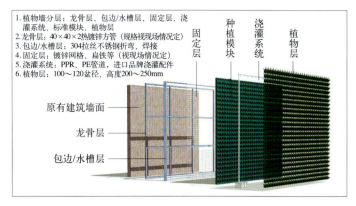

图7-1-3　模块式绿墙结构示意图

3. 绿墙植物材料选择

（1）选择的原则

①以多年生常绿观叶植物为主　考虑到生态绿墙植物的群落稳定性、观赏性及种植成本，室内外绿墙均以常绿观叶植物为主，适量配置观花植物。

②选择体量小、根系浅、须根发达的轻质植物　考虑到绿墙施工的可操作性和安全性，单体植物的体量通常相对较小。

③选择抗性强、适应性强、养护管理粗放的植物　室外绿墙应选择耐寒、耐热、耐贫瘠、抗风、适应性强、滞尘减噪能力强的植物材料，以乡土植物为主。室内绿墙要选择喜阴、耐阴植物，在北方由于冬季室内取暖影响，还需要注意选择耐低空气湿度的植物。

④选择生长速度和覆盖能力适中的植物　植物生长速度过快会挤压周边植物的生长空间，并增加承重系统的负担；生长过慢则无法覆盖承重和灌溉结构，影响景观效果。

⑤选择具有较高观赏价值的植物　绿墙的主体植物往往是植株低矮、枝叶纤细、质感细腻的植物，以便形成整体效果，但也会搭配形体、线条、色彩、亮度等观赏效果突出的植物材料。

（2）常见绿墙植物

常见绿墙植物可分为室内绿墙植物与室外绿墙植物。

①华东地区常见室内绿墙植物

低矮灌木　袖珍椰子、朱蕉、鹅掌柴、栀子、三角梅、鸭脚木等。

低矮观叶植物　蕨类、天门冬、山菅兰、黛粉叶、椒草、朱蕉、网纹草、竹芋类、矾根、龟背竹、熊掌木、金钱蒲、虎皮兰、苔藓类等。

低矮观花草本　秋海棠类、花烛、凤梨类、蝴蝶兰等。

悬垂植物　绿萝、'花叶'蔓长春花、常春藤、翡翠椒草、吊兰等。

攀爬植物　千叶兰、爬山虎等。

②华东地区常见室外绿墙植物

低矮灌木　杜鹃花、'金森'女贞、'金山'绣线菊、'亮叶'忍冬、海桐、六月雪、红花檵木等。

低矮观叶植物　彩叶草、'胭脂红'景天、五色草、九里香、锦竹草、天门冬、佛甲草、矾根、银叶菊等。

低矮观花草本　三色堇、角堇、矮牵牛、石竹类、秋海棠类、孔雀草、舞春花、羽衣甘蓝、美女樱、一串红、长春花、繁星花等。

悬垂植物　常春藤、络石、吊竹梅、风车茉莉等。

攀爬植物　藤本月季、南蛇藤、扶芳藤、爬山虎、金银花、凌霄等。

4. 新型绿墙营造技术——垒土

（1）垒土定义

垒土产品是以植物纤维为主要原料，根据植物生长所需的营养组成制作的一种固化可塑成型的活性纤维营养土（图7-1-4）。

常用垒土绿墙模块的相关参数：栽种植物8株，56cm×28cm×5cm（长×宽×高），干重约15kg/m²，湿重约30kg/m²，容积7800cm³，透水系数0.26cm/s，pH 5.5～7.0，EC值0.1mS/cm；有效水分保持量280L/m²，最大水分保持量735L/m²。

（2）垒土特性

a. 高温处理天然有机材料，无有害物质，安全性、稳定性高，使用年限长达26年以上。

b. 固体成型，不易流失，可循环利用，数据化、智能化、可持续发展。

c. 内部稳定的物理结构不会发生板结的现象，可塑性极强，可定制化。

d. 耐久性强，养护管理便利，植物存活率提升50%以上，存活周期达10年以上，修剪成本低。

（3）垒土建设步骤及养护要求

①建设步骤　使用前先将两块垒土置于钢架内固定；将固定好的垒土单元块全部入水浸没20min；将介质培育的穴盘植物种入种植穴，1～3株/穴，用泥炭将孔洞压实。

②养护要求

浇水　采用自动滴灌系统为垒土补水。对于给水，要求横向逐排确定水分情况，最上、

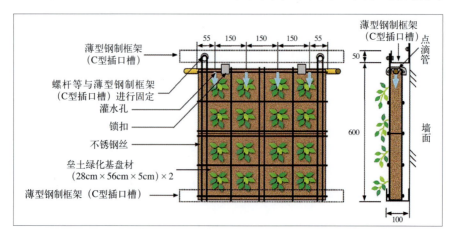

图7-1-4　绿墙中的垒土

最下及中间要求水分均匀。养护期间，自动设置浇灌时间、检查与维护灌溉系统是重中之重。常规情况下，浇灌后垒土将达到含水量饱和，一次浇灌时间以 40～60min 为宜。夏季根据天气情况，炎热时早、晚各浇灌一次，午间高温时段不浇灌，浇灌时间以 7：00、19：00（太阳下山）为佳。平时可观察垒土湿度，开启时间控制阀，恶劣天气时需手动调整时间控制阀。浇水时长、频率根据绿墙所在的地区、光照、土壤水分蒸发速度等因素调整，以保持垒土湿润为标准。建议春、秋季每天一次；夏季每天 2 次；冬季根据气候进行适当浇灌，2～3 天一次。对于需水量较大的植物，一般以见干见湿为原则；对于需水量较小的植物，一般以干透浇透为原则。

修剪　可"促控生长，培养造型，减少伤害，枝叶旺盛"，使之美观，以达到较高的观赏价值。修剪时应根据不同植物的生长习性，严格按照修剪操作要求对植物进行修剪。室内植物不需要进行过大、过强的修剪，主要摘除老叶、黄叶，清理病株，保证观赏效果。

施肥　垒土绿化采用水肥一体式灌溉，肥料为大量元素水溶性肥料。在项目建设初期，现场栽植式绿墙，植物移植后还未生根，前期要求只施生根水溶液。在植物根系扎进垒土后，开始正常施肥。一般施生根水时间为 14 天。为保证植物快速生长，建议植物生长期长期开启施肥器，保证浇水即施肥，薄肥多施。

病虫害防治　预防为主，综合防治。应尽量使用常规喷雾法。此外，灌根、注药等方法效果也很好。室内植物尽量选用高效环保低毒的药物。

钢结构的检查与维护　定期检查焊接点是否松动、生锈，螺栓是否牢固。

任务实施

（1）对绿墙进行全面调研，测绘并拍照。
（2）现场分析讨论绿墙的功能定位、设计手法与植物材料应用方式。
（3）绘制出绿墙的完整立面图。
（4）作业评比，总结各位同学的分析评价是否正确。

巩固训练

选择另一绿墙案例，调研绿墙的植物材料品种与应用状况，完成该绿墙植物应用分析评价报告。为便于完成分析评价，该报告应该附绿墙景观效果图和实景照片等。

考核评价

表 7-1-2　评价表

评价类型	项　目	子项目	组内自评	组间互评	教师点评
过程性评价（70%）	专业能力（50%）	植物品种应用分析能力（40%）			
		绘图能力（10%）			

（续）

评价类型	项目	子项目	组内自评	组间互评	教师点评
过程性评价（70%）	社会能力（20%）	工作态度（10%）			
		团队合作（10%）			
终结性评价（30%）		报告的创新性（10%）			
		报告的规范性（10%）			
		报告的完整性（10%）			
评价/评语	班级：	姓名：	第　组	总评分：	
	教师评语：				

任务7-2　设计生态绿墙

【知识目标】

掌握绿墙的设计方法。

【技能目标】

（1）能够运用相关理论知识设计一面绿墙。

（2）能够绘制绿墙立面设计图。

工作任务

【任务提出】

运用所学知识设计一面室外绿墙并绘制绿墙立面设计图，绿墙尺寸为长5m、宽4m，绿墙环境自定，可以是办公楼墙面、学校建筑墙面、商业建筑墙面等。

【任务分析】

首先需要了解绿墙的设计原则与方法，在此基础上对绿墙进行具体设计。

【任务要求】

（1）该任务为设计任务，要求学生带全必备工具。

（2）绘制与设计以小组为单位进行。

（3）选择的植物种类适合场所环境和绿墙布置。

（4）绘制该室外绿墙景观立面图。

（5）每组交一份涵盖立面图和植物种类的绿墙设计方案。

【材料及工具】

画板、绘图笔、比例尺、T字尺等。

知识准备

1. 绿墙方案设计

绿墙的设计是一个由大场景到小个体的深入过程。首先要契合设计场所的总体风格，找出适合周围环境的整体绿墙造型，再根据气候选择适宜的植物。设计前需要考量包括荷载因素，风力、降雨和日光照射等气候因素，场地的可达性，以及灌溉系统设置等一些相关要素。

（1）色彩配置

绿墙的配色方案通常以绿色为主题色，然后选择几种其他色彩作为对比、衬托。在实际应用中，绿色由于植物本身色彩的差异以及叶片质感的不同形成了明暗深浅的微妙变化，设计时应注意利用这种差异，避免出现大面积使用同种植物，造成呆板、单调的感觉。一个绿墙内色彩不宜太多，一般以2~4种为宜，色彩太多会给人以杂乱无章的感觉。同时，还应考虑到绿墙色彩与周围环境（景色）的色彩相协调。

（2）图案设计

在绿墙的图案设计中常见的有规则式、曲线式、绘图式和自然式几种类型。

①规则式　最为常见的规则式以几何形图案为主，追求规则感和秩序感。花草和灌木经过人工修剪，整齐的边缘和规则的质感给人干净和清爽的感觉。直线形的色带设计是最常见的图案形式，这种形式可与规则的几何形建筑相统一，常用于比较正式的场所。

②曲线式　采用自然流畅曲线。常采用一种植物形成一个色带，不同色带不仅是色彩的差异，在植株高低、叶片质感等方面也有差异，形成错落有致、层次分明的效果。法国著名的绿墙设计大师Patrick Blanc的设计中经常采用这种形式。

③绘图式　绘图式的设计往往采用绘图式的布局，具有明确的构图，若能借鉴经典的传统名画，更能激发观赏者的兴趣。但由于植物材质的限制，在设计时要进行画面的简化处理，如上海辰山植物园的绿墙主题是"莫奈的睡莲"，采用了大面积的绿色植物形成底色，间或点缀旱金莲、矾根、'紫叶'酢浆草等圆叶植物形成睡莲的图案。

④自然式　自然式的设计往往没有明确的图案，而是模拟植物在自然界的群落状态，根据美学的基本原则，将质感、色彩、形态不同的植物材料自由组合，形成仿自然之形、传自然之神的整体设计。自然式绿化不追求绿墙质感的精细，植物按照自身的形态和生长规律长成，形成绿化效果。

（3）植物形态设计

绿墙的设计要综合协调植物丰富的色彩美、形体美、线条美和质感美。植物的形态是各种点、线、面的结合，通过点、线、面的相互作用，产生丰富的形态语言。叶形和大小的差异会带来不同的观赏效果。如细软的条形叶可以营造流水般的美感，质地坚硬的条形叶则充满张力；圆形叶俏皮可爱；戟形叶轮廓鲜明，可以成为视觉焦点。还可以利用植物鲜艳的叶色、纷繁的花朵、丰硕的果实、奇异的气生根等来丰富景观。在进行绿墙设计时，要注意不同植物形态间的对比与调和以及轮廓线的变化，才能构成美妙的画面。

（4）植物环境与植物生态习性

室外绿墙由于布置于建筑立面，朝向不同，日照时数、光照强度、温度、风向及风速等气候条件差异巨大，因此，植物的选择和总体设计有着不一样的要求。建筑南立面是建筑物主要的景观面，白天光照非常充足，几乎全天都有阳光直射，墙面受到的热辐射量大，形成特殊的小气候，延长了植物生长季。南立面绿墙植物适合选用灌木等观赏价值较高、耐热、耐干旱的材料。建筑北立面处于阴影中，光照时间短、环境温度低、相对湿度大、冬季风速高，不利于植物过冬，垂直绿化适合选择耐阴、耐寒的植物。考虑到北立面是北方冬季风的主要迎风面，垂直绿化植物不宜选择枝干或者外形太过于伸展的植物。建筑东立面日照量比较均衡，光照、温度的日变化相对较小，环境条件较为温和，适宜的植物种类较多。建筑西立面西晒严重，日温差大，垂直绿化以防晒为主，适合选用喜光、耐热、不怕日光灼伤的植物，常常形成大面积的绿化遮挡强烈的日光照射。

室内绿墙由于处于室内环境，没有明显的季节变化，可以选择一些在本地区无法露地越冬的植物，丰富当地的植物景观。但室内环境通常光照不足、昼夜温差小、通风差，也会影响植物的生长。在北方，还需要考虑冬季室内开暖气，湿度较低，对一些喜潮湿的亚热带和热带观叶植物生长不利。

除了了解绿墙植物生长的总体外环境，设计时还需要了解并掌握群落内各种植物的性状、生长高度、冠幅、生长速度、根系深浅，才能使绿墙植物群落生长稳定，形成稳定的良好景观。尤其要考虑相邻植物的生长势和生态习性的一致性。长势过快，如在华东地区的室外绿墙种植栀子、海桐，会挤压覆盖到其他植物，影响绿墙图案的完整性和清晰度，也增加了绿墙系统的承载负担；长势过差，植物不能完全覆盖基质和种植槽，景观效果差。

（5）观赏期

考虑到成本，绿墙的主体部分应具有较长的观赏期。绿墙的主体是常绿植物，但局部材料可以随时更换，这也正是绿墙造景的优势。可以利用植物随季节变化而开花结果、叶色转变等来表达时序更迭，形成四季分明的季相景观。春季以观花为主，可用三色堇、角堇、美女樱等；秋季可以增加彩叶植物的应用，如彩叶草、红花檵木、'金叶'大花六道木等。

2. 绿墙案例分析

（1）上海某公司室内绿墙

该绿墙右侧曲线采用种植袋式结构，左侧采用主题立面抹灰工艺，虚实结合，力求自然。绿色为底，造型木桩为骨架，兰花提亮整体色调，营造植物繁茂的雨林花香氛围。使用多种室内观赏植物，如姬凤梨、积水凤梨、彩叶粗肋草、蝴蝶兰、鸟巢蕨、合果芋、常春藤、空气凤梨、蝴蝶兰、网纹草、狼尾蕨、花叶万年青等（图7-2-1）。

（2）上海国际展览中心核心区域绿墙

图7-2-2为2019年中国国际进口博览会上海国际展览中心核心区域绿墙。该绿墙采用垒土形式，用不锈钢网架固定，色块简洁，线条流畅，植物效果稳定，彰显大国风范。垒土模块提前2个月进行了预定，配送至现场直接安装，高效便捷。该绿墙使用矾根、金叶

络石、栀子等植物。

（3）上海某学校绿墙

项目面积约为 50m²。绿墙位置在弯曲楼梯处，学校师生在上、下楼梯时见到这面生态绿墙，感到耳目一新（图7-2-3）。原有墙体为弧形结构，为配合原有墙面，定制弧形水槽和跌水水景，让整个装饰融为一体。绿墙流下的废水与下方跌水水景分开，避免污染、堵塞管道。水流之声加上有生命的绿墙，使人在此驻步停留。紧邻绿墙有一个休息区，师生在此处交谈休憩时，看着郁郁葱葱的绿墙，不仅可以缓解视觉疲劳，也能放松身心（图7-2-4）。绿墙也在潜移默化中缓解了公共区域的压抑感，美化了环境，净化了室内空气。

植物选择以多层次绿色植物为主，红色植物为辅，构成流水线条，搭配下方跌水水景。主要植物有波士顿蕨、绿萝、白掌、鸭脚木等（图7-2-5、图7-2-6）。

图7-2-1　室内绿墙案例

图7-2-2　2019年中国国际进口博览会上海国际展览中心核心区域绿墙

图7-2-3　绿墙实景

图7-2-4　从休息区看绿墙

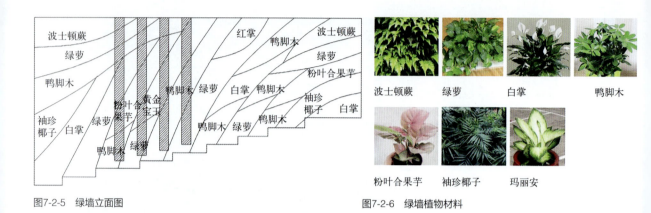

图7-2-5 绿墙立面图　　　图7-2-6 绿墙植物材料

🍃 任务实施

（1）首先思考、分析为什么绿墙要这样设计。
（2）小组讨论、分析该绿墙植物适宜的生长环境、色彩配置、设计形式等关键因素。
（3）完成绿墙立面图设计和植物选择，系统分析运用了哪些设计手法或设计特点。
（4）作业评比，总结各位同学的分析评价是否正确。

🍃 巩固训练

选择另一块场所进行绿墙设计，完成绿墙立面图设计和植物选择，制订绿墙设计方案。

🍃 考核评价

表 7-2-1　评价表

评价类型	项目	子项目	组内自评	组间互评	教师点评
过程性评价（70%）	专业能力（50%）	绿墙图案设计和色彩设计（30%）			
		植物选择（10%）			
		绘图表现（10%）			
	社会能力（20%）	工作态度（10%）			
		团队合作（10%）			
终结性评价（30%）	作品的创新性（10%）				
	作品的规范性（10%）				
	作品的完整性（10%）				
评价/评语	班级：　　　　姓名：　　　　第　　组　　总评分：　　　　　　　　　　　　　教师评语：				

项目 8　小环境园林植物景观设计

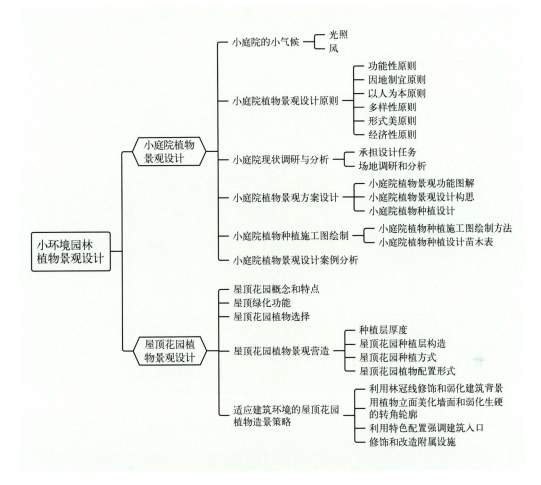

任务8-1　小庭院植物景观设计

【知识目标】

（1）说明及归纳园林植物景观设计的基本程序。

（2）掌握小庭院植物景观设计的原则和基本要求。

（3）归纳并掌握小庭院植物景观设计要点。

【技能目标】

（1）能够应用园林植物景观设计基本程序和方法对具体项目进行分析和操作。

（2）能够根据小庭院植物景观设计要点进行具体小庭院的植物景观设计和绘图表达。

工作任务

【任务提出】

图 8-1-1 所示为华北地区某私家小庭院的基地现状图,根据小庭院植物景观设计的原理、方法以及功能要求,结合该庭院具体基地信息,对该小庭院进行植物景观设计。

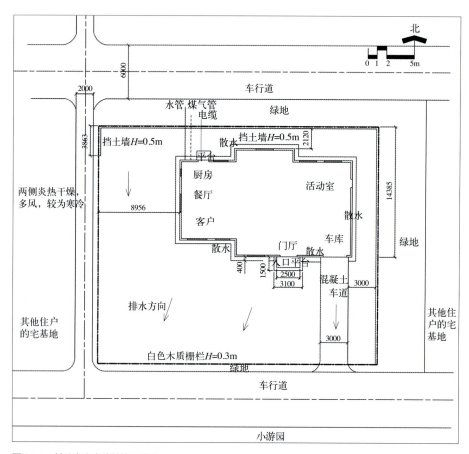

图8-1-1 某私家小庭院基地现状图

【任务分析】

在了解各种小庭院的风格类型和植物景观特色的基础上,掌握小庭院植物景观设计的步骤及方法。了解委托方对项目的要求后,根据小庭院植物景观设计原则,在研究并分析小庭院的气候对该项目影响的基础上,进行设计构思,最终完成该小庭院的植物景观设计。

【任务要求】

(1)了解委托方的要求,掌握该小庭院植物景观设计的案例资料及项目概况等基地信息。

(2)灵活运用小庭院植物景观设计的基本方法,适地适树,植物布局合理。

(3)表达清晰,立意明确,图纸绘制规范。

(4)完成该小庭院现状分析图、植物功能分区图、植物分区规划图、种植初步设计平面图、种植设计平面图等相关图纸。

【材料及工具】

测量仪器、手工绘图工具、绘图纸、绘图软件（AutoCAD、Photoshop）、计算机等。

知识准备

1. 小庭院的小气候

所谓小气候，是指基地中一个特殊的点或区域的小型气候条件，是一个相对较小的区域内温度、光照、风力、含水量（湿度）的综合。小气候不仅对小庭院的空间使用方式产生影响，如区域功能应根据小气候进行定位，以延长使用时间和提高使用的舒适度；小气候还决定着小庭院中植物的选择与定位，因为所有植物都有其相适应的特定气候条件。任何小庭院都有自己的小气候，这是由小庭院的方位、建筑布局（位置、朝向、高度、形状）、地形、排水方式、现有植物的种类和数量等条件共同决定的。

上海（国际）花展庭院景观赏析

不同基地一般都有一些共同的规律，这就是自然的客观规律（图 8-1-2）。住宅东边的特点：温和舒适；早上有光照，午后则有阴影；能避免吹到西风；适合种耐阴的植物。住宅南边的特点：日照最多；夏季的早上和傍晚有阴影；冬季日照充分，最为温暖舒适；能避免吹到北边的冷风；利于大部分植物的生长，但喜阴的植物要注意遮阴。住宅西边的特点：夏季热而干燥，冬季多风；午后阳光直射，早上处于阴影中；如果要使用西边的空间，必须在更西边采取遮阴措施来改善；适合较耐旱及耐热的植物生长。住宅北边的特点：冷而潮湿，日照最少，冬季直接暴露在冷风中，即使夏季也不舒适，而冬天却总在阴影中；适合喜阴耐寒的植物生长。

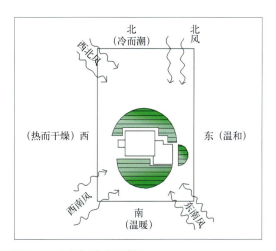

图 8-1-2　小庭院小气候示意图

每个小庭院的小气候各不相同，但都有一些对小气候起主导作用的因素，如光照和风两个因素对小气候具有决定性的影响。尽管温度等因子同样很重要，但小气候环境中这些因子常依赖于光照和风。故以下主要就光照和风两个因素对小庭院植物景观的影响进行探讨。

（1）光照

光照对小庭院的温度和阴影形状具有决定作用，它不仅影响使用者的舒适度，而且对小庭院中植物的生长具有决定性作用。

要了解光照对小庭院的影响，首先应解太阳在一天之中及一年之中不同季节的运动规律。如图 8-1-3 所示为夏季和冬季中午太阳高度角的最大值，根据对太阳运行轨迹的研究和分析，太阳形成的阴影具有如下规律：夏季，小庭院建筑的所有面都能接受阳光的照射，建筑的所有面都能形成阴影，且最大的阴影区会出现在建筑的东面或西面，建筑南面或北面的阴影较小；冬季，只有建筑的南面能受到阳光直接照射，北面没有阳光照射；3月和9月，最大的阴影区出现在建筑的东面、北面和西面；一年里，建筑的南面受到的阳光照射最多，北面受到的阳光照射最少。

因此，在夏季，特别是午后的几个小时，需要在小庭院中提供遮阴，最普遍的方法就是在小庭院中种植一些高大的庭荫树。庭荫树应具有株高较高、冠幅较大、枝叶茂密的特点。为了获得良好的庇荫效果，庭荫树一般种植在建筑或室外空间的西南面或西面。除此以外，庭荫树还可以兼具其他功能，如形成空间边界、控制视线或作为视线的焦点等。

沿建筑的东墙或西墙种植攀缘植物和灌木也可以起到为建筑遮阴的作用（图8-1-4）。攀缘植物沿墙面攀爬，可以减少墙面对光照的吸收，从而降低室内温度。沿建筑外墙种植灌木也可以起到类似的效果。

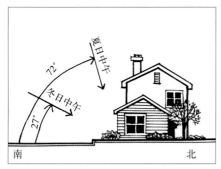

图8-1-3 气候温和地区冬季和夏季中午太阳高度角变化情况　　图8-1-4 当太阳高度角较低时，高一些的灌木和攀缘植物可以为东侧和西侧遮阴

与夏季相反，每年从深秋到早春时节，由于气温较低，则应充分利用日照。因为日照可以使小庭院气温升高，延长小庭院的使用时间，从而提升小庭院的宜居性。根据太阳的运行规律，设计时在建筑的南面种植枝条开张、松散以及分枝点较高的落叶乔木，并将其种植在靠近建筑的位置。这样不仅可以在夏季遮阴，到了冬季落叶之后，阳光可以穿透植物枝干直接照射建筑和小庭院，起到使室内外升温的作用（图8-1-5）。但在建筑南面种植植物也应适量，避免植物过于茂密阻挡阳光的透射。此外，还应尽量少种植常绿植物，在南边种植的灌木不能挡住窗户（图8-1-6）。

在全年均能形成阴影的建筑北面，需要利用植物种植改善小庭院的环境。选择的植物应较耐阴，以适应光照较差的现状。

（2）风

随着季节的变化，风也有一定的运行模式。如对于我国大部分地区而言，夏季盛行的主导风向多为南风和东南风，而冬季盛行的主导风向多为北风和西北风。

在小庭院中，为给人提供良好的室内外活动空间，并最大限度地利用自然力，通常会对风进行屏蔽和引导（图8-1-7）。一般在寒冷季节对风进行屏蔽，常用植被、围墙、地

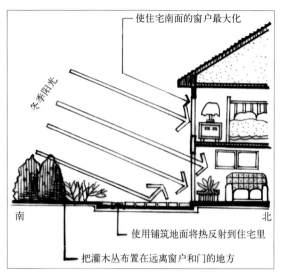

图8-1-5　建筑南面较高的落叶树使房间在冬季获得较多的日照　　　图8-1-6　为使小庭院建筑获得充足的阳光，灌木种植的位置应得当

　　形等作为防风屏障。植物的密集栽植可以形成类似于"墙"的屏障要素。为产生良好的效果，常绿的乔木和灌木往往是最佳选择，将它们种植在建筑或小庭院的北面和西北面，可以有效阻挡寒冷季节的冷风侵袭。

　　利用风的流动还可以改善环境温度。如在小庭院的南面或东南面种植低矮植被或草坪，可以将盛行风向的风引入到小庭院中。实践证明，进入小庭院的风也受到所经过地表的影响，如果让风掠过低矮的植被或水面进入小庭院深处或室内，会起到更强的降温效果。因此，最佳的处理方式应是在风向的引入面形成一条低矮植物或低矮植物与水面相结合形成的"通廊"，以最大限度地改善环境温度（图8-1-8）。

　　当风吹过高大树木的枝叶时，会受到植物枝叶的牵引，尤其是在树冠与地面之间，风

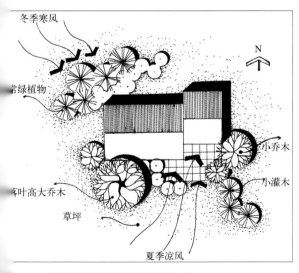
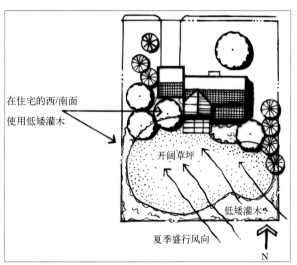

图8-1-7　根据风向确定植物类型和种植方式　　　图8-1-8　在南面和东南面种植草坪及地被植物，可将夏季盛行风引入庭院

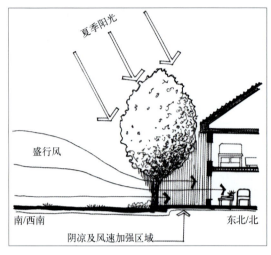

图8-1-9 落叶的庭荫树可以引导风，为树底下的室外空间及住宅提供阴凉

速会增强，让树下空间感觉更加凉爽。因此，与前面光照对植物的影响相结合，在建筑或小庭院的南面种植落叶植物，在夏季可以起到降温的作用（图8-1-9）。

2. 小庭院植物景观设计原则

小庭院的风格与形式多种多样，但小庭院植物景观设计具有诸多的共性，从中可以概括出一些具有指导性的原则。

（1）功能性原则

小庭院的性质和主要功能对小庭院景观的形成具有决定性的作用，首先应明确小庭院的功能定位，以此为基础，进而确定植物在小庭院空间塑造中的角色与功用。在明确小庭院植物功能的前提下，充分发掘和利用植物的特性，才能形成合理的植物空间布局。

（2）因地制宜原则

在进行小庭院植物景观设计时，应首先因循当地的自然环境，选择与当地自然环境相适应的乡土植物作为主要造景素材，以取得良好的生态效益。还应根据实际环境情况选择适合在此环境生长的植物。此外，还应充分考虑小庭院的视线关系，即选择合适的植物形成对景、框景、漏景、点景等，使小庭院内的植物具有丰富的变化和层次。

选择与庭院风格相匹配的植物。有些小庭院具有设计上的风格定位，如英式、法式、地中海式、日式、东南亚式等。因此，在小庭院植物景观营造过程中，应选择具有代表性的植物来搭配相应风格的硬质景观。如红枫、矮冬青是日式景区植物的重要组成部分。

（3）以人为本原则

"以人为本"首先体现为小庭院植物景观设计应满足人的户外活动规律与需求。以住宅小庭院为例，有些庭院主人喜好户外活动，则应该为使用者提供足够的户外活动空间，植物主要沿小庭院周边布局，以留出中间较宽阔的硬地铺装或草坪供休闲或运动，并为主要活动空间布置庭荫树提供遮阴；还有些庭院主人仅仅希望利用植物形成一个四季有景的观赏型小庭院，那么就应该选择多样的植物，进行合理的组织与搭配，形成优美的植物景观。

庭院主人都有其各自的喜好，偏爱的植物也有所不同。因此，在进行小庭院植物景观设计时，应对使用者的生理和心理有足够的了解，以此为基础，进行合理的植物景观塑造，使小庭院成为人们沟通、交流的适宜环境。

"以人为本"还体现在满足人的高层次的精神需求方面，可以利用植物的文化属性营造出小庭院的文化氛围，将植物景观营造与人的精神追求相联系，满足人的深层次心理需求。

（4）多样性原则

小庭院植物种类构成要注意多样性。在设计中应通过植物各品种类型间的合理搭配，充分运用植物的形态、色泽和质地等自然特征，创造出整体的美感效果。小庭院植物种类的多样还有助于完善小庭院的功能。各种植物由于生活习性的不同而有不同的功能，如乔木可以遮阴和防晒，并作为空间建构的骨架；灌木对于形成严密的围合与防护空间、点缀小空间有独到的作用；攀缘植物可以形成棚架绿化并对墙面进行装饰……只有选择多样的植物进行组合，才能使小庭院的空间利用最大化，并塑造出最宜人的空间。

当然，在小庭院中种植植物追求多样性，并不意味着无原则的多样，在选择基调植物时仍应以乡土植物为主，而且以 1～2 种为宜，再选择其他的植物种类进行丰富和补充，如灌木、地被、花卉类植物可以多选择一些，但也应注意色彩和层次的搭配，形成生态、美观的植物景观。

（5）**形式美原则**

小庭院植物景观不仅是改善环境的重要因素，更是形成优美环境空间的重要因素，因此，植物组合在一起应能给人美的观感，做到科学与艺术的统一。具体而言，是指进行植物配置时应遵循统一与变化、调和与对比、均衡与对称、节奏与韵律的原则。

（6）**经济性原则**

经济性原则要求在小庭院中营造植物景观时，从设计、施工到养护管理能够开源节流，达到经济、实用、美观的目的。首先，主要选择乡土植物，既可降低成本，又能减少种植后的养护管理费用，还有利于形成地域特色。其次，应减少后期投入，一方面应多选用寿命长、生长速度适中的植物以减少重复工程；另一方面还应选择强健而粗放的植物，以减少后期的维护和管理成本。此外，小庭院中的植物景观可以适当与生产相结合。在满足小庭院功能与审美要求的前提下，在小庭院中种植一些能够采摘鲜花、果实的植物，如蔬菜和药草类植物。

当然，在进行小庭院植物景观设计时，也应对场地中原有的古树、大树等植物进行保护和保留，因为这些植物既能有效地改善小庭院的环境，其本身又见证着设计场地的历史，能够增强小庭院的历史与文化底蕴。同时，保留这些植物还可以减少树木的购置成本，也是经济性的重要体现。

3. 小庭院现状调研与分析

现状调研与分析是小庭院植物景观设计的前期准备阶段，是小庭院植物景观设计的前提与基础。在这一阶段，主要是收集与小庭院植物景观设计相关的各种资料，而所收集资料的深度和广度将直接决定着其后的分析与设计。因此，在这一阶段，设计师应尽可能详细地掌握项目的相关信息。这一阶段的内容主要包括承担设计任务、场地调研和分析。

（1）**承担设计任务**

①会见客户　会见客户并与之交谈是设计之初的一个重要步骤，能够为其后的设计打下良好的基础。在这一阶段，设计师可以通过与客户的交流获取一些相关的资料，如客户的家庭情况、客户的需求与期望、客户对于小庭院环境的喜好、客户的生活方式与性格特点，以及对于设计场所的意见及对小庭院的养护水平和精力等。具体的交流内容如下：

家庭情况　家庭成员、年龄、职业及对户外空间的喜好等。

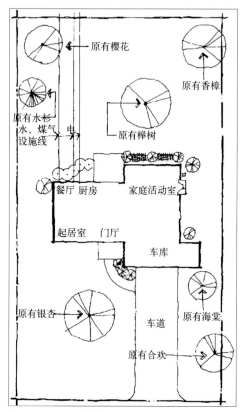

图8-1-10 别墅庭院基地现状图

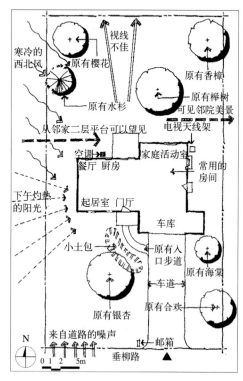

图8-1-11 别墅庭院基地现状调查图

需求与希望 对小庭院有何种期许与渴望、小庭院的风格与特点等。

甲方的喜好 客户对于设计风格、审美情趣、植物材料的美学特性与色彩等的喜好。

生活方式与兴趣爱好 客户如何使用小庭院空间,如是否喜欢户外活动及具体的活动内容如何,是否喜欢园艺活动,是否有晨练的习惯,是否饲养宠物等。

对基地的观察 在客户眼中设计场所的优势与不足、设计场所内建筑的内外构造等。

工程期限、造价 对完成工程时间的约定、对景观的造价要求。

特殊需求 这一过程既可以口头交流的方式完成,也可以问卷调查的方式来进行。以上内容既是小庭院植物景观设计的基础,也对小庭院植物景观设计有着重要的影响。

②获取图纸资料 设计师在拿到一个项目之后要多方收集资料,尽量详细、深入地了解该项目的相关内容,以求全面掌握可能影响植物生长的各个因子。例如,获得客户提供的相关图纸资料,如基地的测绘图、规划图、现状植物的分布位置图及地下管线图;获取该基地其他的信息,如该地段的自然状况、植物生长状况、人文历史资料等。

(2)场地调研和分析

①现场勘查 一方面,是在现场对所收集的资料进行核实、补充和完善,如对基地内植物的具体长势、形态等可以有直观的认识,基地内现有建筑与环境的关系也能够更明确地反映出来等;另一方面,设计师可以根据周边环境和基地现状,进行初步的艺术构思,经过视线分析,发现可借景的景物和不利于或影响基地内外视线的景物(图8-1-10、图8-1-11)。

基地现场勘查的主要内容如下:

基地现状 基地的范围、地形、排水、土壤、现有植被及绿化状况、小气候条件、现有建筑物状况、公共设施等。

周边环境 基地周边的道路交通、污染源及其类型、建筑物及相关设施等。

视线关系 基地与周边环境、建筑室内与基地等的视线关系、视域范围与主要观赏面等。

社会环境 邻居等周边人群的活动规律、地方历史、文化习俗与背景等。

②现场测绘 如果委托方（甲方）无法提供准确的基地测绘图，设计师就需要进行现场实测，并根据实测结果绘制基地现状图。基地现状图应该包含基地中现存的所有元素，如建筑物、构筑物、道路、铺装、植物等。需要特别注意的是，场地中的植物，尤其是需要保留的有价值的植物，它们的胸径、冠幅、高度等也需要测量记录。

为了防止出现遗漏，最好将需要勘查和测绘的内容编制成表格，在现场一边调查一边填写（参见附录2和附录3）。有些内容如建筑物的尺度、位置及视觉效果等可以直接在图纸中进行标示，或者通过照片加以记录。

③现状分析 现状分析是设计的基础和依据。植物与基地环境的联系尤为密切，基地的现状对

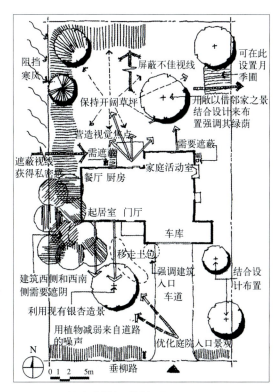

图8-1-12 别墅庭院基地现状分析图

植物的选择和生长、植物景观的营造、植物功能的发挥等具有重要的影响。因此，在这一阶段，应通过分析明确植物景观设计的目标，确定在植物景观设计过程中需要解决的问题。具体就是对前一阶段收集的文字和图片资料进行归纳、分析和整理，明确基地条件对于植物景观设计的利与弊，并绘制出基地的现状分析图（图8-1-12）。

4. 小庭院植物景观方案设计

完成前期的准备工作之后，就应开始着手进行小庭院植物景观的方案设计。方案设计是一个循序渐进的过程，包括一开始的小庭院植物景观功能图解、设计构思，直到小庭院种植设计图纸的完成。

（1）小庭院植物景观功能图解

在此阶段，设计师在基地图纸上以图示的方式进行设计，并将前期研究的结论与意见加入设计中。一般常用的方法是利用圆圈或抽象的图形符号把小庭院植物的主要功能和空间关系在图面上表达出来，即泡泡图或功能分区图。这些符号不具有尺度和比例，只是将设计师的初步构思以图解的方式加以形化、物化，反映的是基地上植物功能空间的相互位置和关系。为了辅助说明，一般还会加上文字注解（图8-1-13）。

在功能图解阶段，主要是明确植物材料在空间组织、造景、改善基地条件等方面的作用，一般不考虑不同的功能空间需使用何种植物，或单株植物的具体配置形式。设计师只需关注植物在合适位置的功能，如障景、庇荫、分割空间或成为视线焦点，以及植物功能

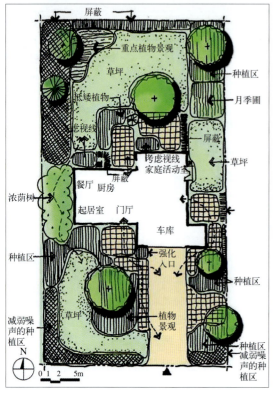

图8-1-13 别墅庭院植物功能图解   图8-1-14 别墅庭院植物分区规划图

空间的相对面积大小等问题。为了使设计效果达到最佳，往往需要拟定几个不同的功能分区图加以比较。植物功能图解可以明确以下信息：主要的植物功能空间（由简单的圆圈表示）；植物功能空间彼此之间的距离关系和相互联系；植物功能空间的封闭与开敞程度、出入口状况；不同植物功能空间的视线关系等。

（2）小庭院植物景观设计构思

①绘制植物分区规划图　在完成小庭院植物功能分区图的基础上，对设计进行深入和细化。在这一阶段，设计师应对每个功能区块内部进行细部设计。具体做法是将每个功能区块分解为若干个不同的区域，对每个区域内植物的类型、种植形式、大小、高度等进行分析和确定（图8-1-14）。

②植物的选择　在进行植物选择时，首先应根据基地的自然条件如光照、水分、土壤等选择合适的植物，使植物的生态习性与小庭院生境相适应。其次，植物在空间中往往不只需要满足一种功能需求，因此，在选择植物的时候应在满足植物主要功能的同时兼顾其他的功能，如在小庭院中主要用于遮阴的植物，同时还充当着空间的视觉焦点，因而要选择具有较高观赏价值的大型乔木（图8-1-15、图8-1-16）。再次，小庭院的植物选择应考虑苗木的来源、规格和价格等因素，应以基地所在地区的乡土植物种类为主，同时也应考虑已被证明能适应本地生长条件、长势良好的外来植物种类。此外，植物的选择还应与小庭院的风格和环境相适应，形成富有个性的植物种植空间。

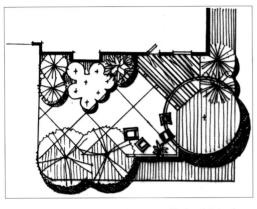 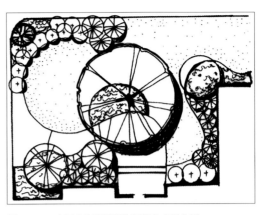

图8-1-15　大乔木提供有屏障的视野，能引导步行活动　　图8-1-16　大乔木起到遮阴和视觉焦点的作用

为了取得统一的效果，小庭院的植物选择还应确定出基调树种。因小庭院面积不大，一般基调树种不宜过多，以1～2种为宜，在小庭院中大量种植基调树种，以数量来体现小庭院的植物基调。然后，根据小庭院的功能空间布局，选择其他树种作为丰富和补充，形成既统一又富有变化和层次的植物景观。

（3）小庭院植物种植设计

一般种植设计图表现的是植物成年后的景观，因此，设计者需要对所选植物的观赏特性、生态习性非常了解，对乔木、灌木成年期的冠幅有准确的把握，这是完成小庭院植物种植设计图的基本要求。

①植物冠幅的确定　小庭院种植设计图一般按1∶500～1∶50的比例作图，乔灌木的冠幅以成年树树冠的75%～100%绘制。绘制的成年树冠幅一般可大致分为以下几种规格：乔木，大乔木8～12m，中乔木6～8m，小乔木3～5m；灌木，大灌木3～4m，中灌木1～2.5m，小灌木0.3～1.0m。

②植物布局形式和布局要点　植物的布局形式取决于园林景观的风格，如规则式、自然式，以及中式、日式、英式、法式等多种园林风格，它们在植物配置形式上风格迥异、各有千秋。另外，植物的布局形式应该与其他构景要素相协调，如建筑、地形、铺装、道路、水体等。如图8-1-17（a）所示，规则式的铺装周围，植物采用自然式布局方式，铺装的形状没有被突显出来；而图8-1-17（b）中植物按照铺装的形式行列式栽植，铺装的轮廓得到了强化。当然，这一点也并非绝对，在确定植物具体的布局方式时还需综合考虑周围环境、园林风格、设计意向、使用功能等内容。

在进行小庭院植物景观布局的时候，首先应把握的就是群体性的原则，即将植物以组群的方式布局在小庭院中（图8-1-18）。群体性的布局可以增强视觉的统一感，使植物与植物之间的联系感得以增强。若植物布局分散，由于植物与植物之间彼此孤立，整个设计就有可能分裂成无数相互抗衡的对立部分（图8-1-19）。因此，为使小庭院的植物更好地生长，应该按照植物在自然状态下的组合形式进行布局，形成稳定的人工植物群落。

③植物平面图例与定植点　在同一张图纸中，植物图例的表示方法不宜太多。植物名称可以直接写在植物的冠幅内，若植物冠幅较小，则就近写在一边，一般不提倡用数

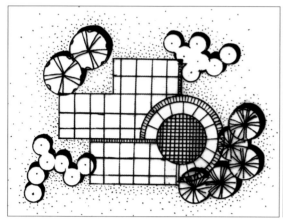
（a）植物种植与铺装没有很好协调

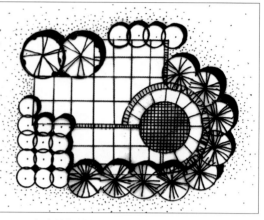
（b）植物种植与铺装协调，强化了铺装的轮廓

图8-1-17　植物的布局方式应该与铺装相协调

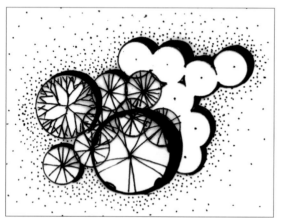
图8-1-18　植物以组群的方式组合，整体性较强

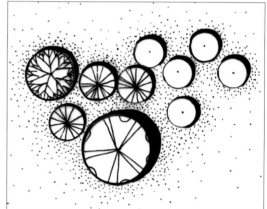
图8-1-19　植物布局分散，缺乏完整性

字编号进行标注。要求在小庭院植物种植设计图中标明每株植物的准确位置，即定植点。定植点常用树木平面图例的圆心表示，同一树种若干株栽植在一起时，可用直线将定植点连接起来，在起点或终点位置统一标注植物名称。这些直线一般不相互交叉，不经过园路、水面和建筑。定植点的位置应根据国家行业标准并视实际场地中地下管线、地面建筑物和构筑物的情况而定。此外，定植点一般不点在等高线上；乔木定植点一般距路牙和水体驳岸不小于0.75m；灌木则视其冠幅大小而定，一般不宜距离路牙和驳岸太近，以免影响灌木的生长或给使用者带来不便。

④图纸要求　小庭院植物种植设计图图纸上应标注图名、图框、图标、指北针及比例尺。植物图例中乔木的冠幅可适当加粗。如果小庭院中配置的植物种类较多，且层次明显，可分层分别进行绘制，绘制出乔木层、灌木层、花卉地被层即可。种植设计平面图绘制完成后，可绘制不同方位立面图和效果图，展现植物景观建成效果（图8-1-20至图8-1-23）。总之，小庭院植物种植设计图应做到图面整洁、工整，线条流畅、优美，布局合理、规范，内容科学、齐全，将设计师的意图完整、精确地表达出来。

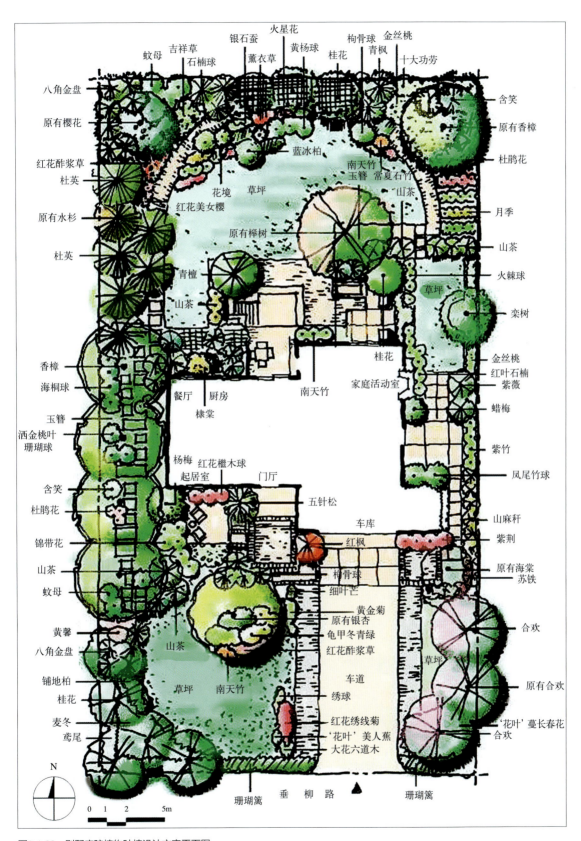

图8-1-20 别墅庭院植物种植设计方案平面图

图8-1-21 别墅庭院植物种植设计东立面图

图8-1-22 别墅前院东南侧透视效果图

图8-1-23 别墅后院鸟瞰图

5. 小庭院植物种植施工图绘制

（1）小庭院植物种植施工图绘制方法

小庭院植物种植设计方案图表现的是植物种植在小庭院中，经过一二十年的生长成熟定型之后所呈现的景观面貌，而小庭院植物种植施工图表示的则是栽种时的植物景观，是指导施工人员进行现场种植施工的图纸，因此，图中的植物冠幅应按照苗木出圃时的实际规格进行绘制。

①植物冠幅的确定　苗木出圃时一般树龄较小，且经过定型修剪，一般冠幅较小，可参照以下尺寸绘制：

乔木　大苗3～4m；小苗1.5～2m。

灌木　大苗1～1.5m；小苗0.5～1m。

针叶树　大苗2.5～3m；小苗1.5～2.5m。

②绘制种植施工图　主要包括两个步骤。首先，将图纸覆盖于种植设计图上绘制植物，保持植物定植点位置不变，将植物的冠幅按照苗木的实际规格进行绘制。这时，由于植物的冠幅较小，施工图上的植物景观明显不佳，显得松散夸张，无法形成良好的视觉效果。

为了尽快使植物发挥景观效果，就应增加植物的数量，以弥补小庭院近期植物种植效果的不足。其次，在施工图上绘制填充植物。将施工图上已绘制出来的植物称为保留树，将为了形成近期效果，即将添加进去的植物称为填充树。填充树可以与保留树相同，也可以不同，但是，在养护管理时应注意，当植物生长空间局促时应及时将之移走。一般填充树数量与保留树大致相等或略多一些，以 1∶1～1.2∶1 为宜。

（2）小庭院植物种植设计苗木表

在小庭院植物种植施工图绘制完成之后，还应对所用的植物苗木种类及规格进行统计和记录。一般采用表格的形式进行记录，并称为苗木表（植物名录）。在苗木表中，应注明植物的编号、中文名、学名、苗木规格、数量和备注等内容。

苗木表中植物的排列应按照一定的规则进行，一般为乔木、灌木、藤本、竹类、花卉、草坪和观赏草。乔木、灌木中一般先针叶树后阔叶树，每一类植物中先常绿树后落叶树，同一科属的植物排列在一起，最好能按照植物分类系统排列。

6. 小庭院植物景观设计案例分析

江南华府别墅庭院是位于上海市青浦区朱家角镇大淀湖畔的一个小庭院，景观面积约为 2000m²。整个庭院分为入口花园、前花园、果园垂钓、后花园 4 个功能分区（图 8-1-24 至图 8-1-26）。

图8-1-24　江南华府别墅庭院总平面图

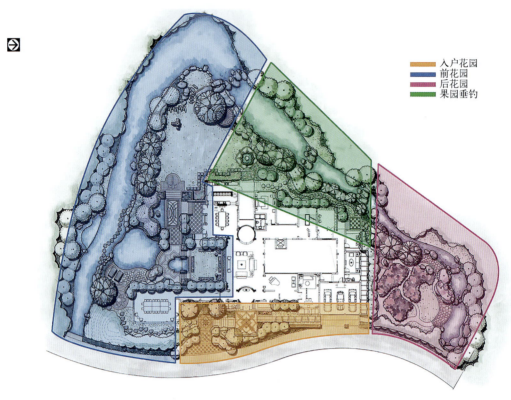

图8-1-25　江南华府别墅庭院景观功能分区图

入口花园作为花园洋房的入口,"以低调的华丽"作为设计的主旨。在郁郁葱葱的绿色植物掩映下,一扇装饰华丽的铁门作为住宅的标志性入口。前花园分为室外泳池区、室外会客餐厅区及室外草坪活动区。在入口左侧,沿着若隐若现的石制小汀步前行,穿过茂密的树丛,眼前豁然开朗,一座波光粼粼的泳池展现在面前。泳池四周布置观赏草坪、花境、花钵等,周到而细致的设计让居者感到舒心惬意。室外会客餐厅向西延伸出去的是一片微地形起伏的草坪,可以用来开展小型的活动项目及小型户外派对。果园垂钓区在溪流岸边,绿意葱葱、繁花点点,在此悠然垂钓,间或一声清脆的鸟鸣传来,使人仿佛置身于世外桃源之中。后花园通过植物种植、小品雕塑等细腻的设计,营造和挖掘有关幸福的元素,使家居生活更为温馨和丰富多彩。后花园植物分为三大类:芳香园、宿根花卉、药用植物。精选了一些养护方便的种类,如白薄荷、罗勒、栀子花等芳香植物;八宝景天、百子莲、火炬花、婆婆纳、玉簪、醉鱼草、金边麦冬等花境植物;白接骨、草芍药、活血丹、三七景天等药用植物。

江南华府景观概念方案

江南华府植物布置

项目 8 小环境园林植物景观设计 203

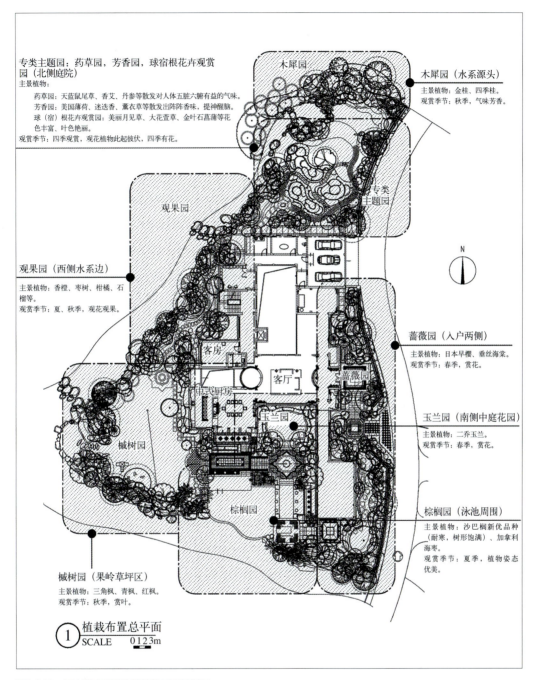

图8-1-26 江南华府别墅庭院植物景观规划图

任务实施

1. 获取项目信息

获取与该项目相关的图纸资料。本任务中通过询问交流得到的甲方的家庭情况及其对庭院设计的要求如下。

项目信息

（1）家庭成员

父亲：喜爱运动、读书，喜欢蓝色、绿色。

母亲：喜爱运动、烹饪、读书、听音乐，喜欢月季，喜欢红色。

儿子：初中生，喜爱运动，喜欢绿色。

四位老人：都在60岁以上，都会到家里暂住，喜欢园艺、聊天、棋牌类活动。

（2）对庭院空间的预期

经常在庭院中休息、交谈，开展一些小型的休闲活动，能够种植一些花卉或蔬菜，能够举行家庭聚会（通常每月一次，人数6～12人），能够看到很多绿色，感受到鸟语花香，一年四季都能够享受到充足的阳光。

（3）设计要求

希望有一个菜园；有足够的举行家庭聚会的空间；在庭院中能够看到绿草、鲜花，从房间里能够看到优美的景色，整个庭院安静、温馨、使用方便，尤其要方便老人使用。

2. 绘制现状分析图

经过现场勘查和测绘，绘制现状分析图（图8-1-27至图8-1-29）。

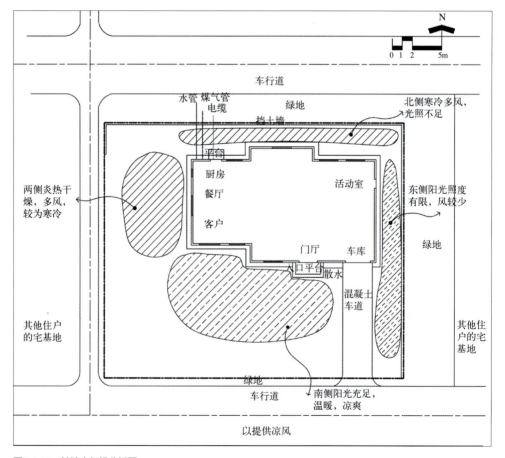

图8-1-27　基地小气候分析图

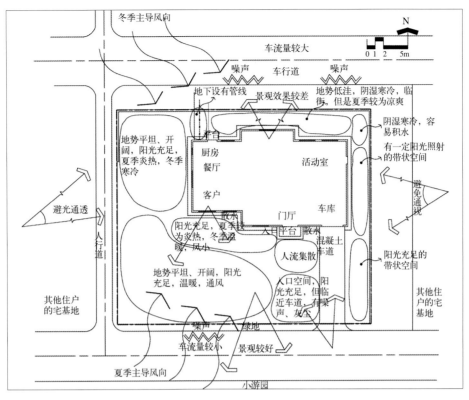

图8-1-28 某庭院现状分析图（一）

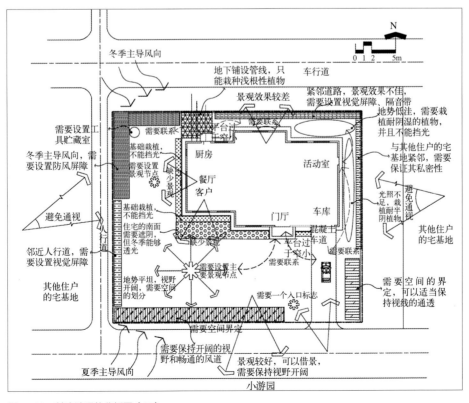

图8-1-29 某庭院现状分析图（二）

3. 绘制功能分区图

根据现状分析以及设计意向书，确定基地的功能区域，绘制功能分区示意图（图8-1-30）。在功能分区示意图的基础上，确定植物功能分区，即根据各分区的功能确定植物的主要配置方式。如图8-1-31所示，在5个主要功能分区的基础上，植物功能分区分为防风屏障、视觉屏障、隔音屏障、开阔草坪、小菜园等。

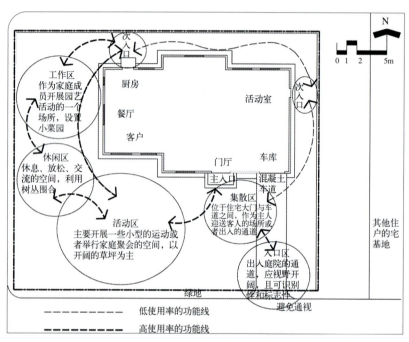

图8-1-30 功能分区示意图（泡泡图）

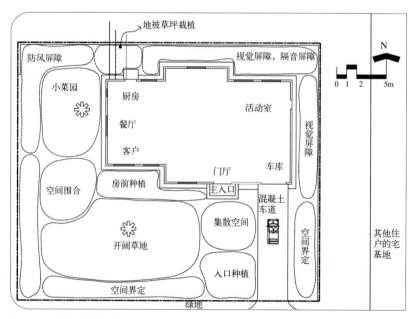

图8-1-31 植物功能分区图

4. 绘制植物种植分区规划图

结合现状分析，在植物功能分区的基础上，将各个功能分区继续分解为若干不同的区段，并确定各个区段内植物的种植形式、类型、大小、高度、形态等内容（图8-1-32）。

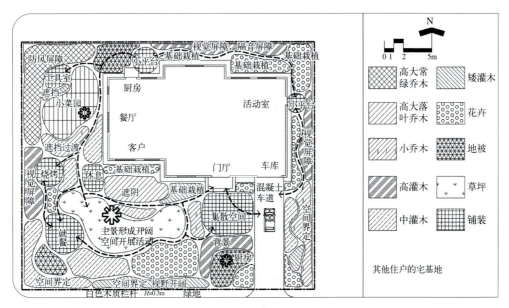

图8-1-32　植物种植分区规划图

5. 绘制植物种植初步设计图

以植物种植分区规划为基础，确定植物的名称、规格、种植方式、栽植位置等，绘制种植初步设计平面图（图8-1-33）。种植初步设计植物种类见表8-1-1所列。选择植物时，首先，要根据基地自然状况如光照、水分、土壤等选择适宜的植物，即植物的生态习性与生境应该对应。其次，植物的选择应该兼顾观赏和功能的需要，两者不可偏废。例如，根据植物功能分区，建筑物的西北侧栽植云杉形成防风屏障；建筑物的西南面栽植银杏，满足夏季遮阴、冬季采光的需要；基地南面铺植草坪、地被，形成顺畅的通风环境。另外，园中种植的百里香香气四溢，还可以用于调味；月季不仅花色秀美、香气袭人，而且还可以作切花，满足女主人的要求。每一处植物景观都是观赏与实用并重，只有这样，才能够最大限度地发挥植物景观的效益。

表 8-1-1　种植初步设计植物选择列表

常绿乔木	云杉、紫杉
落叶乔木	银杏、槐、花楸、文冠果、山楂、紫叶矮樱
灌木	珍珠梅、海棠、忍冬、棣棠、珍珠绣线菊、木槿、大花水亚木、红瑞木、黄刺玫、紫薇、茶条槭
花卉	花叶玉簪、萱草、耧斗菜、月季
地被	白车轴草、百里香、'金山'绣线菊

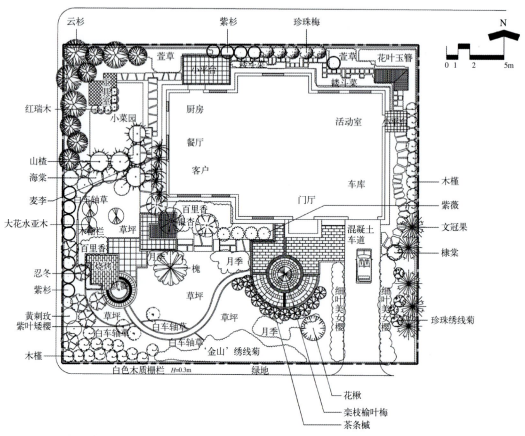

图8-1-33　植物种植初步设计平面图

6. 绘制植物种植设计平面图

对照设计意向书，结合现状分析、功能分区、初步设计阶段成果，进行设计方案的修改和调整。详细设计阶段应该从植物的形状、色彩、质感、季相变化、生长速度、生长习性等多个方面进行综合分析，以满足设计方案中各种要求。首先，核对每一区域的现状条件与所选植物的生态习性是否匹配，是否做到了"适地适树"；其次，从平面构图角度分析植物种植方式是否满足观赏的需要，植物与其他构景要素是否协调，如就餐空间的形状为圆形，如果要突出和强化这一构图形式，植物最好采用环植的形式；再次，从景观构成角度分析所选植物是否满足观赏的需要、植物与其他构成元素是否协调，这些方面最好结合立面图或者效果图来分析；最后，进行图面的修改和调整，完成植物种植设计图（图8-1-34），并填写苗木表，编写设计说明。

巩固训练

图8-1-35所示为华东地区某私家庭院景观设计平面图，该项目地块总用地面积1200m²，其中可绿化面积约900m²。根据对该项目的理解，利用小庭院植物景观设计基本方法和基本设计流程进行植物景观设计，完成该庭院的植物景观设计平面图。

项目8　小环境园林植物景观设计　209

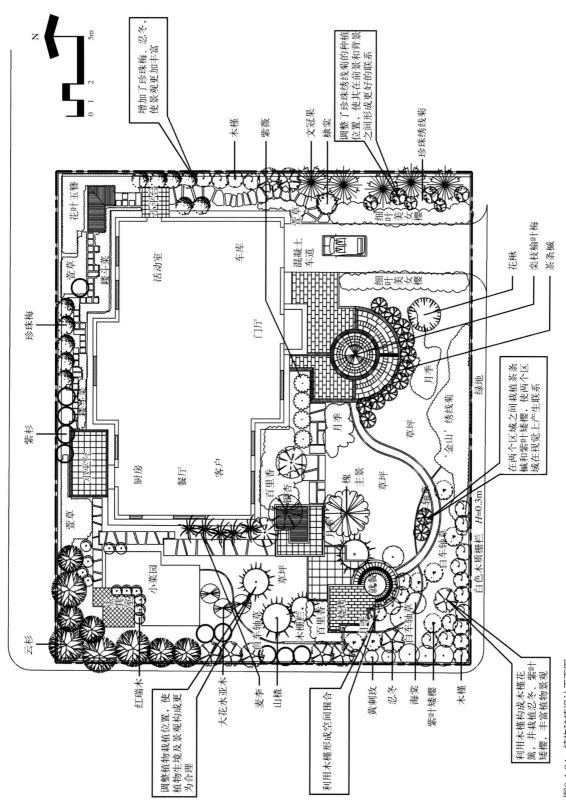

图8-1-34　植物种植设计平面图

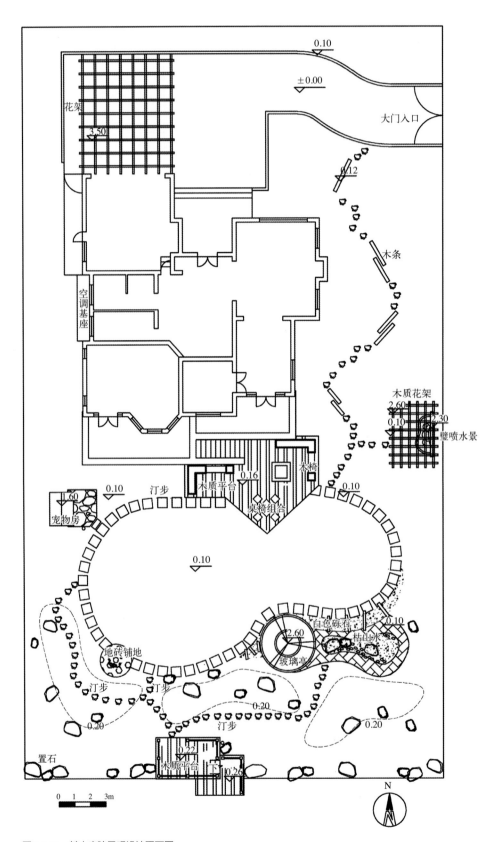

图8-1-35 某小庭院景观设计平面图

考核评价

表 8-1-2　评价表

评价类型	项　目	子项目	组内自评	组间互评	教师点评
过程性评价（70%）	专业能力（50%）	植物选配能力（40%）			
		方案表现能力（10%）			
	社会能力（20%）	工作态度（10%）			
		团队合作（10%）			
终结性评价（30%）	作品的创新性（10%）				
	作品的规范性（10%）				
	作品的完整性（10%）				
评价/评语	班级：	姓名：	第　　组	总评分：	
	教师评语：				

任务8-2　屋顶花园植物景观设计

【知识目标】

（1）了解屋顶花园的功能并在绿化设计中加以发挥。

（2）掌握屋顶花园植物景观营造的方法和配置形式。

（3）归纳屋顶种植层的构造技术。

【技能目标】

（1）能够应用屋顶花园构造技术的相关理论分析屋顶绿化中植物各构造层的必要性。

（2）能够根据乔木、灌木、花卉等在屋顶花园中的应用特点进行具体项目的屋顶花园景观设计和绘图表达。

工作任务

【任务提出】

图 8-2-1 所示为上海地区某屋顶花园景观设计平面图，根据屋顶花园植物景观设计的要求和基本方法，选择合适的植物种类和植物配置形式进行植物景观初步设计。

【任务分析】

根据屋顶花园环境和立地条件选择合适的植物种类进行植物景观的设计是种植设计师职业能力的基本要求。在了解屋顶的承重状况、分析屋顶规划设计构思和楼层周围环境的前提下进行植物景观的设计，首先要了解当地常用园林植物的生态习性和观赏特性，掌握乔木、灌木、

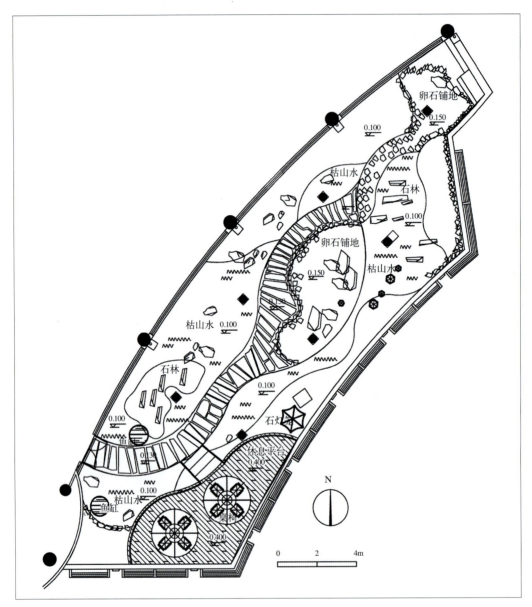

图8-2-1 某屋顶花园景观设计平面图

花卉等的配置方法和设计要点等内容。

【任务要求】

(1) 植物的选择应适宜当地屋顶绿化条件,满足其景观和功能要求。

(2) 灵活运用植物景观设计的基本方法,树种选择合适,配置符合规律。

(3) 立意明确,风格独特;图纸绘制规范。

(4) 完成屋顶小游园植物景观设计平面图一张。

【材料及工具】

测量仪器、手工绘图工具、绘图纸、绘图软件(AutoCAD)、计算机等。

知识准备

1. 屋顶花园概念和特点

（1）概念

屋顶花园是指一切不与地面自然土壤相连接的各类型建筑物、构筑物顶部的特殊空间绿化，包括阳台、天台、露台、墙体、地下车库、桥梁（立交桥）等建筑上的绿化及人工假山山体上所进行的绿化装饰及造园活动。它是根据建筑物的构造特点、荷载及屋顶上的环境条件，选择生态习性与之相适应的植物材料，通过一定的技艺，从而达到节能环保和丰富园林景观的一种形式。

（2）特点

①植物生存环境条件差　屋顶花园是在完全人工化的环境中栽种植物，采用客土、人工灌溉系统为植物提供必要的生长条件。屋顶花园的环境特点主要表现在土层薄、营养物质少、缺少水分；同时屋顶风大，阳光直射强烈，夏季温度较高，冬季寒冷，昼夜温差变化大。

②受屋顶负荷限制　由于建筑结构的制约，屋顶花园的负荷只能控制在一定范围内，土壤厚度不能超过荷载标准，因此制约了植物的选择，同时造成植物容易缺水。

③建设、养护困难　由于屋顶绿化的工作面在屋顶上，施工人员要对建筑物的构架特征有比较深的理解，凭借丰富的施工经验，依据严密的数据确定最佳的施工方案，即要在深刻认识屋顶绿化各项施工工艺的基础上安全、合理、细致地进行施工。防渗、阻根、排水等都需要专门的技术。

屋顶花园建成后的养护，主要是指花园主体景物的各种草坪、地被、花木的养护管理以及屋顶上的水电设施维护和屋顶防水、排水等工作。由于高层建筑房顶一般只有小出入口，操作相对困难。

2. 屋顶绿化功能

（1）节约和利用水

绿化屋面通过种植土、蓄水板可以把大量的雨水储存起来。据统计，屋顶绿化能够有效截留60%～70%的降水，而且在雨后若干小时内逐步被植物吸收和蒸发到大气中，使降落到屋顶的雨水得到充分利用。屋顶绿化的储水功能还可以缓解城市排水系统的压力，显著减少污水处理费用。

（2）节省建筑能耗

研究表明，绿化屋顶顶板全天热通量值变化极其微弱，对建筑屋面顶板的保温、隔热作用明显。绿化屋顶夏季室温平均比未绿化屋顶低1.3～1.9℃，冬季室温高1.0～1.1℃。

（3）保护建筑构造层

建筑构造层的破坏除了少数是承重物件引起以外，多数情况是由于温差造成的。无论是夏季还是冬季，建筑物屋顶昼夜温差都比较大，建筑构造的热胀冷缩造成建筑材料受到很大负荷，其强度会降低，进而造成建筑物出现裂痕，寿命缩短。

屋顶绿化层由于有不同厚度的土壤和植物覆盖，其隔热会比架空薄板隔热层的屋面好，从而避免了屋面因温度变化剧烈而引起开裂。

（4）改善城市生态环境

屋顶绿化是改善城市生态环境最有效的措施之一，在诸多生态环境条件的改善中发挥作用。

①调节气温和湿度　屋顶绿化增加了绿化量，夏季可以有效缓解城市的热岛效应，减少太阳光对屋顶的照射；冬季具有保暖作用，降低能量消耗。此外，由于植物的蒸腾作用，屋顶空间的蒸腾量大幅增加，致使空气湿度提高。

②使空气形成局部环流　植物的种植增加了屋顶的粗糙度，可以降低风速，同时由于绿化具有降温作用，使气压在同一高度的水平方向产生气压梯度，形成局部环流。

③减弱光线反射　植物覆盖屋顶建材，可以减弱原本屋顶材料在强烈阳光照射下反射的刺目眩光，减轻对人们视力的损害。

④减轻城市环境污染　屋顶绿化中的植物与地面植物一样，具有吸收二氧化碳、释放氧气、吸附有害气体等净化空气与滞尘作用。

（5）景观作用

屋顶花园在为人们提供休闲空间和绿色环境享受时，对人们的心理、生理影响更为深远。屋顶花园营造的园林景观，在形态美、色彩美、风韵美等方面都能满足人们的精神要求，起到陶冶情操的作用。

3. 屋顶花园植物选择

由于受种植土厚度、光照、承重等因素的制约，屋顶花园植物选择面较为狭窄。所种植物要求以喜光植物为主，耐旱；一些直根系植物不宜种植，宜选择浅根性的小乔木与灌木、花卉、草坪、藤本植物等搭配。

（1）选择耐旱、抗寒性强的矮灌木和草本植物

由于屋顶花园夏季气温高、风大、土层保湿性能差，而冬季则保温性差，因此应选择耐干旱、抗寒性强的植物。同时，考虑到屋顶的特殊环境和承重的要求，应选择矮小的灌木和草本植物以利于植物的运输、栽植和管理。

（2）选择喜光、耐瘠薄的浅根性植物

屋顶花园大部分地方为全日照、直射，光照强度大，植物应尽量选用喜光植物。当然，一些小环境如花架、景墙附近，日照时间较短，可适当选用一些半喜光的植物种类，以丰富屋顶花园的植物品种。屋顶的种植层较薄，为了防止根系对屋顶建筑结构的侵蚀，应尽量选择浅根性的植物。另外，由于施肥会影响周围环境的卫生状况，故尽量选择耐瘠薄土壤的植物品种，以减少施肥次数。

（3）选择抗风、不易倒伏、耐积水的植物

屋顶上空的风力一般比地面大，特别是雨季或台风来临时，风雨交加对植物的危害最大；同时屋顶种植层薄，土壤的蓄水性差，一旦下暴雨容易造成短时间积水。所以，应尽可能选择一些抗风、不易倒伏，又耐短时积水的植物。

（4）以常绿树种为主，选择可露地越冬的植物

营建屋顶花园的目的之一就是增加城市的绿化面积，选择常绿树种有利于增加城市屋顶冬季绿色景观。宜选用叶形和植株秀丽的植物；为了体现屋顶花园的季相变化，可适当选择一些落叶植物；另外，可布置一些盆栽时令植物，使花园四季有花。

（5）尽量选用乡土树种，适当引用外来新品种

适地适树是植物造景的基本原则，因此应大力选择乡土树种，适当引用外来新品种。乡土树种对本地区气候条件适应性强，这在生态条件相对恶劣的屋顶花园尤为重要，同时应考虑屋顶花园植物景观的丰富性，适当选择一些适应性强的外来新品种增加植物景观的观赏性。

（6）选择容易移植、成活率高、耐修剪、生长慢的品种

屋顶花园栽植环境较差，移植成活率影响植物景观的效果。同时屋顶的承重有限，植物的生长量控制非常重要，耐修剪、生长速度慢可保证屋顶承重的变化量小，从而保证植物景观的长效性。

（7）选择抗污染，可忍受、吸收、滞留有害气体或粉尘的植物

在屋顶花园植物配置时，要优先选用既有绿化效果又能改善环境的植物种类，这些植物对烟尘、有害气体等有较强的抗性，并且能起到净化空气的作用，如女贞、大叶黄杨、山茶等。

（8）满足植物造景的要求

在平面上，要求植物生长繁茂，并不蔓延出原划定的界限，同时具有丰富的质感和颜色及足够的观赏期；在立面上，要求植物具有高低层次，植株具有饱满的形态；在时间上，要求植物具有明显的季相变化。

植物选择的关键是协调好造景、造价、效益之间的关系，因为选择的植物很难满足所有条件。例如，耐寒且能在屋顶自然生长的植物往往具有发达的根系，容易对屋顶结构产生破坏力；浅根性植物需要很多水分，并且需要人为固定才能抵御大风的侵袭等。

4. 屋顶花园植物景观营造

（1）种植层厚度

屋顶花园植物景观设计荷载应满足建筑屋顶承重安全要求，必须在屋面结构承载力允许的范围内。屋顶花园荷载应包括植物材料、种植土、园林建筑小品、设备和人流量等静荷载，以及由雨水、风、雪、植物生长等所产生的活荷载。

屋顶花园种植层不但要考虑屋顶荷载，还要考虑植物生长的厚度要求。不同植物所需基质厚度参考值见表8-2-1所列。

（2）屋顶花园种植层构造

一般屋顶花园种植层结构从上到下依次为：植被层、种植介质层、隔离过滤层、排（蓄）水层、阻根防水层、分离滑动层、防水层、找坡层、找平层、保温隔热层、结构层（现浇混凝土楼板或预制空心楼板）（图8-2-2）。

表 8-2-1　不同植物类型基质厚度参考值

植物类型	规格（m）	植物生存所需基质厚度（cm）	植物发育所需基质厚度（cm）
乔木	$H=3.0 \sim 10.0$	$60 \sim 120$	$90 \sim 150$
大灌木	$H=1.2 \sim 3.0$	$45 \sim 60$	$60 \sim 90$
小灌木	$H=0.5 \sim 1.2$	$30 \sim 45$	$45 \sim 60$
草本、地被植物	$H=0.2 \sim 0.5$	$15 \sim 30$	$30 \sim 45$

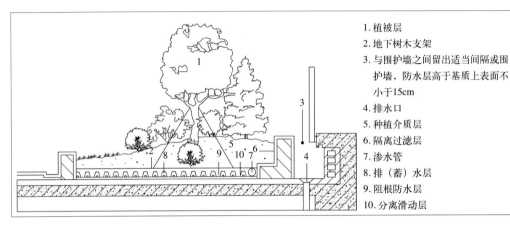

1. 植被层
2. 地下树木支架
3. 与围护墙之间留出适当间隔或围护墙，防水层高于基质上表面不小于15cm
4. 排水口
5. 种植介质层
6. 隔离过滤层
7. 渗水管
8. 排（蓄）水层
9. 阻根防水层
10. 分离滑动层

图8-2-2　屋顶花园种植区构造层剖面示意

①植被层　植被层是指在花园上种植的各种植物，包括草本植物、藤本植物、小灌木、大灌木、乔木等。植物材料平均荷重参考值见表 8-2-2 所列。

表 8-2-2　植物材料平均荷重参考值

植物类型	规格（m）	植物荷载（kN/m^2）
乔木（带土球）	$H=3.0 \sim 10.0$	$0.40 \sim 0.60$
大灌木	$H=1.2 \sim 3.0$	$0.20 \sim 0.40$
小灌木	$H=0.5 \sim 1.2$	$0.10 \sim 0.20$
地被植物、草坪	$H=0.2 \sim 0.5$	$0.05 \sim 0.10$

②种植介质层　此层为种植区中最重要的一个组成部分。为使植物生长良好，同时尽量减轻屋顶的附加荷重，种植土一般不直接用地面的自然土壤，而选用既含各种植物生长所需元素又较轻的人工介质，如蛭石、珍珠岩、泥炭及其与轻质土的混合物等。由于不同的植物对土层厚度的要求是有差异的，配制比例可根据各地现有材料的情况而定。

③隔离过滤层　设置此层的目的是防止种植土随浇灌和雨水流失。人工合成土中有很多细小颗粒，极易随水流失，不仅影响土壤的结构和养分含量，还会堵塞建筑屋顶的排水系统，因此在种植土的下方设置防止小颗粒流失的隔离过滤层是十分必要的。

目前常用既能透水又能过滤的聚酯纤维无纺布等材料，一般采用的搭接有效宽度应达到 10~20cm，并向建筑侧墙延伸至基质表层下方 5cm 处。

④排（蓄）水层　此层位于隔离过滤层之下，目的是改善种植土的通气、水分和养分状况，满足植物在生长过程中根系所需要的氧气、水分和营养，保证植物能有发达的根系。由于种植土厚度较薄，当土壤中的水分过多时，排水层可以贮藏多余的水分；当土壤中缺水时，植物又可以通过排水层吸收水分。缺少排水层，将直接影响植物根部与微生物的呼吸过程，同时还影响土壤中各种元素的存在状况。通气良好的土壤，其大多数元素处于可以被植物吸收的状态，而通气条件较差的土壤，一些元素以毒质状态存在，从而对植物的生长起抑制作用。因此，设置排（蓄）水层在屋顶花园建造中是必不可少的一项工作。

排（蓄）水层选用的材料应该具备通气、排水、储水和质轻的特点，同时骨料间应有较大孔隙，自重较轻。下面介绍几种可选用的材料：

陶料　密度小，约为 $600kg/m^3$，颗粒大小均匀，骨料间孔隙度大，通气、吸水性强，使用厚度为 200~250mm。

焦砟　密度较小，约为 $1000kg/m^3$，造价低，但要求必须经过筛选，使用厚度在 100~200mm，吸水性较强。

砾石　密度较大，在 2000~$2500kg/m^3$，要求必须经过加工成直径为 15~20mm。其排水、通气较好，但吸水性很差。这种材料只能用在具有很大负荷量的建筑屋顶上。

⑤阻根防水层　是能够防止植物根系穿透并起到防水作用的构造层，应用焊接法施工，一般采用合金、橡胶、PE（聚乙烯）和 HDPE（高密度聚乙烯）等材料。

根阻防水层铺设在排水层下，搭接宽度不小于 100cm，并向建筑侧墙延伸至基质表层下方 15~20cm 处。

⑥分离滑动层　一般采用玻纤布或无纺布等材料，用于防止阻根防水层与防水层材料之间产生黏连现象。柔性防水层表面应设置分离滑动层；刚性防水层或有刚性保护层的柔性防水层表面，分离滑动层可省略不铺。分离滑动层铺设在阻根防水层下，搭接的有效宽度应达到 10~20cm，并向建筑侧墙面延伸 15~20cm。

⑦防水层　无论新、老屋顶，都建议进行二次防水处理。首先要对原屋面进行 96h 的闭水试验，检查原有的防水性能。传统防水材料多为油毡，暴露在大气中，气温交替变化，使油毡本身、油毡之间及与砂浆垫层之间的粘接发生错动以至拉断；油毡与沥青本身也会老化，失去弹性，从而降低防水效果。而屋顶花园有人活动，除防雨、防雪外，灌溉用水和人工水池用水较多，排水系统又易堵塞，因而要有更牢靠的防水处理措施，最好采用新型防水材料。

对于屋顶花园来说，更推荐采用柔性防水层。屋顶花园中常用"三毡四油"或"二毡三油"，再结合聚氯乙烯泥或聚氯乙烯涂料处理。近年来，一些新型防水材料也开始投入使用，已投入屋顶施工的有三元乙丙防水布，使用效果不错。

另外，应确保防水层的施工质量，这是屋顶花园成败的关键。因此，施工时必须制定严格的操作规程，认真处理好材料与结构楼盖上水泥找平层的粘接及防水层本身的接缝，特别是平面高低变化处、转角及阴阳角的局部处理。

⑧找坡层　宜采用具有一定强度的轻质材料（如陶粒、加气混凝土等），其坡度宜

1%～3%。

⑨找平层　为便于施工柔性防水层，宜在保温层上铺抹水泥砂浆找平层。找平层应压实平整，充分保湿养护，不得有疏松、起砂和空鼓现象。

⑩保温隔热层　屋顶种植植物，利用光合作用将热能转化为生物化学能，利用植物叶面的蒸腾作用增加散热量，均可以大幅降低屋顶温度；利用植物栽培基质材料的热阻与热惰性，可降低平均温度和湿度的变化剧烈程度。因此，屋顶花园一般不设置保温隔热层。

若确有需要设置该层，首先要轻，堆积密度不大于 $100kg/m^3$。宜选用 $18kg/m^3$ 的聚苯板、硬质发泡聚氨酯。

⑪结构层　种植屋面的面板最好是现浇钢筋混凝土板，要充分考虑层顶覆土、植物及雨雪水的荷载。

（3）屋顶花园种植方式

屋顶花园的植物，在种植时必须以"精美"为原则，不论在品种上还是在植物的种植方式上都要体现出这一特点。常见的种植方法有以下几种：

①孤植　又称孤赏树，这类树种与地面种植的相比，要求树体本身不能巨大，以优美的树姿、艳丽的花朵或累累硕果为观赏目标，如圆柏、龙柏、南洋杉、龙爪槐、叶子花、紫叶李等均可作为孤植树。

②绿篱　在屋顶花园中，可以用绿篱来分隔空间，组织游览线路，同时在规则式种植中，绿篱是必不可少的镶边植物。

③花境　在屋顶花园中可以起到很好的绿化效果。在设计时应注意其观赏位置，可为单面观赏，也可两面或多面观赏。但不论哪种形式，都要注意其立面效果和景观的变化。

④丛植　是自然式种植方式的一种，是通过树木的组合创造出富于变化的植物景观。在配置树木时，要注意树种的大小、姿态及相互距离。

⑤花坛　在屋顶花园中可以采用独立、组合等形式布置花坛，其面积可以结合花园的具体情况而定。花坛的平面轮廓为几何形，采用规则式种植，植物种类可以用季节性草花，要求在花卉失去观赏价值之前及时更新。花坛中央可以布置一些高大整齐的植物，利用五色草等可以布置一些模纹花坛，其观赏效果更是别致。

⑥草坪　要选用景天科植物如佛甲草等，耐干旱、抗高温、节水性能好、冬季耐寒、宿根轮生、养护管理粗放。佛甲草与景天科植物混种，景观更丰富、抗性更强，是屋顶草坪首选的植物种群。

（4）屋顶花园植物配置形式

屋顶花园的植物配置方式是灵活多样的，通常有以下几种形式。

①规则式　屋顶的形状多为几何形，为了使屋顶花园的布局形式与场地相协调，通常采用规则式布局，特别是种植池多为几何形，以矩形、正方形、正六边形、圆形等为主，有时也做适当变换或为几种形状的组合（图8-2-3）。

周边规则式　即在花园中植物主要种植在周边，形成绿色边框，这种种植形式给人一种整齐美，还可以留出充足的开敞空间供人们使用。

分散规则式　这种形式多采用几个规则式种植池分散地布置于屋顶，而种植池内的植物可为草木、灌木或草本与乔木的组合，这种种植方式形成一种类似花坛式的块状绿地，形成既整齐又生动有趣的景观效果。

模纹图案式 这种形式的屋顶花园一般绿地面积较大，利用成片栽植的草本或灌木形成具有一定意义的图案，给人一种整齐美丽的景观感受，特别适合在低层的屋顶花园内布置，从高处观赏可以形成良好的俯视景观效果。

苗圃式 这种布置方式常见于单位或住宅楼屋顶，常把种植的果树、花卉等用盆栽植，按行列式的形式种植或以花盆形式摆放于屋顶，一般植物的密度较大，主要考虑经济效益。

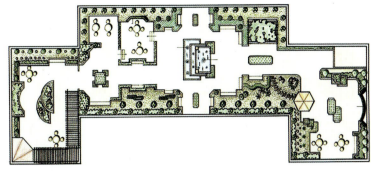

图8-2-3 规则式屋顶花园

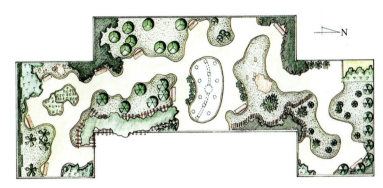

图8-2-4 自然式屋顶花园

②自然式 当屋顶花园面积较大时，空间可以容纳更多的景观元素，可以借鉴中国古典园林利用自然式布局来组织空间，以取得较好的景观效果。中国古典园林的特点就是以自然形式为主，主要特征表现在能够反映自然界的山水与植物群落，以体现独特的景观意境。自然式的屋顶花园构图可以很好地体现自然美，植物采用乔、灌、草混合的种植方式，创造出有强烈层次感的立面效果（图8-2-4）。

③混合式 这种形式的屋顶花园具有以上两种形式的特点，植物采用自然式种植，而种植池的形状是规则的，这是屋顶花园最为常见的一种形式。

5. 适应建筑环境的屋顶花园植物造景策略

屋顶花园植物造景的目的在于美化环境，改善人工化的建筑外环境给人的生硬的印象。只有采用合理的策略弱化建筑环境的影响，才能使空间更加生动自然（图8-2-5）。

（1）利用林冠线修饰和弱化建筑背景

一般情况下，屋顶花园植物的高度不足以完全遮挡周围的高大建筑，最好的办法就是有取舍地引导视线，使周围建筑成为可利用的景观背景。在屋顶花园的边界处利用植物立面轮廓的排列组合形成曲折变化的林冠线来修饰建筑背景，仿佛用一个天然的画笔，把散乱无序的建筑联系起来，形成有序的景观背景。对于某些外形独特的建筑，可以有意识地适当加以突出，在观赏视线中形成优美的借景。

图8-2-5 屋顶花园植物景观实景

（2）利用植物立面美化墙面和弱化生硬的转角轮廓

对于被高大墙体围合的屋顶花园，应该对人的垂直视角高度范围内的墙体进行美化。在选择植物材质时，应注意植物与墙体的协调，通过墙体色彩、质感的趋向性来选择合适的植物。对于色彩浓艳、质地粗糙的墙面，最好配以色彩纯净、质地轻柔的植物，形成对比；色彩和质地中性的墙面，则对植物的色彩和质地要求较宽松，既可用纯色植物，也可用彩色植物，但是比较有特色的质地则更加令人印象深刻；对于色彩较浅、质地细腻的墙面，如玻璃、瓷砖等，则应选择色彩鲜艳、质感疏松的植物与之相配。

（3）利用特色配置强调建筑入口

入口是连接屋顶花园和建筑的通道，一般为了交通的方便，应该对入口进行标识和强调。除了通过建筑形体进行强调外，还可以利用具有独特形态、色彩、质感的植物以对植、丛植等方式置于入口的两侧或一侧，起到强调和标识作用。例如，红枫颜色鲜艳、质感细腻，容易与绿色植物背景形成鲜明的对比，配置于建筑入口的一侧，具有很强的标识作用。

（4）修饰和改造附属设施

堆放在屋顶上的各种附属设施会严重影响空间的美感，可以灵活地应用植物材料加以修饰。体量较小的设施，如管道、空调等一般比较容易处理，简单地用密植灌木遮挡即可。但是建筑通风口和采光井等设施一般体量较大，不易隐藏，而且材质多以玻璃和金属材质为主，与环境的反差比较大，容易产生突兀感。对这些大体量的附属设施的处理应该灵活应变，对于景观效果较差的设施，应采用浓密的植物进行遮挡和覆盖，如利用油麻藤、爬山虎、木香藤等攀缘植物完全覆盖，作为其他景观的背景。

任务实施

综合分析绿化地的气候、土层厚度、屋顶承重、地形等环境因子及园林植物景观的需要，利用植物景观设计的基本方法和植物配置形式，设计优美的植物景观，满足游人屋顶赏景和休息的需要。

1. 选择适宜的园景树

选择树种时，以中、小型植物为主，乔木、灌木搭配，常绿树和落叶树并用，层次和季相要有变化。可以考虑的植物有：苏铁、造型罗汉松、蒲葵、红枫、鸡爪槭、紫薇、石榴、栀子、南天竹、茶梅、含笑、山茶、杜鹃花、凤尾兰、美人蕉、锦带花、红花酢浆草、麦冬、高羊茅等。

2. 确定配置技术方案

在选择好植物品种的基础上，确定其配置方案，绘出植物景观初步设计平面图（图8-2-6）。本屋顶花园的植物景观配置形式为自然式，主要采用孤植、丛植等方式。

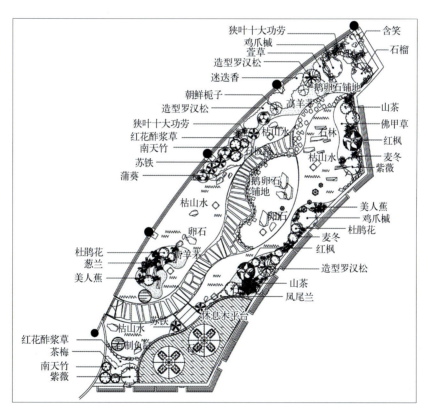

图8-2-6　屋顶花园植物景观设计平面图

巩固训练

图8-2-7所示为华东地区某私人屋顶花园植物景观设计平面图。根据对该项目的理解，利用植物景观设计的基本方法进行植物景观初步设计，完成屋顶花园的植物景观设计平面图。

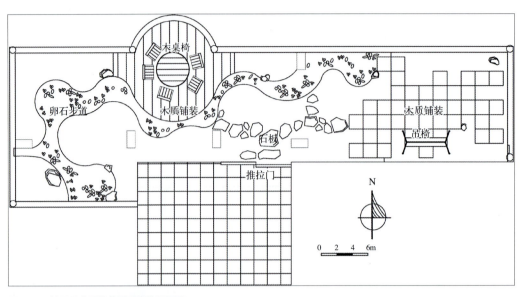

图8-2-7　某屋顶花园植物景观设计平面图

考核评价

表 8-2-3　评价表

评价类型	项　目	子项目	组内自评	组间互评	教师点评
过程性评价（70%）	专业能力（50%）	植物选配能力（40%）			
		方案表现能力（10%）			
	社会能力（20%）	工作态度（10%）			
		团队合作（10%）			
终结性评价（30%）	作品的创新性（10%）				
	作品的规范性（10%）				
	作品的完整性（10%）				
评价/评语	班级： 　　　姓名： 　　　第　　组　　总评分：　　　　教师评语：				

项目 9　城市绿地植物景观设计

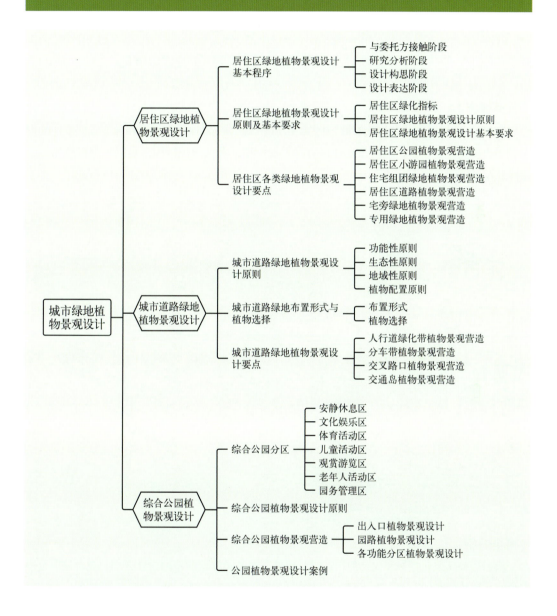

任务9-1　居住区绿地植物景观设计

【知识目标】

（1）说明及归纳居住区绿地植物景观设计的基本程序。

（2）记住并解答居住区绿地植物景观设计的原则和基本要求。

（3）归纳并掌握居住区各类绿地植物景观设计要点。

【技能目标】

(1) 能够根据居住区设计图表达的步骤进行居住区绿地的植物景观设计和分析。

(2) 能够根据居住区各类绿地植物景观设计要点进行具体居住区绿地的植物景观设计和绘图表达。

🍃 工作任务

【任务提出】

图 9-1-1 所示为苏州金域提香居住区景观设计平面图。根据居住区绿地植物景观设计的原理、方法以及功能要求，结合该居住区具体基地信息，对该居住区内各类绿地进行植物景观设计。

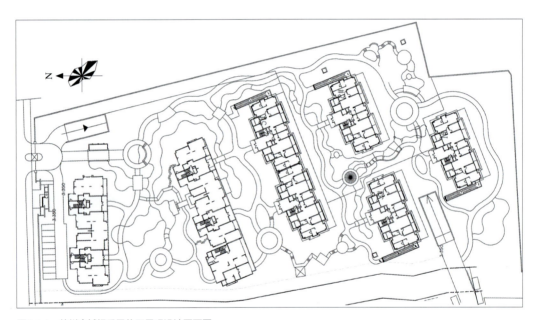

图9-1-1　苏州金域提香居住区景观设计平面图

【任务分析】

根据居住区绿化指标和设计原则，以及居住区内各类绿地类型的设计要求，在对该项目进行研究及分析的基础上进行设计构思，最终完成对该居住区各类绿地的植物景观设计。

【任务要求】

(1) 了解委托方的要求，掌握该居住区绿地植物景观设计案例资料及项目概况等基地信息。

(2) 灵活运用居住区绿地植物景观设计的基本方法，适地适树，种植设计方案合理。

(3) 表达清晰，立意明确，图纸绘制规范。

(4) 完成该居住区苗木表、植物配置规划图、种植设计平面图、种植施工图、效果图等。

【材料及工具】

测量仪器、手工绘图工具、绘图纸、绘图软件（AutoCAD、Photoshop）、计算机等。

知识准备

1. 居住区绿地植物景观设计基本程序

1）与委托方接触阶段

（1）了解委托方对项目的要求

设计之初，要考虑到委托方的需求（造价控制和景观效果）。双方之间进行项目信息的交流沟通，根据委托方的要求结合基地实际状况进行初步的功能布局与形象定位、主题确定。

（2）获取图纸资料

要求根据项目的规划布局、建筑类型及硬质景观的总体设计，来对植物景观进行系统的分析与规划。委托方需提供居住区建筑类型及建筑总平面图等相关图纸。

（3）获取基地其他信息

除了委托方对项目的要求和现有图纸资料外，还需要了解当地绿地规划设计相关规范。不满足规范要求的设计，会存在技术上的硬伤而导致众多问题。

2）研究分析阶段

（1）基地调查与测绘

需要对居住区基地的条件进行调查与测绘，包括地形及其等级、地质与土壤、水文条件、气候条件、现有植物资源、土地使用历史、当地植物资源等内容。组织有关施工人员到现场勘察，主要内容包括现场周围环境、施工条件、电源、水源、土源、道路交通、堆料场地、生活设施位置等。

（2）基地现状分析

①基地内部现状　根据设计，保存原有的良好环境资源，如果有古树名木，要加以保护，特殊植物品种及历史景观是否保留应与委托方进行沟通，分析居住区内部的群体结构（如居民年龄结构）等。

②基地外部现状　包括绿地周围的功能分区、规划范围外较高等级的道路、绿地周围的用地情况等。

3）设计构思阶段

（1）确定设计主题或风格

设计主题或风格要与整体景观规划设计相统一，首先要考虑的是整体形象，确定是要突出文化底蕴，还是要突出生态野趣，抑或两者兼有；布局是自然式、规则式的，还是综合的；形式风格是现代的还是传统的，是开敞的还是内聚的等。通过这些分析就可以确定种植设计主题风格。

（2）进行功能分析

功能布局的意义在于通过全面考虑，整体协调，因地制宜地安排功能区，满足基地多项功能的实现，并使各个功能区之间布局合理、综合平衡，形成有机的联系，还要妥善处理好基地与外部环境的关系，以及合理安排近期与远期工程的关系等。

一般来说，种植规划是功能布局要解决的问题之一。通过总体种植规划的设计定位，根据地形竖向标高、景观布局中空间的主次、所要营造的主景与次景、水体及建筑位置关系等信息，进行园林造景，以植物的柔美来贯穿整个居住区，以绿色的诗意软化建筑和硬质景观，达到刚柔并济。

（3）进行植物景观构图设计

植物景观构图设计在竖面可分为上、中、下层植被群落，在平面则有多种构图方式。植物景观构图设计依赖于居住区绿地的植物配置方式，居住区的绿地结构类型比较复杂，在植物配置上也应灵活多变，不可单调呆板，要充分体现植物静中有动的时空变化特点。

①确定基调树种　行道树和用作庇荫树的乔木树种要基调统一，在此基础上，力求树种有变化，创造出优美的林冠线和林缘线，打破建筑群体的单调和呆板，以适应不同绿地的需求。

②点、线、面结合　点是指居住区的公共绿地，面积较大，利用率高。平面布置形式以规则为主的混合式为好，植物配置突出"草铺底、乔遮阴、花藤灌木巧点缀"的特点。线是指居住区的道路、围墙绿化，可栽植树冠宽阔、遮阴效果好的中小乔木、花灌木或藤本植物等。面是指宅旁绿化，包括住宅前后及两栋住宅之间的用地绿化，占小区绿地的50%以上，是居住区绿化的最基本单元。

③生态优先　植物配置形式应以生物群落为主，采用乔木、灌木和草坪地被植物相结合的多层次植物配置形式，构建稳定的生态系统，充分发挥居住区绿地的生态效益。

④根据使用功能配置植物　植物的选择和配置应能够满足居民休息、遮阴和地面活动等多方面的需求。行道树及高大的落叶乔木可以遮阴。利用不同的植物配置可以创造丰富的空间层次。如高而直的植物构成开敞向上的空间，低矮的灌木和地被植物形成开敞的空间，绿篱与铺地围合形成中心空间等。

⑤加强立体绿化　居住区由于建筑密度大，地面绿地相对少，限制了绿量的扩大，但同时又创造了很多立体绿化空间。对低层建筑可实行屋顶绿化，山墙、围墙可采用垂直绿化，小路和活动场所可采用棚架绿化，阳台、窗台可以摆放花木等，以增加绿化面积，提高生态效益和景观质量。

⑥尽量保存原有树木　保留原有树木可以使居住区较快达到绿化效果，并节省绿化费用。此外，原有的古树名木是珍贵的绿化资源，还可以增添小区的历史底蕴，使居住环境更富有特色。

⑦确定植物种植位置　居住区植物配置要考虑种植的位置与建筑、地下管线等设施的距离，避免妨碍植物生长和管线的使用与维修（表9-1-1）。

⑧确定绿化带最小宽度与植物栽植间距　为了满足植物生长的需要，根据居住区规划

表 9-1-1　植物与建（构）筑物的最小间距

建筑物名称	最小间距（m） 至乔木中心	最小间距（m） 至灌木中心	管线名称	最小间距（m） 至乔木中心	最小间距（m） 至灌木中心
建筑物外墙：南窗	5.5	1.5	给水管、闸井	1.5	不限
建筑物外墙：其余窗	3.0	1.5	污水管、雨水管	1.0	不限
挡土墙顶内和墙角外	2.0	0.5	煤气管	1.5	1.5
围墙（2m 高以下）	1.0	0.75	电力电缆	1.5	1.0
道路路面边缘	0.75	0.5	电信电缆、管道	1.5	1.0
排水沟边缘	1.0	0.5	热力管（沟）	1.5	1.5
体育用场地	3.0	0.3	地上杆柱（中心）	2.0	不限
测量水准点	2.0	1.0	消防龙头	2.0	1.2

表 9-1-2　绿化带最小宽度与植物栽植间距

绿化带类型	绿化带最小宽度（m）	绿化带类型	植物栽植间距（不宜小于）	植物栽植间距（不宜大于）
一行乔木	2.00	一行行道树	4.00	6.00
两行乔木（并列栽植）	6.00	两行行道树（棋盘式栽植）	3.00	5.00
两行乔木（棋盘式栽植）	5.00	乔木群栽	2.00	不限
一行灌木带（小灌木）	1.50	乔木与灌木	0.50	不限
一行灌木带（大灌木）	2.50	灌木群栽（大灌木）	1.00	3.00
一行乔木与一行绿篱	2.50	灌木群栽（中灌木）	0.75	1.50
一行乔木与两行绿篱	3.00	灌木群栽（小灌木）	0.30	0.80

设计的相关规范要求，对居住环境的植物配置要考虑种植的绿化带最小宽度与植物栽植间距（表 9-1-2）。

（4）选择植物，详细设计

居住区绿地植物的选择直接影响到居住区的环境质量和景观效果。选择植物时必须结合居住区的具体情况，做到适地适树，并充分考虑植物的习性，尽可能发挥不同植物在生态、景观和使用三方面的综合效应，满足人们生活、休息、观赏的需要。

①选用本身无污染、无伤害性的植物　植物的选择与配置应该对人体健康无害，有助于生态环境的改善并对动植物生存和繁殖有利。居住区应选择无飞絮、无毒、无刺激性和无污染物的树种，尤其在儿童游戏场周围，忌用带刺和汁液有毒的树种。

②选用抗污染性较强的树种　选用具有防风、降噪、抗污染、吸收有毒物质等多种功能的树种。如防火的树木有女贞、广玉兰、栾树、苏铁、龙柏、黄杨、木槿、侧柏、合欢、紫薇等。还可选用易于管理的果树。

③选用耐阴树种和攀缘植物　由于居住区建筑的遮挡，很大一部分绿地处于阴影之中，所以应该选用耐阴的树种，如金银木、枸骨、八角金盘等。

攀缘植物是居住区环境中很有发展前途的一类植物，北方常用的有爬山虎、紫藤等，南方常用的有蔷薇、常春藤、络石等。

④少常绿，多落叶　居住区由于建筑的相互遮挡，采光往往不足。特别是冬季，光照强度减弱，光照时间短，采光问题更加突出。因此，要多选落叶树，冬季植物落叶后，阳光透过树木枝干照射到建筑上，增加建筑光照。

⑤以阔叶树为主　居住区是人们生活、休息和游憩的场所，应该给人一种舒适、愉快的感觉。针叶树容易产生庄严、肃穆感，所以小区内应以种植阔叶树为主，尤其在道路和宅旁。

⑥植物种类丰富　一个居住区绿地就是一个生态系统，为保证该系统的稳定，植物选择要丰富多样，乔、灌、藤、草、花合理搭配，高低错落，疏密有致，季相变化明显，达到春花、夏荫、秋实、冬青，四季有景可观，形成"鸟语花香"的意境，使居住区生态环境更为自然。可以选用具有不同香型的植物给人独特的嗅觉感受，如蜡梅、桂花、栀子等。还可以选用果实和种子能招引鸟类的植物，如蔷薇科的苹果、西府海棠、火棘等。

⑦选用传统植物　选用梅、兰、竹、菊等传统植物以突出居住区的个性与文化内涵。

⑧选用与地形相结合的植物　如坡地上选用地被植物迎春花、连翘、黄馨，水池中种植荷花、再力花、旱伞草，池塘边种植垂柳，小径旁种植黄馨、垂丝海棠等，创造一种极富感染力的自然美景。

4）设计表达阶段

依据对居住区中建筑及总体景观的把握，设计图的表达大致可分为 7 个步骤，依次为：确定草、灌木分割线，景观大乔木布置，一般乔木布置，亚乔木布置，大灌木布置，球类灌木布置，最后进行小灌木及地被设计。以景观大乔木作为骨干撑起空间，一般乔木作为基调树种，下层植物填充绿化空间，达到空间的完美融合。

（1）确定草、灌木分割线

草坪与小灌木的边界线可分为 1～3 级（图 9-1-2）。

一级草、灌木分割线　通常在居住区重要景观区域，如住宅南侧中央景观、重要组团区域、水系及湖面区域等所设计的草坪空间（图 9-1-3、图 9-1-4）。

二级草、灌木分割线　通常在建筑南、北侧，主干道两侧以及园路两侧等设计草坪空间（图 9-1-5、图 9-1-6）。

三级草、灌木分割线　通常在完成一级和二级草、灌木分割

图9-1-2　某居住区绿地草、灌木分割线

线之后，对小空间进行优化设计，如主干道及建筑周围等的包边草坪（图 9-1-7、图 9-1-8）。

草、灌木分割线的设计原则如下：

- 要求曲线优美流畅，富有弹性。
- 要求在地形主要观赏面的阳面，与地形相冲突时与景观设计师沟通协调。

图9-1-3　住宅南侧中央景观草坪空间

图9-1-4　中央景观区草、灌木分割线

图9-1-5　建筑南、北侧草坪空间

图9-1-6　建筑南、北侧草、灌木分割线

图9-1-7　主干道草坪空间优化

图9-1-8　包边草坪

- 注意密林区、疏林区等空间用途及使用情况。
- 考虑宅间组团绿地的围合性及私密性。
- 应围合及柔化所有建筑景观小品。
- 草、灌木分割线的位置可根据乔木、灌木的布置位置做适当调整。

（2）景观大乔木布置

景观大乔木（胸径不少于20cm的乔木）在主景区域点缀性布置。景观大乔木包括特大景观乔木与特大亚乔木（地径大于12cm，普遍高度大于4m，蓬径大于4m）以及棕榈科植物。景观大乔木布置原则如下：

- 分析空间主次，景观大乔木大多布置在中心景观区域，组团及在道路两侧根据重要程度相应布置（图9-1-9）。
- 景观大乔木可布置为一株主景乔木，或在同一区域内根据地形的高低相应布置大小不等的3株大乔木（图9-1-10）。
- 景观大乔木需布置在坡地最高处，拉伸高层空间（图9-1-11）。
- 特大亚乔木主要布置在中心景观的中心花坛及水系边上等主要位置（图9-1-12）。
- 景观大乔木中心点距离建筑南侧外立面8m以上，距离北侧5m以上。

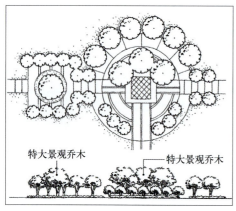

图9-1-9 景观大乔木在中心景观区域的布置

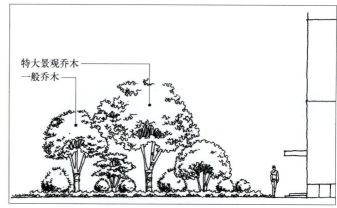

图9-1-10 在一个种植组合里布置一株主景乔木

图9-1-11 景观大乔木在坡地最高处

图9-1-12 水系边上特大亚乔木的布置

图9-1-13 在主干道边局部点缀性种植一般乔木

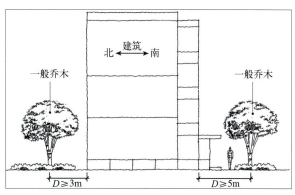

图9-1-14 一般乔木与建筑外立面的距离

（3）一般乔木布置

一般乔木是指胸径10～19cm、树体高大的乔木，由根部发生独立的主干，树干和树冠有明显区分。一般乔木连接点缀性骨干乔木，形成上层乔木林冠线景观效果。一般乔木布置原则如下：

- 一般乔木与景观大乔木保持一定距离，在同一区域设计在坡地的中下位置。
- 一般乔木通常在背景林或密林处5株以上单数群植，在宅间组团空间区域3～5株自然种植，在居住区主干道边作为行道树或局部点缀性种植，在园路边草坪处点缀遮阴乔木，在中心景观区域连接景观大乔木形成完整的林冠线效果（图9-1-13）。
- 一般乔木中心点距离建筑南侧外立面5m以上（华东区域根据光照规律，树高与建筑距离为1：1），距离北侧3m以上。在入户园路距建筑外立面5m以内的种植区不建议种植一般乔木（图9-1-14）。

（4）亚乔木布置

亚乔木指高度3～4m、蓬径2.5～3.5m的乔木，有明显的主干，但高度比大乔木略矮，即为中乔木或大灌木。亚乔木主要搭配景观大乔木，在复合式植物层次中体现中层绿量的层次。亚乔木布置原则如下：

- 亚乔木通常布置在景观大乔木前，高度控制在景观大乔木分枝点上、下1m左右（图9-1-15）。
- 亚乔木品种在华东地区可以桂花、杨梅、石楠为主，可适当点缀枇杷、紫玉兰、红叶李等。
- 亚乔木可布置在建筑周围，在避开窗户南侧的前提下，可紧贴建筑墙面；或种植在采光窗南侧，树高与建筑距离比为1：1，通常距离3m以上（图9-1-16）。
- 在长距离园路边及园路转角处可布置亚乔木，形成空间上的变化，避免视线过于穿透（图9-1-17）。
- 水系边密植区适合大量使用亚乔木（图9-1-18）。

（5）大灌木布置

大灌木是指没有明显的主干、呈丛生状态、高度1.5～2.5m的高大灌木。大灌木作为锦上添花的植物材料，可赏花观叶，突出季相变化等。大灌木布置原则如下：

图9-1-15 亚乔木与景观大乔木的布置位置

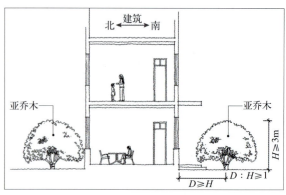

图9-1-16 亚乔木与建筑的距离

图9-1-17 长距离园路边亚乔木的布置

图9-1-18 水系边密植区亚乔木的布置

图9-1-19 大灌木在复合式种植区的布置

图9-1-20 建筑周围大灌木的布置

- 在复合式种植区，大灌木在亚乔木前3株或5株点缀布置。搭配时要求与亚乔木树形形成对比，如大桂花前布置红枫、梅等树形开展的大灌木，枇杷前布置红叶石楠、含笑、球类灌木等树形圆整饱满的大灌木（图9-1-19）。

- 大灌木也可布置在建筑周围，与亚乔木组合形成小空间的层次变化。要求充分考虑喜光植物与耐阴植物的位置，建筑南侧多设计落叶观花大灌木，建筑北侧主要布置常绿大灌木，适当点缀红叶李、石榴、丁香等（图9-1-20）。

- 大灌木不宜离路边太近，需要视线退后观赏，同时枝叶也会影响行人通行（图9-1-21）。
- 大灌木与乔木搭配形成层次（图9-1-22）。
- 大灌木对布置区位无特殊要求。

（6）球类灌木布置

球类灌木是指高度2m以下、蓬径1～2.5m、呈球状的灌木。球类灌木可以丰富植物景观层次，突出中、下层绿量饱满度。球类灌木布置原则如下：

- 在复合式种植区，球类灌木一般种植在大灌木前面，起到突出中、下层绿量的效果（图9-1-23）。
- 球类灌木是遮挡低矮景观硬伤及体现细节处理的重要材料。景观墙角、水系与道路、景桥与园路、园路与园路交界处，以及台阶边、景石边等景观节点需要利用球类灌木处理细节（图9-1-24）。
- 通常情况下，球类灌木修剪后冠幅不小于1.2m，3株球类灌木组合时建议大、中、小不同规格搭配。球类灌木可以用不同品种组合，强调色彩变化（图9-1-25）。
- 球类灌木可与景石搭配（图9-1-26）。

图9-1-21　大灌木与道路保持距离

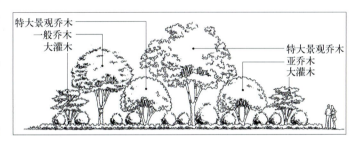

图9-1-22　乔木、灌木的搭配

图9-1-23　大灌木分枝点的处理

图9-1-24　球类灌木在景观节点处点缀

图9-1-25 球类灌木的色彩搭配

图9-1-26 球类灌木和景石的搭配

图9-1-27 地被连接乔木、灌木层

（7）小灌木及草坪、地被设计

小灌木是指高度在0.2～0.9m的灌木。地被是指株丛密集、低矮，经简单管理即可用于代替草坪覆盖在地表的植物。小灌木及地被连接中、上层乔木和灌木，形成完整的立体复合空间。小灌木及地被设计原则如下：

- 小灌木及地被连接乔木、灌木层（图9-1-27）。
- 形成3个小灌木层次，通常分为高（60cm）、中（40cm）、低（25cm，收边层）3层（图9-1-28）。
- 小灌木收边层作为草坪与大灌木、球类灌木的过渡层，要求选择枝叶密集的小灌木材料如毛鹃、紫鹃、茶梅、龟甲冬青、'金森'女贞等密植，保证灌木线形饱满流畅。
- 中层小灌木通常种植在大灌木下，林下水平宽度控制在2m左右。
- 低层小灌木通常种植在乔木下，林下水平宽度控制在2m以上，考虑将其布置在非视线重点区域，根据成本也可布置麦冬等地被植物。

图9-1-28 小灌木层次

2. 居住区绿地植物景观设计原则及基本要求

1）居住区绿化指标

居住区绿化指标是城市绿化指标的一部分，它间接地反映了城市绿化水平。随着社会的进步和人们生活水平的提高，绿化事业日益受到重视，居住区绿化指标已经成为人们衡量居住区环境质量的重要依据。

我国《居住绿地设计标准》（CJJ/T 294—2019）中指出，新建居住绿地内的绿色植物面积占陆地总面积的比例不应低于70%；改建提升的居住绿地内的绿色植物种植面积占陆地总面积的比例不应低于原指标。居住绿地水体面积所占比例不宜大于35%。居住绿地内的各类建（构）筑物占地面积之和不得大于陆地总面积的2%。

2）居住区绿地植物景观设计原则

（1）整体性原则

居住区内的绿地被建筑和道路分割开，形成看似不整体的绿地块。没有整体性效果的控制和把握，再美的形态和形式都只能是一些支离破碎或相互矛盾的局部。因此，对居住区绿地中的各区块要积极运用各景观要素以使它们之间相关联，适当调整道路体系，以合理地融入大环境中。铺地式样的重复、绿化种植的围合、主题素材的韵律、实体空间的延续、竖向空间的整体界定等都可以达到整体性的效果。

（2）多元性原则

居住区功能分区比较多，有驻足停留的休憩空间，有人行、车行的交通空间，有娱乐游玩的文娱空间，有自然生态的绿化空间，有消防登高面和停车位等，所有的空间构成一个相对多元化的复合空间。因此，居住区绿地植物景观的设计应该属于多元性的绿地设计，同时要突出整体性要求。

（3）归属感原则

相对于人的行为方式，人的心理活动并不需要具体的空间，但是它会产生空间的心理感受。居住区绿地是人们休闲娱乐时最接近自然的活动空间，设计时往往要考虑居民身临其境时的感受，使其产生不同于现代浮躁与快节奏生活的心灵归属感。

（4）建筑为主体原则

在住宅室外环境设计中，所有室外构筑物的设计都应围绕主体建筑来考虑。当它们的尺度、比例、色彩、质感、形体、风格等与主体建筑相协调，形成有机统一的整体时，住宅的室外环境设计才能达到整体和谐的效果。

（5）自然生态原则

根据生态学原理来选择适宜的景观植物，合理设计植物群落，注意植物景观与建筑、园林小品等的协调性，为居民创造一个清静、优美、生态功能完善的居住环境。

（6）空间塑造为核心原则

给人感觉最直接和集中的是小空间中主题、景观、色彩、材料等在细节上的反映，因此居住区绿地植物景观设计要以空间塑造为核心。当然，小空间的产生并不能完全依附于其周边的住宅建筑单体,树木的围合、竖向高差导致的空间界定、材料的心理空间界定等都可以创造小尺度空间。

3)居住区绿地植物景观设计基本要求

- 居住区绿地应在居住区规划中按照有关规定进行配套,并在居住区详细规划指导下进行规划设计。
- 小区级以上规模的居住用地应当首先进行绿地总体规划,确定居住用地内不同绿地的功能和使用性质,使绿地指标、功能得到平衡,居民使用方便。
- 合理组织分隔空间,设立不同的休息活动空间,满足不同年龄居民活动、休息的需要。
- 要充分利用原有自然条件,因地制宜,以节约用地和投资。
- 居住区绿地植物景观设计应以植物造景为主,根据居住区内外的立地条件、景观特征等,按照适地适树的原则进行植物配置,充分发挥生态效益和景观效益。在以植物造景为主的前提下,可设置适当的园林小品,但不宜过分追求豪华和怪异。
- 合理确定各类植物的配置比例。速生、慢生树种的比例,一般是慢生树种不少于树木总量的40%。乔木、灌木的种植面积比例一般控制在70%,非林下草坪、地被植物种植面积比例宜控制在30%左右。常绿乔木与落叶乔木数量的比例应控制在1:4~1:3。
- 乔木、灌木的种植位置与建筑及各类市政设施的关系应符合有关规定。

3. 居住区各类绿地植物景观设计要点

居住区内绿地包括公共绿地、宅旁绿地、配套公建所属绿地和道路绿地,其中包括了满足当地植树绿化覆土要求的地上或半地下建筑的屋顶绿地。

1)居住区公园植物景观营造

居住区公园是指服务于一个居住区,具有一定活动内容和设施,为居住区配套建设的集中绿地。服务半径一般为500~1000m。居住区公园一般规划面积在10 000m²以上,相当于城市小型公园。居住区公园内设施比较丰富,有体育活动场地、各年龄组休闲活动设施、画廊、阅览室、茶室等,常与居住区服务中心结合布置,以方便居民活动和更有效地美化居住区形象。主要分区有休息漫步游览区、游乐区、运动健身区、儿童游戏区、服务网点与管理区几大部分。概括来讲,居住区公园植物景观的营造应该满足使用功能、美化净化环境等方面的要求。

居住区公园植物景观设计可以参照城市综合性公园,此外,还要注意居住区公园有其自身的特殊性,应灵活把握规则式、自然式、混合式的布局手法,或根据具体地形、地域特色借鉴多种风格。居住区公园的游人主要是本区居民,居民游园时间大多集中在早、晚和节假日,多配置芳香植物、观赏性植物等。

2)居住区小游园植物景观营造

居住区小游园是为一个居住区居民服务而配套建设的集中绿地。服务半径300~

500m，面积一般在 4000m² 以上。可以设置于居住区的外侧，也可布置在居住区中心。

由于居民利用率高，因而在植物配置上要求精心、细致、耐用。居住区小游园应尽量利用和保留原有的自然地形及原有植物，加强植物配置，种植要有特色。为便于早、晚赏景，可种香花植物及傍晚开放或点缀夜景的植物。注意用植物分隔小游园与居住区，减少噪声对周围居民的影响。

居民区小游园的植物配置应考虑四季景观。如要体现春景，可种植垂柳、玉兰、迎春花、连翘、海棠、樱花、碧桃等。而在夏园，则宜选栾树、合欢、木槿、石榴、凌霄、蜀葵等，炎炎夏日，绿树成荫，繁花似锦。秋园宜种植银杏、乌桕、桂花、鸡爪槭等，秋高气爽，金桂飘香，霜天红叶。冬园则宜选择梅、蜡梅、刚竹等。

居住区小游园里可因地制宜地设置花坛、花境、花台、花架、花钵等植物应用形式，有很强的装饰效果和实用功能，为人们休息、游玩创造良好的条件。

3）住宅组团绿地植物景观营造

住宅组团绿地是指结合住宅组团布局，以住宅组团内的居民为服务对象的公共绿地。要特别设置老年人和儿童休息活动场所，一般面积在 1000～2000m²，离住宅入口最大距离约为 100m。

住宅组团绿地是居民的半公共空间，实际是宅间绿地的扩大或延伸，多为建筑所包围。住宅组团绿地常设在住宅周边及场地间的分隔地带，楼宇间绿地面积较小且零碎，要在同一块绿地里兼顾四季景观变化，不仅杂乱，也难以做到，较好的处理手法是一块绿地一个季相。同时，兼顾造景及使用上的需要，如铺装场地上及其周边可适当种植落叶乔木为其遮阴；入口、道路、休息设施的对景处可丛植开花灌木或常绿植物、花卉；周边需障景或创造相对安静空间地段则可密植乔木、灌木，或设置中高绿篱。住宅组团绿地布置形式较为灵活，富于变化，可布置为开敞式、半开敞式和封闭式等。

4）居住区道路植物景观营造

一般居住区内道路路幅较小。道路红线范围内不单设绿化带，道路的绿化结合在道路两侧的宅旁绿地或组团绿地的绿化中。

居住区道路植物景观的营造可分为主干道绿化、次干道绿化、小道绿化 3 种模式。

（1）主干道绿化

可选用枝叶茂盛的落叶乔木作为行道树，以行列式栽植为主，各条干道的树种选择应有所区别。中央分车带可用低矮的灌木，在转弯处绿化应留有安全视距，不致妨碍汽车驾驶员的视线；还可用耐阴的花灌木和草本花卉形成花境，借以丰富道路景观。也可结合建筑山墙、绿化环境或小游园进行自然种植，既美观、利于交通，又有利于防尘和阻隔噪声。

（2）次干道绿化

树种应选择开花或富有叶色变化的乔木，其形式与宅旁绿地、小花园绿化布局密切配合，以形成相互关联的整体。特别是在建筑外形相同时，小路口的绿化应与行道树组合，使乔木、灌木高低错落自然布置，形成花与叶色四季变化的独特景观，以方便识别各幢建筑。次干道因地形起伏，两侧会有不同的标高，在较低的一侧可种常绿乔木、灌木，以增强地形起伏感，在较高的一侧可种草坪或低矮的花灌木，以减弱地势起伏感，使两边绿化有均衡感和稳定感。

（3）小道绿化

宅间或住宅群之间的小道可以在一边种植小乔木，另一边种植花卉、草坪。特别是转弯处不能种植高大的绿篱，以免遮挡人们的视线。靠近住宅的小道绿化，不能影响室内采光和通风，如果小道距离住宅在2m以内，则只能种花灌木或草坪。通向两幢建筑的小路口应适当加宽，扩大草坪铺装；乔木、灌木应后退种植，结合道路或园林小品进行配置，以供儿童就近活动；要方便救护车、搬运车临时停靠。各幢建筑门口应选用不同树种，采用不同形式进行布置，以利于辨别方向。

5）宅旁绿地植物景观营造

宅旁绿地是居住区最基本的绿地类型，包括住宅前后和两幢住宅之间的绿化用地。它只供本幢（或相邻两幢）居民使用，是居住区绿地中总面积最大、居民最经常使用的一种绿地形式。

宅旁绿地设计要注意庭院的尺度感，根据庭院的大小、建筑高度、建筑色彩、建筑风格的不同，选择合适的树种。如选择形态优美的植物来打破住宅建筑的僵硬感，选用一些铺地植物来遮挡地下管线的检查口，以富有个性特征的植物景观作为组团标识等，创造出美观、舒适的宅旁绿地空间。靠近住宅地基处不宜种植乔木或大灌木，以免遮挡窗户，影响通风和室内采光；而在住宅西向一面需要栽植高大落叶乔木，以遮挡夏季日晒。此外，宅旁绿地应配置耐践踏的草坪，阴影区宜种植耐阴植物。

（1）住户庭院的绿化

①底层住户小院　低层或多层住宅，一般结合单元平面，在宅前自墙面至道路留出3m左右的空地，给底层每户安排一个专用小院，可用绿篱或花墙、栅栏围合起来。小院外围绿化可进行统一安排，内部则由每家自由栽花种草，布置方式和植物种类随住户喜好而定，但由于面积较小，宜简洁，或以盆栽植物为主。

②独户庭院　别墅庭院是独户庭院的代表形式，院内应根据住户的喜好进行绿化、美化。由于庭院面积相对较大，一般为20～30m^2，可在院内设小型水池、草坪、花坛、山石，搭花架缠绕藤萝，种植观赏花木或果树，形成较为完整的绿地格局。

（2）宅间活动场地的绿化

宅间活动场地属半公共空间，主要供幼儿活动和老人休息之用，其植物景观的优劣直接影响到居民的日常生活。宅间活动场地的绿化类型主要有：

①树林型　是以高大乔木为主的一种比较简单的绿化造景形式，对调节小气候的作用较大，多为开放式。居民在树下活动的面积大，但由于缺乏灌木和花草搭配，因而显得较为单调。高大乔木与住宅墙面的距离至少为5～8m，以避开铺设地下管线的地方，并便

于采光和通风，避免树上的病虫害侵入室内。

②游园型　当宅间活动场地较宽敞时（一般住宅间距在30m以上），可在其中开辟园林小径，设置小型游憩和休息园地，并配置层次、色彩都比较丰富的乔木和花灌木。这是一种宅间活动场地绿化的理想类型，但所需投资较大。

③棚架型　是一种效果独特的宅间活动场地绿化类型，以棚架绿化为主，其植物多选用紫藤、炮仗花、凌霄等观赏价值高的攀缘植物。

④草坪型　以草坪景观为主，在草坪的边缘或某一处种植一些乔木或花灌木，形成疏朗、通透的景观效果。

（3）住宅建筑的绿化

住宅建筑的绿化应该是多层次的立体空间绿化，包括架空层、窗台、阳台、墙面、屋顶花园等几个方面，是宅旁绿化的重要组成部分，必须与整体宅旁绿化和建筑的风格相协调。

①架空层绿化　近些年新建的高层住宅中，常将部分住宅的首层架空形成架空层，并通过绿化向架空层的渗透，形成半开放的绿化休闲活动区。这种半开放的空间与周围较开放的室外绿化空间形成鲜明对比，增加了园林空间的多重性和可变性，既为居民提供了可遮风挡雨的活动场所，也使居住环境更富有通透感。

高层住宅架空层绿化设计与一般游憩活动绿地设计方法类似，但由于环境较为阴暗且受层高所限，植物选择应以耐阴的小乔木、灌木和地被植物为主，园林建筑、假山等一般不予考虑，只是适当布置一些与整个绿化环境相协调的景石、园林建筑小品等。

②屋基绿化　是指墙基、墙角、窗前和入口等围绕住宅的基础栽植。墙基绿化使建筑物与地面之间增添绿色，一般多选用灌木进行规则式配置，也可种植爬山虎、络石等攀缘植物对墙面（主要是山墙面）进行垂直绿化。墙角可种小乔木、竹子或灌木丛，形成墙角的"绿柱""绿球"，以打破建筑线条的生硬感。

6）专用绿地植物景观营造

专用绿地是指配套公用建筑所属绿地，即居住区内包括教育、医疗卫生、文化体育、商业服务、金融邮电、社区服务、市政公用和行政管理等在内的各类公共服务设施的环境绿地。

居住区的商业服务中心是与居民生活息息相关的场所。居民日常生活需要就近购物，这里是居民经常出入的地方。因此，绿化设计可考虑以规则式为主，留出足够的活动场地，便于居民来往、停留等。场地上可以摆放一些简洁、耐用的座凳和果皮箱等设施。绿化树种应以冠大荫浓的乔木为主，如选用槐、栾树、香樟、榉树等进行行列式栽植。花木可以整齐的绿篱、花篱为主。

垃圾站是最影响环境清新、整洁的设施。绿化设计应以保护环境、隔离污染源、隐蔽杂乱、改变外部形象为目的。在保护运输车辆出入方便的前提下，在周边采用复层混交结构种植乔木、灌木，墙壁上用攀缘植物进行垂直绿化，向人们展示整洁外貌。

任务实施

1. 项目概况

项目基地位于江苏省苏州市工业园区，金鸡湖路与东环路交叉口。基地内有一条宽10m的河道，将基地分为东、西两块。东侧为住宅，西侧为住宅、公寓及零售商铺为主的商业综合体（图9-1-29）。在金鸡湖路与东环路交叉口处有一个开放型广场。目前东侧居住区已建成，西侧用地正在建设中。东侧占地面积18 361m^2，绿地面积7712m^2，绿地率42%。

图9-1-29　苏州万科金域提香居住区景观设计平面图

苏州万科金域提香景观设计主题为"城市水·森林中的家"，设计之初借鉴浦东星河湾的做法，精致的景观小品结合密植的树林是本案所预期达到的景观效果。本项目是几幢多层住宅组成的居住区，在种植设计上应更加强调空间的变化、绿植的层片效应以及小空间的观赏性。景观作为建筑的第五立面，需要进化美化装饰，在满足活动与邻里交流的前提下，强调景观的观赏性与生态性。

2. 设计理念

现代居住区大多成片开发，形成群落，其中单体建筑（住宅）为人们提供庇护场所，其群落间隙（居住建筑所围合的外部空间，即景观空间）则让人们或行或止，动静各异地从事交通、交流、休息、锻炼或嬉戏等各种户外活动；另外，在同一场所，人们目的各异，逗留时间长短不同，行为各式各样，这些在很大程度上决定了其景观空间的多功能性、多元性和空间与时间的多维性、兼容性，这也是居住区景观这个特定场所的特性所在，所以其设计的侧重点也大大有别于一般园林。

居住区景观的设计与营造需有意识地围绕这些特性，仿照生态学原则展开。在这一过程中，小区规划不单是小区功能、道路系统等较多单一的设计，更是小区生态与人文的综合设计；同样，建筑设计与景观设计相互映衬，建筑是所处景观中的建筑，景观使建筑生辉。

金域提香的景观设计，着眼于创造一个与自然相结合的高端社区产品，在质朴与自然中蕴含高贵气质。设计主题为"城市水·森林中的家"，其丰富的绿化与水资源可见一斑。小区整体绿化环境尤为值得称道，它将建筑包裹得严严

图9-1-30 中心组团观景平台区跌水效果与掩映在植物中的八角亭

实实，使小区业主在闹市中享受静谧，不被打扰。内部整体布局以"森林"为基调，溪流为纽带，将一组组建筑、景点串联成一个和谐统一的社区环境，令业主从踏入小区大门的那一刻起，就能感受到社区所提供的舒适生活氛围。

在整体景观规划上，动静结合，疏密有致，内外结合，相互渗透。小区的水景设计以江南水乡的婉转流长为蓝本，将流水带入小区景观，并在水中种植大片水生植物，营造水城的感觉（图9-1-30）。沿水岸点缀大小不一的绿化休闲地带，可赏、可玩。小区绿化采用特大香樟、乌桕、合欢、樱桃、杏梅、大桂花、杜英、日本早樱、红叶李、苏铁、含笑球、海桐球、金边黄杨球等乔木、灌木搭配出一片层次分明、错落有致的盎然景致。

3. 景观特色

（1）富于变化的水体景观

亲近水面，即亲近自然。水流经过之处，构成多种水体景观，既有古典韵味的小桥流水、清清溪流，又有现代风情的静水面，平静如镜，可听、可观、可触、可感。水面驳岸处理也各有特色，岸线或陡或缓，富于变化，局部有平台挑于水面之上，供人凭栏远眺。流水绕屋而行，踏上亲切宜人的小桥入户别有一番风味，创造了一个"怡水而居"的居住环境。

（2）四季如画的城市森林

小区绿化率高，可体验四季景色变化：春日绿叶萌芽、鸟语花香；夏日虫鸣蛙叫、葱茏翠绿；秋日红叶遍野、层峦尽染；冬季寒梅傲雪、暗香浮动。植物进行疏密有致的配置，在密林处与周围建筑巧妙结合，使人们如置身幽林，形成"藏"的效果；开敞草坪处，空间展露开，又让人豁然开朗。通过植物造景，进一步从细节上"雕琢"出一个个颇具特色、耐人寻味的自然空间。之后，才是根据空间视线及功能需求，相应地设置观景平台及园建设施，使整个小区的景观体系有一个清晰的结构层次。

4. 种植设计

植物作为景观构成的重要元素之一，也是营造空间变化的重要元素。随着人们生活水平的提高，植物的设计需要体现功能性、生态性、艺术性、文化性等。本项目主要由一个

入口景观区、4个组团景观区和小区内部道路绿带、水系绿带及小区外缘交界共同组成。小区片状绿化以道路为骨架，地势为基调，进一步强化入口及组团的个性特征，实现片状绿化的可识别性和归属感。小区内部绿带由道路绿带和低地水系连缀形成。设计中考虑到景观的边界性和过渡性，通过多种植物高低错落配置形成林缘的自然景观，其功能上有防护和标明地界的作用。

（1）植物选择

乔、灌、草多层次组合。注意南、北侧及林下喜光、耐阴、阴生植物的选择。强调层次搭配、季相变化、色彩搭配（图9-1-31）。

（2）建筑周围种植

建筑类型、建筑底层开窗位置以及建筑内功能不同，对外部绿化具有不同的要求。乔木（主干）种植距建筑（外立面）南侧应在5m以上，特大乔木应在8m以上；距建筑北侧应在3m以上，特大乔木在5m以上。

东、西侧绿化根据建筑开窗位置及其使用功能不同而变化。若是卫生间的窗户，对采光要求不是很高，可密植高2m左右大灌木，以增加其私密性。若东、西侧是客厅，乔木种植与南侧要求相同。

（3）车库入口种植

用植物弱化车库。选用朴树、合欢等树冠伞形的乔木种植在车库两侧，树冠相连作为上层空间遮挡；中层选用桂花以及观花植物樱花、垂丝海棠、紫薇等，既能遮挡视线，又能美化入口景观；下层植物选择黄馨、棣棠等半藤本植物，增加车库的垂直绿化，使整个车库被绿化遮掩（图9-1-32）。

（4）箱式变电站及公共设施处理

常用常绿乔木、灌木遮挡公共设备。建议在常绿植物前方种植观花、色叶植物，以美化处理公共设施。

（5）小区围墙绿化

围墙强调了绿树掩映的景观效果，利用绿化种植这一手法赋予小区围墙强烈、单纯的空间形象，增强视觉及心理上的冲击力。密林这一植物处理手法同时可以有效隔绝外部空

图9-1-31 建筑南侧红叶李结合龟甲冬青球与景石的组合

图9-1-32 小区车库隐藏在绿化丛中

间人员活动对于居住空间的干扰（图 9-1-33）。

5. 设计图纸

（1）植物景观规划图

见图 9-1-34 至图 9-1-36。

（2）种植设计流程图

- 可种植绿地范围的确定。
- 草、灌木分割线的划分。
- 特大景观乔木的布置。
- 一般乔木的布置。
- 大灌木的布置。
- 在草、灌木分割线确定的地被范围内，根据前面所述地被及小灌木的布置原则，并根据上木的规格大小及位置来布置相应规格的地被品种。

（3）种植设计分析图

- 种植设计树高分析图。
- 种植设计叶色分布图。
- 种植设计植物纹理分布图。
- 种植设计植物季相分布图。

图9-1-33　植物与小区围墙相得益彰

种植设计流程图

种植设计分析图

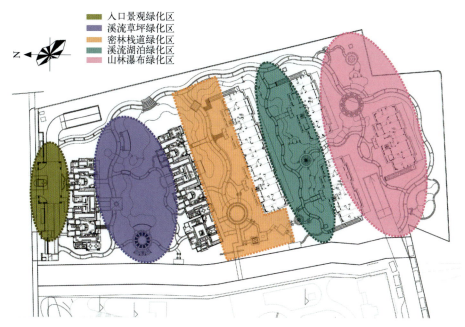

图9-1-34　种植设计总体规划图

图9-1-35 种植设计上木规划平面图

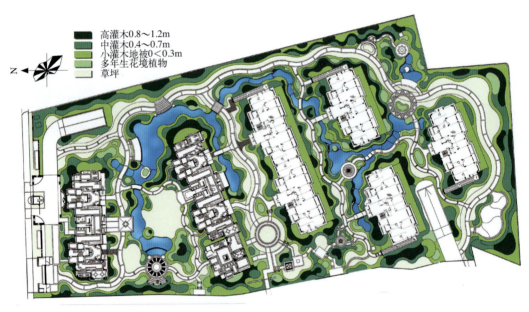

图9-1-36 种植设计下木规划平面图

（4）种植设计剖面图、立面图和效果图

见图9-1-37至图9-1-39。

（5）居住区种植设计图

- 种植设计总平面图（图9-1-40）。
- 植物分层平面图。

种植分层平面图

图9-1-37 大门正立面图

图9-1-38 山林瀑布剖面图

图9-1-39 弧形花架效果图

- 各景观分区种植设计平面图。
- 种植设计苗木表。

居住区各景观分区
种植设计平面图

居住区种植设计
苗木表

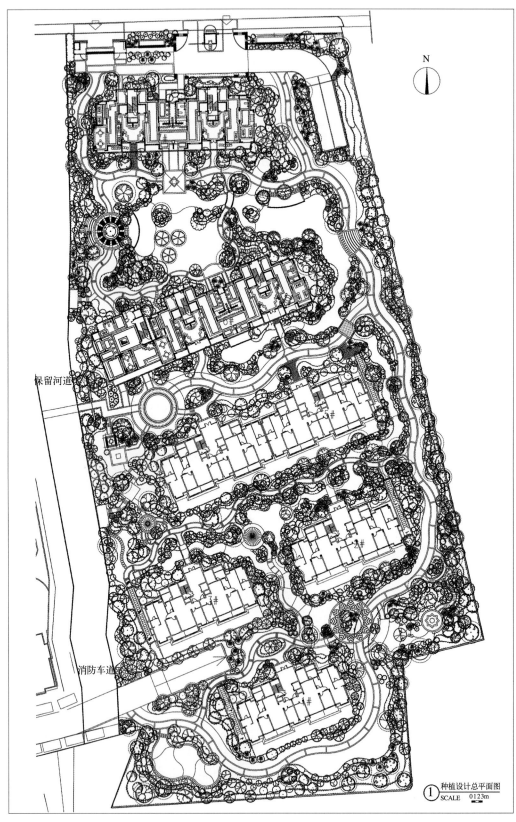

图9-1-40 种植设计总平面图

巩固训练

图 9-1-41 所示为华东地区某城市居住区半岛华府公寓景观设计平面图，该项目地块总用地面积 64 285m²，其中住宅地块可建设面积 51 115m²。根据对该项目的理解，利用居住区植物景观设计的基本方法和基本设计流程进行植物景观设计，完成该居住区植物景观设计平面图。

拓展案例：
某居住区植物景观设计

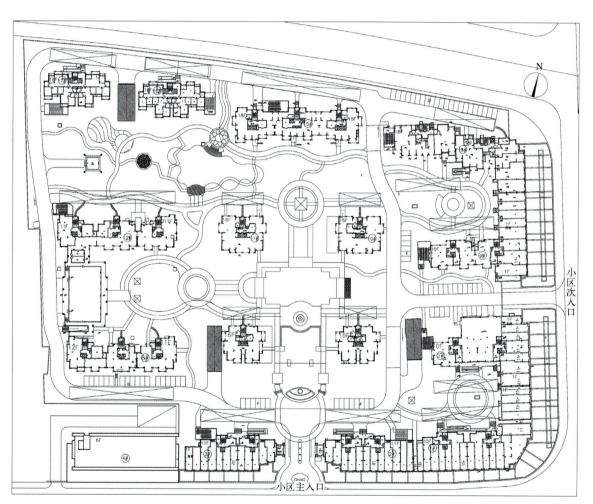

图9-1-41 半岛华府公寓景观设计平面图

考核评价

表 9-1-3 评价表

评价类型	项目	子项目	组内自评	组间互评	教师点评
过程性评价（70%）	专业能力（50%）	植物选配能力（40%）			
		方案表现能力（10%）			
	社会能力（20%）	工作态度（10%）			
		团队合作（10%）			
终结性评价（30%）	作品的创新性（10%）				
	作品的规范性（10%）				
	作品的完整性（10%）				
评价/评语	班级：	姓名：	第　　组	总评分：	
	教师评语：				

任务9-2　城市道路绿地植物景观设计

【知识目标】

（1）掌握城市道路绿地植物景观设计的布置形式和相关术语。

（2）掌握城市道路绿地中各类绿化带的景观设计要点。

【技能目标】

（1）能够根据设计要求合理地进行人行道、分车带植物景观设计。

（2）能够根据设计要求合理地进行交叉路口、交通岛植物景观设计。

（3）能够合理选择城市道路绿化的植物材料。

（4）能够识读并规范绘制城市道路绿地植物景观设计图纸。

工作任务

【任务提出】

图 9-2-1 所示为江浙地区某城市道路绿地景观设计平面图，所选段长度约 300m，周边用地为居住用地。该城市历史文化内涵丰富，本道路作为其重要的景观道路，重点体现花的海洋和公园化道路的特色。总体上将道路绿地作为开放式带状公园来设计，为周边居民提供一处游憩和感受现代气息的城市景观道；在道路交叉口节点处，设置曲线流畅的入口广场；地形上以模仿自然山水为主，形成"园"和"谷"的地形效果。

植物种植设计上根据道路植物景观设计的原则和基本方法，参考街头小游园的设计要求，

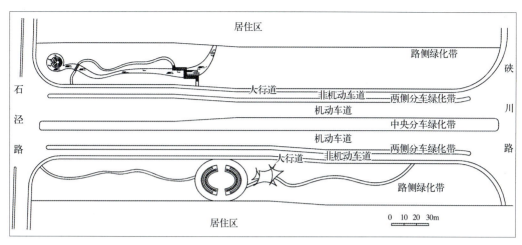

图9-2-1 某城市道路绿地景观设计平面图

运用"点、线、面"的设计手法,强调道路线形,形成半围合空间,并在节点处形成绿岛、花池、花带等。选择合适的植物种类和植物配置形式。

【任务分析】

该任务应主要考虑城市道路防护与景观并重的功能要求,并结合道路交叉口重点进行小游园植物景观配置。应根据景观道路的功能及周边环境的需求选择植物品种,使道路绿地的植物配置能发挥防护、美化城市的功能。根据景观道路乔木、灌木、地被植物的配置方法和设计要点,选择适宜的植物进行道路绿地植物种植规划图的设计。

【任务要求】

(1)植物品种的选择满足景观道路的功能需求。

(2)正确采用植物景观构图基本方法,灵活运用自然式、行列式、群植、孤植的种植方法。

(3)功能配置合理,风格独特。

(4)图纸绘制规范,完成道路绿地植物种植规划图一张。

【材料及工具】

测量仪器、手工绘图工具、绘图纸、绘图软件(AutoCAD)、计算机等。

知识准备

1. 城市道路绿地植物景观设计原则

(1)功能性原则

①分割空间 城市道路绿地植物景观可对道路的空间进行有序、生动而虚实结合的分割,相对于硬质景观(街道护栏、路障等)对空间的机械分割,植物景观是一种有生命的分割体,随着四时景色的变化使道路呈现不同的空间感。

②组织交通 弯道外侧树木整齐连续地栽植,可以预告道路走向变化,引导驾驶员视线变化,保证交通安全。

③防护功能　对城市的人流、物流、能流有积极的保护作用，特别是车流量比较集中的城市干道、立交桥和交叉路口等地区，布置植物景观既能改善道路周边环境，也有利于保证行车安全。

④屏蔽功能　可形成隔离带，减弱对道路周边地区居民生活的影响。

（2）生态性原则

随着城市机动车辆的增加，交通污染日益严重，已成为城市的重要污染源之一。城市道路绿地系统是人造的"绿廊"，可以有效地减少这些污染，调节城市气候，最大限度地发挥道路绿地的生态功能和对环境的保护作用。

（3）地域性原则

在进行城市道路绿地植物景观营造时，应考虑民族性与地域性的差异，突出城市地方特色，避免千城一面、盲目照搬、模仿。应多选用地方植物材料，形成独具特色、带有标志性的景观效果。

（4）植物配置原则

道路绿地植物景观设计与道路的功能、类型及周围的环境条件密切相关，需根据具体情况合理配置各种植物，使其发挥出植物最佳的生态功能与景观效果。

①在植物的选择上　要适地适树，形成地方特色。

②在植物的搭配上　要形式多样，乔、灌、草相结合，常绿树与落叶树相结合，速生树与慢生树相结合，要营造多层次、长持续的景观效果。

③在植物的种植设计中　要充分考虑到绿地植物与各项公共设施之间的关系，准确把握好各种管线的分布、铺设的深度。另外，还要分析其他景观小品，然后选择合适的植物材料与之配置，以达到整体景观的和谐。

2. 城市道路绿地布置形式与植物选择

1）布置形式

城市道路绿地的布置，随着地理位置、气候条件的不同，道路宽窄、用地面积的差异及道路交通功能情况而变化，其形式也是多种多样的。通常根据城市道路横断面的不同分为一板两带式、两板三带式、三板四带式、四板五带式等几种布置形式，其中"板"指车行道，"带"指绿化带。

（1）一板两带式

这是道路绿化中最常用的一种形式。一条车行道，两条绿化带，即把树木布置在道路两侧人行道上，成行列对称式栽植（图9-2-2）。此法操作简单、用地经济、管理方便。在车流量不大的街道旁，特别是中小城镇的街道绿化多采用此种形式。

（2）两板三带式

两条车行道，3条绿化带。在单向行驶的两条车行道中间布置绿化带，并在道路两侧布置行道树，即上、下行车道之间及两侧共设3条绿化带（图9-2-3）。中间的绿化带又称为分车绿带，主要功能是分割上、下行车辆，一般宽1.5～3m，常配置常绿小灌木及草坪，

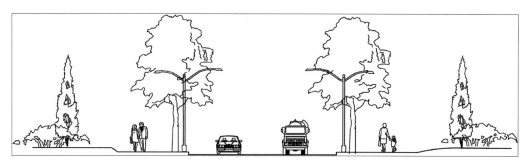

图9-2-2　一板两带式

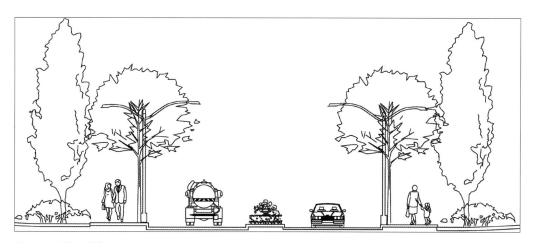

图9-2-3　两板三带式

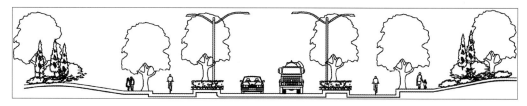

图9-2-4　三板四带式

以不阻挡驾驶员的视线为宜；两侧绿化带可种 1～2 行乔木或花灌木。这种形式适用于宽阔道路，绿化量较大，生态效益较显著。

（3）三板四带式

3 条车行道，4 条绿化带，即利用两条分隔带把车行道分成 3 条，中间为机动车道，两侧为非机动车道，连同车行道及人行道两侧的行道树共为 4 条绿化带（图 9-2-4）。此法虽然占地面积较大，但其绿化量大，夏季遮阴效果好，并能有效减弱噪声和防尘，可很好地组织交通，安全可靠，解决了各种车辆混合互相干扰的问题。此法多用于机动车、非机动车、人流量较大的城市干道。

（4）四板五带式

4 条车行道，5 条绿化带，在三板四带式的基础上，在双向机动车道之间设隔离绿带，形成五条绿化带（图 9-2-5）。

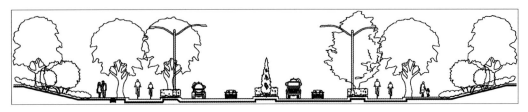

图9-2-5 四板五带式

2）植物选择

在城市道路绿化中，应注意选择抗性较强且能有效吸尘、净化空气的植物种类。因地制宜，遵循"乔木为主，花灌木、草坪为辅"的原则，以达到最佳的观赏效果，同时发挥道路绿化在改善城市生态环境和丰富城市景观中的作用。还应考虑交通安全，有效地协助组织人流的疏散。

还要考虑走向问题，东西走向的道路南北日照强，应注意行道树的遮阴效果。一般街道两侧栽植树木遮阴宜占路宽的20%为宜。南方地区可宽些，北方地区可窄些。长江流域夏热冬寒，行道树以落叶树为宜，冬季不遮挡光照。行道树的栽植还要考虑地下管道和空中电缆，控制树木生长的高度及其根系与地下管道的距离，管道埋设的深浅、树木根系的分布状况、树冠的大小等对水平距离的确定都有影响。

（1）乔木的选择

乔木在城市道路绿化中主要作为行道树，作用主要是美化街景、夏季为行人遮阴，因此选择品种时主要从以下几个方面着手：株形整齐，观赏价值较高（或花形、叶形、果形奇特，或花色鲜艳，或花期长），最好叶片秋季变色，冬季可观树形、赏枝干；生命力强，病虫害少，便于管理，管护费用低，花、果、枝叶无不良气味；树木发芽早、落叶晚，在本地区正常生长，晚秋落叶期在短时间内树叶即能落光，便于集中清扫；行道树树冠整齐，分枝点足够高，主枝开张角度与地面不小于30°，叶片紧密，有浓荫；繁殖容易，移植后易于成活和恢复生长，适宜大树移植；有一定抗污染、抗烟尘的能力；树木寿命较长，生长速度不太缓慢。

目前应用较多的有雪松、法桐、槐、合欢、栾树、垂柳、馒头柳、杜仲、白蜡等。

（2）灌木的选择

灌木多应用于分车带或人行道绿化带（车行道的边缘与建筑红线之间的绿化带），可遮挡视线、减弱噪声等，选择时应注意以下几个方面：枝叶丰满、株形优美，花期长，花多而显露，防止萌蘖枝过长妨碍交通；植株无刺或少刺，叶片秋季变色，耐修剪，在一定年限内人工修剪可控制其树形和高度；繁殖容易，易于管理，能耐灰尘和路面辐射。

应用较多的有大叶黄杨、金叶女贞、紫叶小檗、月季、紫薇、丁香、紫荆、连翘等。

（3）地被植物的选择

目前，大多数城市主要选择冷季型草坪草作为地被植物，根据气候、温度、湿度、土壤等条件选择适宜的草坪草种是至关重要的；另外多种低矮花灌木均可作地被应用，如月季、棣棠、红叶石楠、洒金桃叶珊瑚、黄杨等。

（4）草本花卉的选择

一般露地花卉以宿根花卉为主，与乔、灌、草巧妙搭配，可合理配置一、二年生草本花卉，只在重点部位点缀，不宜多用。

3. 城市道路绿地植物景观设计要点

1）人行道绿化带植物景观营造

人行道绿化带指从车行道边缘至建筑红线之间的绿地。它包括人行道与车行道之间的隔离绿地（行道树绿化带）以及人行道与建筑之间的缓冲绿地（也称为基础绿地或路侧绿化带）。

（1）行道树绿化带景观营造

按一定的方式种植在道路的两侧造成浓荫的乔木，称为行道树。在道路较宽的情况下，车行道与人行道之间可设计种植带（行道树绿化带）。在种植带内，可以乔、灌结合，点缀花木、色叶树及四季花草，也可设置座凳、雕塑、水池、游步道等园林小品，并围以绿篱、栏杆，使街道环境更加丰富多彩。

①行道树的种植方式

树池式　在交通量较大，行人多而人行道又窄的路段，设计正方形、长方形或圆形空地种植花草树木，形成池式绿地。树池的平面尺寸：正方形以边长1.5m较合适，长方形长、宽分别以2m、1.2m为宜，圆形树池以直径不小于1.5m为好。树池的立面高度：多雨地区树池的边缘可高出人行道6～10cm，以防行人踩踏，并防止雨水流入池内，形成涝渍。但在干燥地区树池常略低于路面，以便于雨水流入，并可保持一定的湿度。为了保护树池，可设置镂空池盖。

树带式　当人行道有足够的宽度时，可在车行道与人行道之间留出一条宽不小于1.5m的种植绿带，可由乔木搭配灌木及草本植物，形成带式狭长的不间断绿化。栽植的形式可分为规则式、自然式与混合式。具体选择的方式要根据交通的要求和道路的具体情况而定。

以上两种种植方式的应用范围：当人行道的宽度在2.5～3.5m时，首先要考虑行人的步行要求，原则上不设连续的长条状绿带，这时应以树池式种植方式为主。当人行道的宽度在3.5～5m时，可设置带状的绿带，起到分割、护栏的作用，但每隔至少15m，应设供行人出入人行道的通道，一般配以硬质地面铺装。

②行道树的株行距　在确定行道树株行距时应注意以下几点：苗木的规格（如果所选苗木的规格较大，则株距可适当加大，常见株距为5～8m，应以树种壮年期冠幅为准）；树木的生长速度；环境要求。

③行道树的定干高度　应视功能要求、交通状况、道路性质及宽度、行道树距车行道距离及树木分枝点高度而定。一般胸径以12～15cm为宜；树干分枝角度大者，定干高度不小于3.5m；分枝角度小者，定干高度不小于2m，否则影响交通。

④行道树的修剪及树形控制　行道树要求枝条伸展，树冠开阔，枝叶浓密。冠形依栽植地点的架空线路及交通状况而定。主干道及一般干道上，采用规则树形，修剪成杯状、开心形等。

（2）路侧绿化带植物景观营造

路侧绿化带是指从人行道边缘至道路红线之间的绿化带，是城市道路绿地的主要组成部分，也是构成道路景观的主要地段，其面积在城市道路绿地中占有较大的比例（图9-2-6）。

①道路红线与建筑红线重合的种植设计　应注意绿带的坡度设计，以利于排水。绿地种植不能影响建筑物的采光和通风。植物的色彩、质感应互相协调，并与建筑的立面设计结合起来，应有相互映衬的作用，在视觉上要有所对比。如果路侧绿化带较窄或地下管线较多，可用攀缘植物进行墙面绿化。如果宽度允许，可以攀缘植物为背景，前面适当配置花灌木、宿根花卉、草坪等，也可将路侧绿化带布置为花坛。

②路侧绿化带两条人行道之间的种植设计　最简洁的种植设计方式就是种植两行遮阴乔木，起到遮蔽作用。如果要突出建筑风格与特点，则应适当降低植物的种植高度，并以常绿树、花灌木、绿篱、草坪及地被植物来衬托建筑，布局要明快大方，而不要拘泥于形式，可将植物配置成花境，也可用持续的、有规律的花坛组来美化这一地段。

③路侧绿化带与道路红线外侧绿地结合的种植设计　由于绿化带的宽度有所增加，造景形式也更为丰富，一般宽度达到8m就可以设计为开放式绿地。另外，也可与临街建筑的宅旁绿地、公共建筑前的绿地等相连，统一造景。

2）分车带植物景观营造

分车带又称隔离带绿地，是用来分割干道上的上、下行车道和快、慢车道的绿化带，起着疏导交通和安全隔离的作用。分车带绿化是道路线性景观及道路环境的重要组成部分，对道路的整体氛围影响最大，如果仅就分车带本身来考虑分车带的绿化，会造成道路景观的无序及凌乱。

（1）分车带植物景观设计原则

①分车带的种植设计首先要注意保持一定的通透性，在距机动车路面0.9～3.0m的范围内，树冠不能遮挡司机视线。

②分车带植物景观属于动态景观，在形式上力求简洁有序、整齐一致，形成良好的行车视野。

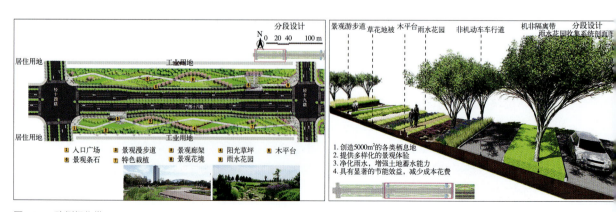

图9-2-6　路侧绿化带

③分车带宽度大于或等于 1.5m 的，应以种植乔木为主，并宜乔木、灌木、地被植物相结合。分车带宽度小于 1.5m 的，应以种植灌木为主，并以灌木、地被植物相结合。

④分车带上种植的乔木，其树干中心至机动车道路缘石外侧距离不宜小于 0.75m。

⑤分车带应进行适当的分段，以利于行人过街及车辆转向、停靠等，一般以 75～100m 长为分段距离。

（2）分车带绿化设计

分车带的主要作用是疏导交通与保障安全，因此在进行植物的选择和设计时必须起到良好的疏导交通与保障安全的作用。

分车带植物景观设计要综合考虑交通与景观功能，针对不同道路（快车道、慢车道、人行道）用路者的视觉要求来选择合理的植物组合方式。

由于城市用地紧张，分车带的宽度普遍较小；另外，从安全角度考虑，分车带的设计不宜过分华丽和复杂。因此，在设计时常用简单的图案表达设计主题。中央分车带的主要作用是分隔上、下行机动车道，因此，在可能的情况下要进行防眩种植。另外，中央分车带一般宽度较大，而且经常作为城市道路景观中的重点来处理，因此在设计时应突出景观性（图 9-2-7）。两侧分车带的主要作用是分割非机动车道和机动车道，为了行车安全，必须要保证视线的通透，一般采用灌木配置成完整的图案（图 9-2-8、图 9-2-9）。在景观材料的选择上，可充分考虑地域特色，避免千城一面。

3）交叉路口植物景观营造

交叉路口是指道路的交会处，在城市道路系统中一般以两种形式出现，即平面交叉路口及立体交叉路口。

（1）平面交叉路口种植设计

根据道路的数量与交叉的角度和方位，展现不同的形式。一般来说，可分为"T"形路口、"Y"形路口、十字路口以及在此基础上的各种变体。

①"T"形交叉路口的绿化　两条道路中有一条道路前方视线被封闭。此种交叉路口的绿化关键是背景的营造，可以通过树丛、绿篱的搭配来形成引人瞩目的屏障式道路景观，也可以与雕像、水景、休息座椅等结合来营造富有情趣的小品景观。

②"Y"形交叉路口的绿化　在路口可以通过低矮的花坛起到暗示或强调的作用，并可保持三角形视距的通透。

③十字形交叉路口的绿化　采用规则式花坛来进行路口的美化，并与街心交通岛或路口中心花园形成整体的统一景观（图 9-2-10）。

（2）立体交叉路口种植设计

立体交叉路口出现于城市两条高等级的道路相交处或高等级跨越低等级道路处，也可能是高速公路入口处。其植物造景应与立体交叉的交通功能紧密结合，要有足够的安全视距空间，并且突出各种交通标志，通过植物的栽植来产生方向诱导、强调线性变化的作用，保证行车安全。

立体交叉路口的种植设计形式应与邻近城市道路的绿化风格相协调，但又应各有特色，

图9-2-7 中央分车带植物景观

图9-2-8 两侧分车绿带植物景观

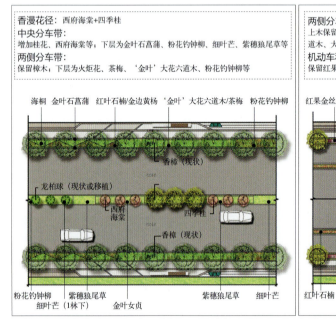

图9-2-9 分车带绿化实例

形成不同的景观特质，以产生一定的识别性和地区性标志。植物配置应简洁明快，以大色块、大图案营造出大气势，满足移动视觉的欣赏需求，尤其在较大的绿岛，应避免过于琐碎、精细的设计。树种以乡土树种为主，并具有较强的抗性，以适应较为粗放的管理。

4）交通岛植物景观营造

交通岛在城市道路中主要起着疏导与指挥交通的作用，是为了回车、控制车流行驶路线、限制车速和装饰街道而设置在道路交叉口范围内的一种岛屿状构造物，一般用混凝土或砖石围砌，高出路面10cm以上。常见的有中心岛（又称转盘）、方向岛、安全岛3种形式。

（1）中心岛

中心岛不宜密植乔木或大灌木，以保证行车视线通透。种植形式通常以嵌花草皮花坛为主或以低矮的常绿灌木组成简单的图案花坛，也可布置些修剪成形的小灌木丛，不宜过

图9-2-10　十字形交叉路口绿化景观

图9-2-11　中心岛植物景观

于繁杂华丽,以免分散驾驶员的注意力及使行人停滞观赏而影响交通。主干道处的中心岛根据情况可结合雕塑、市标、立体花坛等营建为城市景点,但在高度上要注意控制(图9-2-11)。

在居住区道路,人流量、车流量较小的地段,可采用小游园的形式布置中心岛,以增加居民的活动场所。

(2) 方向岛

方向岛应布置地被植物、花坛或草坪,在安全视距内宜选用低矮耐修剪的灌木、丛生花草,植物配置的色彩也不可过于繁复。与中心岛的植物设置原则相似,也要保证行车视距的通透及不能阻挡交通标志。

(3) 安全岛

在宽敞的街道中供行人避车的地方。安全岛植物配置以低矮的灌木和花卉类为主。

任务实施

1. 注重搭配,合理选择植物品种

综合分析城市气候、土壤环境等因素及周边用地情况,利用植物景观设计的基本方法和配置形式,形成外围背景常绿、遮挡为主,内侧自然、季相变化丰富的植物景观,满足防护及游赏的需求。选择树种时注重乔木与灌木、常绿乔木与落叶乔木以及异龄乔木相互搭配,形成层次和季相变化。主要选择的乔木有香樟、冬青、榉树、合欢、小叶朴、乌桕、槐、柿树、樱花、桂花、垂丝海棠、西府海棠、花桃、青枫、红枫等。

2. 确定配置技术方案

在选择好植物品种的基础上,确定配置方案,绘出城市道路绿地植物景观设计平面图(图9-2-12)。本道路植物景观配置形式为混合式,采用孤植、列植、丛植、群植、篱植等种植方式。

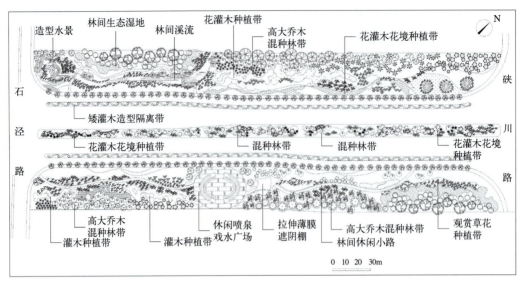

图9-2-12 城市道路绿地植物景观设计平面图

巩固训练

图 9-2-13 所示为江浙地区某城市道路景观设计平面图,所选段长度约 300m,道路两侧绿化带宽度各约 30m,周边用地为居住用地。该城市历史文化内涵丰富,本道路绿化设计应考虑其文化特色。总体上将道路绿地作为开放式带状公园来设计,为周边居民提供一处游憩和感受现代气息的城市景观道;在道路交叉口节点处,应注意节点设计效果。在对本项目理解的基础上初步完成道路绿地植物景观设计平面图。

拓展案例:
某道路绿化施工图

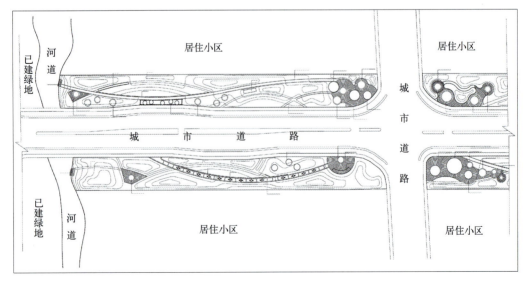

图9-2-13 城市道路绿地植物景观设计平面图

考核评价

表 9-2-1　评价表

评价类型	项目	子项目	组内自评	组间互评	教师点评
过程性评价（70%）	专业能力（50%）	植物选配能力（40%）			
		方案表现能力（10%）			
	社会能力（20%）	工作态度（10%）			
		团队合作（10%）			
终结性评价（30%）	作品的创新性（10%）				
	作品的规范性（10%）				
	作品的完整性（10%）				
评价/评语	班级：	姓名：	第　　组	总评分：	
	教师评语：				

任务9-3　综合公园植物景观设计

【知识目标】

（1）了解综合公园的类型和分区。
（2）理解综合公园的植物景观设计原则。
（3）掌握综合公园植物景观营造的要求。

【技能目标】

（1）能够根据综合公园的功能分区进行植物景观设计。
（2）能够对公园进行出入口规划与植物景观设计、园路规划与植物景观设计。

工作任务

【任务提出】

图 9-3-1 所示为江浙地区某城市综合公园景观设计平面图，该公园占地面积约 70hm²，集防护、观赏、休闲、垂钓、健身、防灾避难等多种功能于一体，是一块多功能叠加型综合绿地。其主要体现"亲切、现代、自然"的风格，功能定位为市民广场及休闲垂钓园。在总体规划上，根据现状地形，设计了下沉式广场，临水设置茶室和滨水栈道、垂钓平台等。

植物配置上，根据植物景观设计原则和基本方法，考虑下沉式广场、滨水栈道等地物条件对植物景观设计的需求，选择适合广场及临水种植的植物种类和植物配置形式进行初步设计。

【任务分析】

该任务应考虑公园主要出入口、广场区域、临水区域、大草坪区域、铁路等对景观的不同需求，重点对主要出入口及广场进行植物景观配置。根据公园对植物景观多样性的需求选择植物品种，使植物景观配置能发挥美观、净化空气、涵养水源的功能，体现现代简洁、常绿与落叶乔木相结合、色彩丰富的特色。设计之前，应充分了解当地植物的生态习性和观赏特性，掌握公园内乔木、灌木、地被植物的配置方法和设计要点等内容。

【任务要求】

（1）植物品种的选择应适宜公园不同功能分区对景观的功能需求。
（2）正确采用植物景观构图基本方法，灵活运用自然式、行列式、群植、孤植的种植方法。
（3）功能配置合理，风格独特。
（4）图纸绘制规范，完成公园植物景观设计平面图一张。

【材料及工具】

测量仪器、手工绘图工具、绘图纸、绘图软件（AutoCAD）、计算机等。

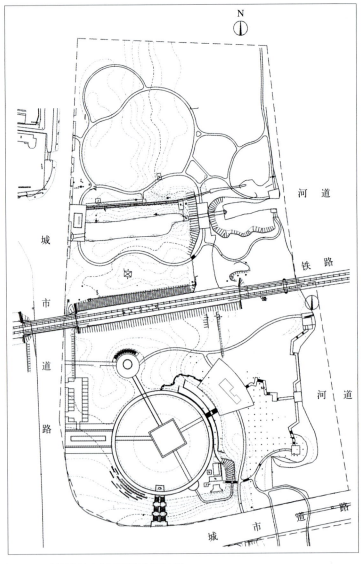

图9-3-1　某城市综合公园景观设计平面图

知识准备

1. 综合公园分区

综合公园应根据公园的活动内容进行分区布置。一般可分为：安静休息区、文化娱乐区、体育活动区、儿童活动区、观赏游览区、老年人活动区、园务管理区。

公园内功能区的划分要因地制宜，对规模较大的公园，要使各功能区布局合理，游人使用方便，各类游乐活动的开展互不干扰；对面积较小的公园，分区若有困难的，应对活动内容做适当调整，进行合理安排。

（1）安静休息区

安静休息区主要供游人安静休息、学习、交往或开展其他一些较为安静的活动，如舞太极拳、舞太极剑、下棋、漫步、聊天等活动，因而也是公园中占地面积最大、游人密度最小的区域。故该区一般选择地形起伏比较大、景色优美的地段，以山地、谷地、溪边、河边、湖边、瀑布环境最为理想，并且要求树木茂盛、绿草如茵，有较好的植物景观。

一般安静休息区与公园的喧闹区（如文化娱乐区、体育活动区、儿童活动区等）应通过各种造景要素的布置相隔一定的距离，以免安静休息区受到干扰。安静休息区可布置在远离公园出入口处。游人的密度要小，以 100m^2/ 人为宜。

（2）文化娱乐区

文化娱乐区是人流集中的活动区域。在该区开展的多是比较热闹、有喧哗声响、活动形式多样、参与人数较多的文化娱乐活动，因而也称为公园中的闹区，设置有俱乐部、电影院、剧院、音乐厅、展览馆、游戏场、技艺表演场、露天剧场、舞池、旱冰场、戏水池、展览室（廊）、演讲场地、科技活动场等。以上各种设施应根据公园的规模大小、内容要求，因地制宜进行合理的布局设置。

（3）体育活动区

随着我国城市发展及居民对体育活动参与性的增强，在城市综合公园内宜设置体育活动区。该区是比较喧闹的功能区，应以地形、建筑、树丛、树林等与其他各区相隔离。区内可设场地相应较小的篮球场、羽毛球场、网球场、门球场、武术表演场、大众体育区、民族体育场地、乒乓球台等。若经济条件允许，可设体育场馆，但一定要注意建筑造型的艺术性。各场地不必同专业体育场一样设专门的看台，可利用缓坡草地、台阶等作为观众看台，更有利于人们与大自然亲近。

（4）儿童活动区

儿童活动区主要供学龄前儿童和学龄儿童开展各种儿童游乐活动。据调查，在我国城市公园游人中，儿童占公园游人量的 15%～30%，这个比例的变化与公园在城市中所处的位置、周围环境、居住区的状况有直接关系。居住区附近的公园，游人中儿童的比例比较大；远离居住区的公园，儿童的比例则较小。同时也与公园内儿童活动、设施、服务条件有关。为了满足儿童的特殊需要，在公园中单独划出供儿童活动的一个区域是很必要的。大型公园的儿童活动区与儿童公园的作用相似，但活动设施要比单独的儿童公园简单。

（5）观赏游览区

本区以观赏、游览为主，在区内主要进行相对安静的活动，是游人喜欢的区域。为达到良好的观赏游览效果，要求游人在区内分布的密度较小，以 100m^2/人较为合适，所以本区在公园中占地面积较大，是公园的重要组成部分。

观赏游览区往往选择现状用地地形起伏较大、植被等比较丰富的地段设计、布置园林景观。在观赏游览区中如何设计合理的游览路线，形成较为合理的动态风景序列，是十分重要的问题。道路的平纵曲线、铺装材料、铺装纹样、宽度变化等都应根据景观展示和动态观赏的要求进行规划设计。

（6）老年人活动区

随着城市人口老龄化速度的加快，老年人在城市人口中所占比例日益增大，老年人活动区在公园绿地中的使用率是最高的。在一些大中城市，许多老年人早晨在公园中晨练，白天在公园中活动，晚上和家人、朋友在公园中散步、谈心，所以老年人活动区的设置是不可忽视的问题。老年人活动区应设在观赏游览区或安静休息区附近，要求环境优雅、风景宜人。

（7）园务管理区

该区是为满足公园经营管理的需要而设置的内部专用地区。区内可设置办公室、仓库、花圃、苗圃、生活服务处等设施以及水电通信等工程管线。园务管理区要与城市街道有方便的联系，设有专用出入口，要与游人活动区有隔离。本区要隐蔽，不要暴露在风景游览的主要视线上。

2. 综合公园植物景观设计原则

综合公园植物景观设计应遵循以下原则。

（1）全面规划，重点突出，远期和近期相结合

公园的植物配置，必须根据公园的性质、功能，结合植物造景、游人活动、全园景观布局等要求，全面考虑，布置安排。由于公园面积大，立地条件及生态环境复杂，活动项目多，所以选择绿化树种不仅要掌握一般规律，还要结合公园特殊要求，因地制宜，以乡土树种为主，以经过驯化后生长稳定的外地树种为辅。对公园用地内的原有树木，应充分加以利用，尽快形成整个公园的绿地景观骨架。在重要地区，如主出入口、主要景观建筑附近、重点景观区，主干道的行道树宜选用移植大苗，其他地区可用出圃小苗；使速生树与慢生树相结合，常绿树与落叶树相结合，针叶树与阔叶树相结合，乔、灌、花、草相结合，尽快形成绿色景观效果。

规划中应注意近期绿化效果要求高的部分，植物选择应以大苗为主，适当密植，待树木长大后再移植或疏伐。

（2）注重植物种类搭配，突出公园植物特色

每个公园在植物配置上应有自己的特色，突出一种或几种植物景观，形成公园绿地的植物特色。如杭州西湖孤山公园以梅花为主景，曲院风荷以荷花为主景，西山公园以山茶、玉兰为主景，花港观鱼以牡丹为主景，柳浪闻莺以垂柳为主景。

全园的常绿树与落叶树应有一定的比例。一般华北、西北、东北地区常绿树占30%～40%，落叶树占60%～70%；华中地区，常绿树占50%～60%，落叶树占40%～50%；华南地区，常绿树占70%～80%，落叶树占20%～30%。在林种搭配方面，混交林可占70%，单纯林可占30%。做到三季有花，四季常绿，季相明显，景观各异。

（3）注意全园基调树种和各景区主、配调树种的规划

在树种选择上，应该有1～2个树种分布于整个公园，在数量和分布范围上占优势，成为全园的基调树种，起统一景观的作用。还应在各个景区选择不同的主调树种，形成各个景区不同的植物景观主题，使各景区在植物配置上各有特色而不雷同。

公园中各景区的植物配置，除了有主调树种外，还要有配调树种，以起烘托陪衬作用。全园植物规划布局要达到多样变化、和谐统一的效果。如北京颐和园以油松、侧柏作为基调树种遍布全园，每个景区又都有其主调树种，其中后山后湖景区以海棠、平基槭、山楂作主调树种，以丁香、连翘、山桃、圆柏等少量树种作配调树种，使整个后山后湖景区四季常青，季相景观变化明显。

（4）充分满足使用功能要求

根据游人对公园绿地游览观赏的要求，除了用建筑材料铺装的道路和广场外，整个公园应全部用植物覆盖起来。地被植物一般选用多年生花卉和草坪，坡地可用匍匐性小灌木或藤本植物。当前草坪的相关研究已经达到较高的水平，其抗性、绿色期均得到较大提高，所以公园中所有可以绿化的地方进行乔、灌、花、草结合配置形成复层林相，是可以实现的。

公园中的道路，应选用树冠开张、树形优美、季相变化丰富的乔木作行道树，既形成绿色纵深空间，也起到遮阴作用。规则式道路，行道树采用行列式种植；自然式道路，采用疏密有致的自然式种植。

公园中应开辟有庇荫的河流，宽度不得超过20m，岸边种植高大的乔木，如垂柳、水杉等喜水湿树种；夏季水面上林荫成片，可开展划船、戏水活动；游憩亭榭、茶室、餐厅、阅览室、展览馆等建筑物的西侧，应配置高大的庇荫乔木，以防夏季西晒。

（5）四季景观和专类园设计是植物造景的突出点

植物的季相表现不同，应因地制宜地结合地形、建筑、空间和季节变化进行规划设计，形成富有四季特色的植物景观，使游人春观花，夏纳荫，秋观叶品果，冬赏干观枝。

以不同植物种类组成专类园，是公园景观规划不可缺少的内容，尤其花繁叶茂、色彩绚丽的专类花园更是游人流连忘返的地方。在北京，常见的专类园有牡丹园、月季园、丁香园、蔷薇园、槭树园、竹园、宿根花卉园等。上海、江浙一带常见的专类园有杜鹃园、桂花园、梅园、木兰园、山茶园、海棠园、兰园等。

（6）适地适树，根据立地条件选择植物，为其创造适宜的生长环境

按生态环境条件，植物可分为陆生、水生、湿生、耐寒冷、耐高温、耐水湿、耐干旱、耐瘠薄，以及喜光、耐阴等不同的类型。如喜充足光照的梅、木棉、松柏、杨柳，耐阴的罗汉松、山楂、棣棠、珍珠梅、杜鹃花，喜水湿的柳、水杉、水松、丝绵木，耐瘠薄的沙枣、沙棘、柽柳、胡杨等。

植物的配置，必须考虑园区的立地条件和植物的生态习性，在不同的生态环境下，选择与之适应的植物种类，则易形成各景区的特色。

3. 综合公园植物景观营造

1）出入口植物景观设计

公园主要出入口大多面向城市主干道，绿化时应注意丰富街景，并与大门建筑相协调，同时还要突出公园的特色。规则式大门建筑，应采用对称式绿化布置；自然式大门建筑，则要用不对称方式来布置绿化。大门前的集散广场，四周可用乔木、灌木绿化，以便夏季遮阴及相对隔离周围环境；在大门内部可用花池、花坛、灌木与雕像或导游标识牌相配合，也可铺设草坪，种植花灌木，但不应妨碍视线，且须便于通行和游人集散。

2）园路植物景观设计

（1）主干道

主干道绿化，可选用高大荫浓的乔木作行道树，用耐阴的花卉植物在两侧布置花境，但在配置上要有利于交通，还要根据地形、建筑、景观的需要而起伏、蜿蜒。

（2）次干道

次干道和小道延伸到公园的各个角落，景观要丰富多彩，达到步移景异的观赏效果。山水园的园路多依山面水，植物景观应点缀风景而不妨碍视线。山地处的园路则要根据地形布置疏密有致的植物景观，在有风景可观的山路外侧，宜种植低矮的花灌木及草花，才不影响景观；在无景可观的道路两旁，可密植、丛植乔木和灌木，使山路隐在丛林之中，形成林间小道。平地处的园路，可用乔木和灌木树丛、绿篱、绿带分隔空间，使园路两旁景观高低起伏，时隐时现。园路转弯处和交叉口是游人游览视线的焦点，是植物造景的重点部位，可用乔木、花灌木点缀，形成层次丰富的树丛、树群。另外，通行机动车辆的园路，车辆通行范围内不得有低于 4.0m 高的枝条；方便残疾人使用的园路边缘，不得选用有刺或硬质叶片的植物，路面范围内，乔木、灌木枝下净高不得低于 2.2m，种植点距道牙应大于 0.5m。

（3）小道

小道两旁的植物景观应最接近自然状态，可布置色彩丰富的乔木、灌木树丛。

3）各功能分区植物景观设计

（1）安静休息区植物景观设计

该区可以当地生长健壮的几个树种为骨干树种，突出周围环境季相变化的特色。在植物配置上，应根据地形的高低起伏和天际线的变化，采用自然式种植，形成树丛、树群和树林。在林间空地中可设置草坪、亭、廊、花架、座凳等，在路边或转弯处可设月季园、牡丹园、杜鹃园等专类花园（图 9-3-2）。

（2）文化娱乐区植物景观设计

该区要求地形开阔平坦，绿化以花坛、花境、草坪为主，便于游人集散，适当点缀几

图9-3-2 安静休息区植物景观

图9-3-3 文化娱乐区植物景观

株常绿大乔木，不宜多种灌木，以免妨碍游人视线，影响交通（图 9-3-3）。在室外铺装场地上应留出树穴，栽种大乔木。

（3）体育活动区植物景观设计

①注意四季景观，特别是人们使用室外活动场地较长的季节。

②树种大小的选择应与运动场地的尺度相协调。

③植物的种植应注意人们对夏季遮阴、冬季沐浴阳光的需要。在人们需要阳光的季节，活动区域内不应有常绿树的阴影。

④树种选择应以本地区观赏效果较好的乡土树种为主，以便于管理。

⑤树种应少污染，无落果和飞絮。落叶整齐，易于清扫。

⑥露天比赛场地的观众视线范围内，不应有妨碍视线的植物，观众席铺栽草坪应选用耐践踏的品种。

（4）儿童活动区植物景观设计

该区绿化可选用生长健壮、冠大荫浓的乔木。在其四周应栽植浓密的乔木、灌木与其他区域相隔离。不同年龄的儿童应分区活动，各分区用绿篱、栏杆相隔，以免相互干扰。活动场地中要适当疏植大乔木，供夏季遮阴。在出入口可设立塑像、花坛、山石或小喷泉等，配以体形优美、色彩鲜艳的灌木和花卉，以增加儿童的活动兴趣。儿童活动区绿化种植禁止选用以下植物：

有毒植物　凡花、叶、果等有毒植物均不宜选用，如凌霄、夹竹桃等。

有刺植物　易刺伤儿童皮肤和刺破儿童衣服的植物，如枸骨、刺槐、蔷薇等。

有刺激性和有奇臭的植物　会引起儿童的过敏性反应的植物，如漆树等。

易生病虫害及结浆果的植物　如柿树、桑树等。

另外，儿童活动区夏季庇荫面积应大于活动范围的 50%，活动范围内宜选用萌芽力强、直立生长的中高类型的灌木，树木的枝下净高应大于 1.8m。露天演出场观众席范围内不得种植妨碍视线的植物，观众席铺栽草坪时应选用耐践踏的草种（图 9-3-4）。

（5）观赏游览区植物景观设计

应选择现状地形、植被等比较优越的地段，植物景观的设计应突出季相变化特征。植物景观设计要求包括：

图9-3-4　儿童活动区植物景观

- 把盛花植物配置在一起，形成花卉观赏区或专类园；
- 以水体为背景，配置不同的植物形成具有不同情调的景致；
- 利用植物组成群落以体现植物的群落美；
- 利用借景手法把园外的自然风景引入园内，形成内外一体的景观；
- 以生长健壮的几个树种为骨干，在植物配置上根据地形的高低起伏和天际线的变化，采用自然式布局。在林间空地可设置草坪、亭、廊、花架、座椅等，在路边可设牡丹园、月季园、竹园等专类园。

（6）老年人活动区植物景观设计

植物配置应以落叶阔叶林为主，保证夏季有凉荫、冬季有阳光，并应多种植姿态优美、花色艳丽、叶色富于变化的植物，体现丰富的季相变化。

（7）园务管理区植物景观设计

植物配置多以规则式为主，建筑物面向游览区的一面应多种高大的乔木，以遮挡游人的视线。周围应有绿篱与各区分隔，绿化要因地制宜，并与全园风格协调。

为了把公园与喧哗的城市环境隔离开来，保持园内安静，可在公园周围特别是靠近城市主要干道及冬季主风方向的一面布置不透风式防护林带。

4. 公园植物景观设计案例

彩虹湾公园位于上海市虹口区江湾社区地块规划安汾路南侧、规划水电路东侧。项目一期总面积为 16 351.4m^2，其中绿化种植面积 11 914.4m^2，道路广场面积 2420m^2，景观水体面积 1282m^2，绿化附属用房建筑面积 298.57m^2（占地面积 316.11m^2，主要为茶室、公共厕所、工具间、门卫室及结构建筑单体等）。

(1) 总体构思

本项目在整体形态上，主要依托由线性景观元素串联起的环状、富于竖向空间变换的公园绿道系统。钻石形态的静态水面与这条生态绿链形成蓝绿相映的艺术空间，如同一条项链镶嵌在场地上。结合亲水茶室等景观建筑，以及艺术雕塑、景墙、墙面喷绘涂鸦等景观元素，在特色绿化群落大背景的烘托下，共同构成彩虹湾公园核心的景观空间（图9-3-5至图9-3-8）。

(2) 多重功能复合统一设计

本项目结合华严变电站建设同步规划，依据铁路、河道、水塘等场地特征进行设计定位，以绿化种植为主体，在生态优先原则的指导下，实现生态防护、休闲游憩、雨水收集、科普示范、公共服务、景观观赏等多功能的复合统一，体现现代节约型绿地的特征。

(3) 海绵城市与雨水花园设计

本项目充分利用了场地原有低洼地势形成的水塘，将其适当开挖塑形后形成景观水面，布设临水茶室及水上栈道以满足游人亲水的需求。同时，响应海绵城市建设理念，结合水面开挖，土方造型及驳岸设计因势利导，在水池一边就势设置下沉式雨水花园，种植水生、湿生植物，承载周边汇水区雨水，就地自然蓄渗，充分发挥其对雨水的净化、滞留作用，使其具有良好的科普示范效应。

(4) 特色绿化设计

为倡导低碳、环保、节能减排理念，落实绿色建筑相关要求，本项目充分利用地下变电站顶板，以及茶室、工具间、公共厕所等配套建筑外墙立面及屋顶进行特色立体绿化设计。同时，对变电站地面建筑外立面进行艺术喷绘处理，从而使变电站的建设对景观环境的影响降到最小。

植物配置方面，以上海地区低潮水位、常水位、高潮水位为依据，结合场地水位变幅情况，采用自然层片式沿岸带植被结构设计，遵循"近水陆生植物—沿岸湿生植物—浅水挺水植物—漂浮植物/沉水植物"层片式植物群落配置原则。

其中，人工湿塘种植带结合生态型驳岸设计，选用常绿水生鸢尾、海滨木槿、细叶芒、蒲苇、旱伞草、矮蒲苇、'花叶'美人蕉、彩叶杞柳、

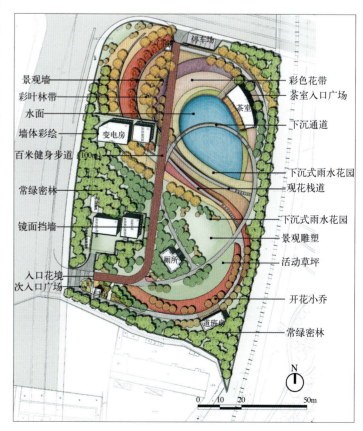

图9-3-5 彩虹湾公园平面图

图9-3-6 彩虹湾公园植物上木设计平面图

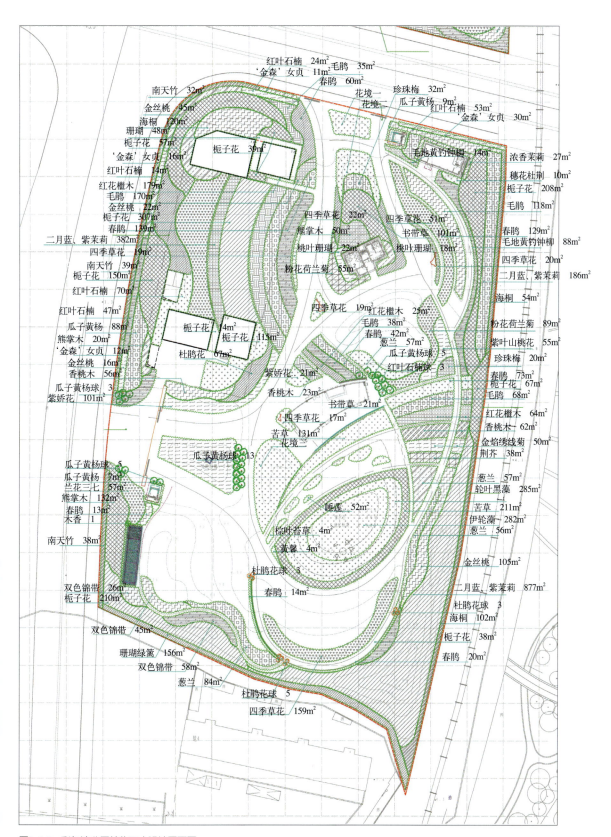

图9-3-7 彩虹湾公园植物下木设计平面图

图9-3-8 彩虹湾公园实景图

醉鱼草、金叶石菖蒲等挺水或湿生植物，结合地形配置，形成错落有致的水生植物景观群落。

下沉式雨水花园则选择耐水淹、抗污染的适生植物种类，如东方狼尾草、柳枝稷、重瓣金鸡菊、西洋滨菊、钓钟柳、扶芳藤、活血丹、银边芒等，既满足雨水调控等功能需求，又兼顾季节性观赏效果。

🍃 任务实施

1. 注重搭配，合理选择植物品种

综合分析城市气候、土壤环境等因素及现状地物情况，利用植物景观设计的基本方法和配置形式，靠近铁路应以常绿遮挡为主，内部主入口、活动广场、主景区应季相特征丰富、美观，其他区域满足游赏要求。树种选择时注重乔木与灌木、常绿乔木与落叶乔木以及异龄乔木相互搭配，形成层次和季相变化。选择的乔木主要有香樟、榉树、银杏、深山含笑、杂交马褂木、广玉兰、杉类、毛白杨、朴树、乌桕、雪松、无患子、合欢、青枫、红枫、桂花、垂丝海棠、西府海棠、樱花、桃花等。

2. 确定配置技术方案

在选择好植物品种的基础上，确定合理的配置方案，绘出植物景观设计平面图（图

项目 9 城市绿地植物景观设计 271

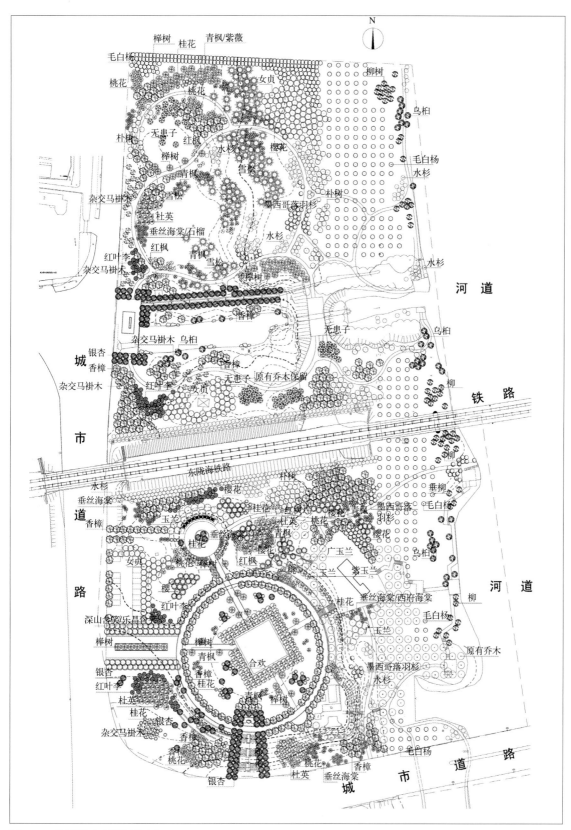

图9-3-9 公园植物上木设计平面图

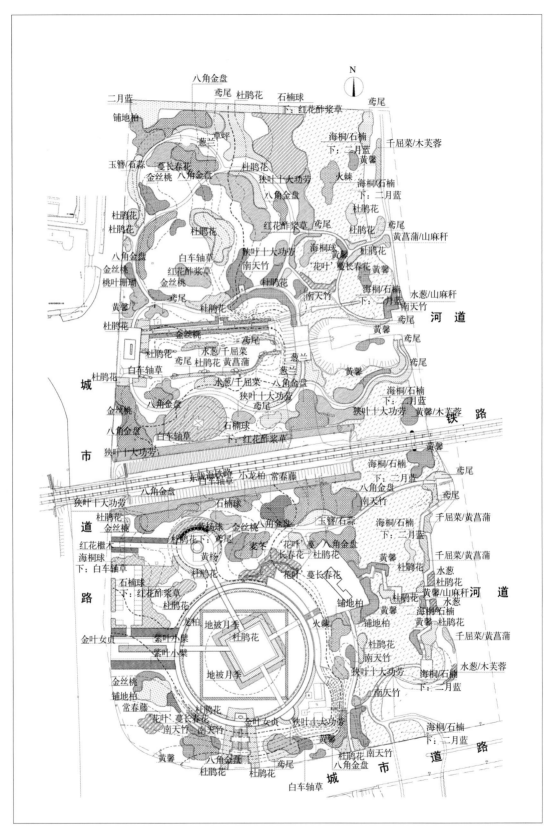

图9-3-10 公园植物下木设计平面图

9-3-9、图 9-3-10）。本综合公园植物景观配置形式为混合式，采用孤植、列植、丛植、群植、篱植等栽植方式。

巩固训练

图 9-3-11 所示为江浙地区某城市综合公园景观设计平面图。该公园占地面积约 15hm^2，是城郊森林公园的一部分，集防护、观赏、休闲、垂钓、健身、防灾避难等多种功能于一体，是一块多功能叠加型综合绿地。其主要体现"亲切、生态"的风格，功能定位为市民休闲运动及垂钓公园。在总体规划上，根据现状地形设计了运动场地，临水设置滨水栈道、垂钓平台等。

根据植物景观设计的原则和基本方法，考虑运动场地、滨水栈道等地物条件对植物景观设计的需求，选择适合临水种植的植物种类和植物配置形式进行初步设计。应考虑公园主要出入口、活动区域、临水区域、大草坪区域等对景观的不同需求，重点对主要出入口及小广场进行植物景观配置。

拓展案例：
某滨海公园植物景观设计

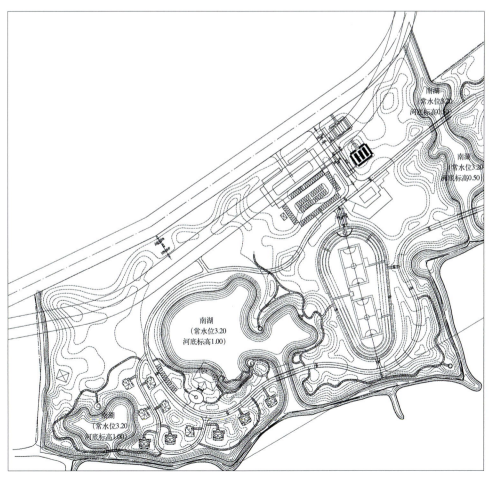

图9-3-11 某公园景观设计平面图

考核评价

表 9-3-1　评价表

评价类型	项　目	子项目	组内自评	组间互评	教师点评
过程性评价（70%）	专业能力（50%）	植物选配能力（40%）			
		方案表现能力（10%）			
	社会能力（20%）	工作态度（10%）			
		团队合作（10%）			
终结性评价（30%）	作品的创新性（10%）				
	作品的规范性（10%）				
	作品的完整性（10%）				
评价/评语	班级：		姓名：	第　　组	总评分：
	教师评语：				

参考文献

包志毅, 2012. 植物景观规划设计和营造的特点与发展趋势——以杭州西湖风景园林建设为例 [J]. 风景园林 (5): 52-55.

车生泉, 郑丽蓉, 2004. 园林植物与建筑小品的配置 [J]. 花园与设计, 16(2): 16-17.

陈其兵, 2012. 风景园林植物造景 [M]. 重庆：重庆大学出版社.

陈瑞丹, 周道瑛, 2019. 园林种植设计 [M]. 2 版. 北京：中国林业出版社.

陈有川, 2010. 城市居住区规划设计规范图解 [M]. 北京：机械工业出版社.

董丽, 2020. 园林花卉应用设计 [M]. 4 版. 北京：中国林业出版社.

范建勇, 2012. 园路的植物配置与造景 [J]. 现代农业科技, 238(2): 238, 241.

高野好造, 2007. 日式小庭院设计 [M]. 邹学群, 译. 福州：福建科学技术出版社.

顾小玲, 2008. 景观植物配置设计 [M]. 上海：上海人民美术出版社.

国际绿色屋顶协会, 健康绿色屋顶协会, 2009. 最新国外屋顶绿化 [M]. 武汉：华中科技大学出版社.

杭州市园林管理局, 1981. 杭州园林植物配置 [M]. 北京：城市建设杂志社.

何平, 彭重华, 2001. 城市绿地植物配置及其造景 [M]. 北京：中国林业出版社.

胡成龙, 戴洪, 胡桂林, 2010. 园林植物景观规划与设计 [M]. 北京：机械工业出版社.

黄东兵, 2006. 园林绿地规划设计 [M]. 北京：高等教育出版社.

黄清俊, 2011. 小庭院植物景观设计 [M]. 北京：化学工业出版社.

纪书琴, 2007. 北京地区花境植物资源及其应用 [J]. 北京园林 (3): 20-23.

金煜, 2008. 园林植物景观设计 [M]. 沈阳：辽宁科学技术出版社..

雷琼, 赵彦杰, 2017. 园林植物种植设计 [M]. 北京：化学工业出版社.

李峰, 2010. 城市绿地植物景观生态设计研究 [J]. 安徽农学通报, 16(9): 105-107.

李俊英, 2009. 园林植物造景及其表现 [M]. 北京：中国农业科学技术出版社.

丽芷若, 朱建宁, 2001. 西方园林 [M]. 郑州：河南科学技术出版社.

刘荣凤, 2008. 园林植物景观设计与应用 [M]. 北京：中国电力出版社.

刘彦红, 刘永东, 吴建中, 等, 2010. 植物景境设计 [M]. 上海：上海科学技术出版社.

芦建国, 2008. 种植设计 [M]. 北京：中国建筑工业出版社.

诺曼·K·布思, 詹姆斯·E·西斯, 2003. 独立式住宅环境景观设计 [M]. 彭晓烈, 主译. 沈阳：辽宁科学技术出版社.

王浩, 2003. 道路绿地景观规划设计 [M]. 南京：东南大学出版社.

王仙民, 2011. 上海世博立体绿化 [M]. 武汉：华中科技大学出版社.

王向荣, 林菁, 2002. 西方现代景观设计的理论与实践 [M]. 北京：中国建筑工业出版社.

吴涤新, 1994. 花卉应用与设计 [M]. 北京：中国农业出版社.

西奥多·奥斯曼德森, 2005. 屋顶花园　历史·设计·建造 [M]. 北京：中国建筑工业出版社.

夏宜平, 2020. 园林花境景观设计 [M]. 2版. 北京：化学工业出版社.

熊运海, 2009. 园林植物造景 [M]. 北京：化学工业出版社.

徐德嘉, 2010. 园林植物景观配置 [M]. 北京：中国建筑工业出版社.

徐峰, 封蕾, 郭子一, 2011. 屋顶花园设计与施工 [M]. 北京：化学工业出版社.

徐文辉, 2007. 城市园林绿地系统规划 [M]. 武汉：华中科技大学出版社.

臧德奎, 2002. 攀缘植物造景艺术 [M]. 北京：中国林业出版社.

张君超, 2008. 园林工程养护管理 [M]. 北京：中国林业出版社.

张志民, 田建林, 2009. 城市绿地规划设计 [M]. 北京：中国建筑工业出版社.

赵灿, 2008. 花境在园林植物造景中的应用研究 [D]. 北京：北京林业大学.

赵世伟, 2006. 园林植物种植设计与应用 [M]. 北京：北京出版社.

赵世伟, 2009. 园林工程景观设计——植物配置与栽培应用大全(上卷)[M]. 北京：中国农业科学技术出版社.

赵肖丹, 2012. 园林规划设计 [M]. 北京：中国水利水电出版社.

中岛宏, 李树华, 2012. 园林植物景观营造手册：从规划设计到施工管理 [M]. 北京：中国建筑工业出版社.

中国城市规划设计研究院, 1998. 城市道路绿化规划与设计规范 (CJJ 75—97)[M]. 北京：中国建筑工业出版社.

周初梅, 2008. 城市园林绿地规划 [M]. 北京：中国农业出版社.

祝遵凌, 2019. 园林植物景观设计 [M]. 2版. 北京：中国林业出版社.

附　录

附录1　传统园林植物寓意及应用

名称	特性	寓意	应用
松	常绿乔木，树皮多为鳞片状，叶片针形；耐寒、耐旱、耐瘠薄，冬、夏常青	岁寒三友（松、竹、梅）；松柏同春；松菊延年；仙壶集庆	松枝、水仙、梅花、灵芝等集束于瓶中；也可用于制作盆景
柏	柏科柏木属植物的通称，常绿植物	在民俗观念中，柏谐音"百"，是极数，象征多而全；民间习俗也喜用柏木避邪	皇家园林、坛庙遗迹、寺观、名胜古迹广植柏树
桂	常绿阔叶乔木，树皮粗糙，呈灰褐色或者灰白色，香气袭人	古代，人们将桂花与月亮联系在一起，故亦称"月桂"，月亮也称"桂宫""桂魄"；习俗将桂视为祥瑞植物；因桂谐音"贵"，又有荣华富贵之意	私家园林中经常使用，与建筑空间结合；书院、寺庙中多栽植
椿	特指香椿，落叶乔木，叶有特殊气味，花芳香，嫩芽可食	被视为长寿之木，有吉祥寓意，人们常以"椿年""椿龄""椿寿"祝长寿；因椿树长寿，椿喻父，萱喻母，世人称父为椿庭，椿萱比喻父母	广泛栽植于庭院中
槐	落叶乔木，具暗绿色的复叶，圆锥花序，花黄白色，有香味	吉祥树种；被认为是"灵星之精"，有公断诉讼之能；周代朝廷种三槐九棘，公卿大夫分坐其下，以"槐棘"指三公或三公之位	作为庭荫树、行道树
梧桐	落叶大乔木，树皮绿色、平滑，叶心形掌状，花小、黄绿色	吉祥、灵性；能知岁时；能引来凤凰；寓意祥瑞的梧桐常在图案中与喜鹊合构，谐音"同喜"，寓意吉祥	梧桐木宜制琴；梧桐常植于庭院中
竹	竹属禾本科植物的通称，常绿多年生，茎多节，中空，质地坚硬，种类多	在中国竹文化中，把竹比作君子；竹又谐音"祝"，有美好祝福的意蕴；丝竹指乐器	竹与梅、松配置（岁寒三友）；竹密植路边形成竹径通幽景点
合欢	落叶乔木，羽状叶，花序头状，淡红色	合欢谐音"合婚"，象征夫妻恩爱和谐，婚姻美满；被人们视为释愁解忧之树	多栽植于庭院、宅旁
枣	落叶乔木，花小、黄绿色，核果长圆形，可食用，可"补中益气"	枣谐音"早"，民俗有枣与栗子（或荔枝）合组图案，谐音"早立子"	多栽植于庭院、宅旁，作为绿化树种，也可作为果树栽植
栗	落叶乔木，果实可食用、可入药	古时用栗木作神主（已故之人的灵牌），称宗庙神主为"栗主"；古人用以表示妇人之诚挚	绿化用树、果树
桃	落叶小乔木，花单生，先叶开放，果球形或卵形	桃花喻女子娇容；有灵气，可驱邪，如桃荫、桃符、桃剑、桃人等	多栽植于庭园、绿地、宅旁
石榴	落叶灌木或小乔木，花多色，果多籽，可供食用	因"石榴百子"，所以被视为吉祥物，象征"多子多福"	广泛栽植于居民庭院、宅旁，也见于寺院中，是寺院常用花木
橘	常绿乔木，果实多汁、酸甜可食，种子、树叶、果皮均可入药	有灵性，传说可应验事物；在民俗中，橘与"吉"谐音，象征吉祥	多栽植于庭园、绿地、宅旁，作为绿化用树，也作为果树栽植

（续）

名称	特性	寓意	应用
梅	落叶乔木，花先叶开放，白色或淡粉色，芳香，花期3月。在冬春之交开花，"独天下而春"，有"报春花"之称；梅有"四贵"：稀、老、瘦、含	梅傲霜雪，象征坚贞不屈的品格；竹喻夫，梅喻妻，婚联有"竹梅双喜"之词；男、女少年一起成长称为"青梅竹马"；梅花是吉祥的象征，有五瓣，象征五福：象征快乐、幸福、长寿、顺利、和平	多栽植于庭园、绿地、宅旁；可制作盆景；果实可食用，具有经济价值
牡丹	落叶灌木，花单生枝顶，花大而香；品种繁多，色泽亦多。花期4月	牡丹有"花王""富贵花"之称，寓意吉祥、富贵	与寿石组合象征"长命富贵"；与长春花组合为"富贵长春"的景观；常片植于花台之上，形成牡丹台
芙蓉	落叶大灌木或小乔木，花形大而美丽，变色。四川盛产，秋、冬开花，霜降最盛	芙蓉谐音"富荣"，在图案中常与牡丹组合为"荣华富贵"，均具有吉祥意蕴	常栽植于庭院之中
月季	常绿或半常绿灌木，小枝具粗刺，花单生或几朵集生成伞房状，花色丰富，花期5～10月	因月季四季常开而民俗视为祥瑞，有"四季平安"的意蕴	月季与南天竹组合有"四季常春"的意蕴；花可提取香料
葫芦	藤本植物，藤蔓绵延，结实累累，籽粒繁多	象征子孙繁盛；民俗认为葫芦吉祥，可避邪	庭院中的棚架植物；果实可食，也可作容器
茱萸	常绿小乔木，气味香烈，9月前后成熟，色赤红	象征吉祥，可以避邪，雅号"避邪翁"，唐代盛行重阳配茱萸的习俗；民间认为宅旁种茱萸树可"增年益寿，除患病"	"井侧河边，宜种此树，叶落其中，人饮是水，永无瘟疫"（《花镜》）；种于宅旁
菖蒲	多年生草本植物，叶剑形，花黄绿色	民俗认为菖蒲象征富贵，可以避邪气，其味使人延年益寿	多为野生，但也适于宅旁、绿地、水边、湿地栽植
万年青	宿根植物，叶肥果红，花小、白而带绿	象征吉祥、长寿	观叶、观果兼用的花卉；皇家园林中用桶栽万年青
荷花	水生植物，叶圆形，盾状，花单生于花梗顶端	荷花图案为佛教的标志；在中国，荷花被崇为君子，象征清正廉洁；并蒂莲，象征夫妻恩爱	古典园林中广泛使用的水生植物，也可以盆栽置于宅院、寺院中；藕可食用，也可药用，能补中益气；莲子可清心解暑
菩提树	常绿或者落叶乔木，树皮光滑、白色，11月开花，冬季果熟，紫黑色，可以作念珠	在佛教国家被视为神圣的树木，是佛教的象征	多植于寺院
桫椤	常绿大乔木，单叶较大，长矩圆形	据传释迦牟尼涅槃处就长着8株桫椤，所以被崇为佛树	植于南方的寺院中，中国北方没有桫椤
七叶树	落叶乔木，掌状复叶，一般七片	佛树	用作庭荫树、行道树等；寺院中也常使用，北京潭柘寺中有一株800多年的七叶树
曼陀罗	一年生草本，全株有剧毒	象征着宁静安详、吉祥如意	多栽植于寺院中
山茶	常绿灌木或小乔木，品种较多	被誉为花中妃子；山茶、梅花、水仙花、迎春花为"雪中四友"	为我国传统园林花木，盆栽或地栽均可，可孤植、片植，也可与杜鹃花、玉兰相配置

附录2 现状调查表——自然条件

地形	地形坡度		坡面朝向		最高点位置		标高	
	山地面积		用地比例		最低点位置		标高	
	一般描述							
	其他	□平坦 □稍起伏 □起伏 □起伏较大 □凹凸不平						
水体	水系分布				水面面积		用地比例	
	水源形式	□人工 □天然 □其他					供水是否充足	
	水质情况	□优（流动、清澈、无异味、无漂浮物、无污染） □良（较为清澈、无异味、无污染、有少量漂浮物） □较差（不流动、污染、有异味、有轻度污染、有漂浮物） □差（不流动、污染、有刺鼻味、有重度污染、有大量漂浮物）						
	是否污染		污染源				污染物成分	
	水体形式	□规则式 □自然式 □混合式 □其他						
		□静态 □动态 □其他						
		□水渠 □池塘 □湖泊 □瀑布 □溪流 □跌水 □喷泉 □其他						
	水体功能	□水上活动 □浴场 □观赏 □饮用水源 □其他						
	平均水深		常水位		最低水位		最高水位	
	驳岸形式	□自然置石驳岸 □植草驳岸 □混凝土驳岸 □石砌驳岸 □其他						
	其他							
地下水	地下水位			水位波动情况			水质情况	
	有无污染			污染源			污染物成分	
	使用情况			其他				
土壤	土壤类型		pH		有机质含量		含水量	
	冻土层深度				上冻时间		化冻时间	
	有无污染		污染原因		其他			
	污染物成分							
	水土流失情况							
温度	变温规律						年平均温度	
	最高温			出现月份			持续高温时间	
	最低温			出现月份			持续低温时间	
降水量	降水规律						年均降水量	
	最大降水量			出现月份			持续降水时间	
	最小降水量			出现月份			持续干旱时间	
光照	最长日照时间	h	日照强度		最短日照时间	h	日照强度	
	基地日照状况	□终年阳光充足 □终年无阳光照射 □有不同光照区域						
	全阳区位置			大致范围			日照变化规律	
	全阴区位置			大致范围			其他	
风	冬季主导风向		夏季主导风向				年平均风速	
	最大风速		风向		出现月份		持续时间	
	其他							

注：本表仅供参考，可根据实际情况进行增减。

附录3 现状调查表——植物

可供选择的乡土植物						
乔木	灌木	草坪	地被	花卉	藤本	植物群落构成

可供选择的引种植物					
乔木	灌木	草坪	地被	花卉	藤本

基地现状植物						
序号	植物名称	规格	单位	数量	长势	位置	处理方法
1						
2						
3						

古树名木						
序号	植物名称	规格	单位	数量	长势	位置	处理方法
1						
2						
3						

项目	类型	数量	保留数量	移栽数量	清理数量	备注
合计	乔木（株）					
	古树名木（株）					
	灌木（株或丛）					
	草坪（m²）					
	花卉（m²）					
	地被（m²）					
	藤本（m²或株）					

注：本表仅供参考，可根据实际情况进行增减。